工业机器人一体化系列教材

U0159772

工业机器人工作站的集成
一体化教程

韩鸿鸾　时秀波　孙林　苗蓉　著

西安电子科技大学出版社

内 容 简 介

本教材是基于创新创业模式编写的系列教材中的一本,是按照"新型活页式＋信息化＋课证融通＋自学报告+企业文化+课程思政+工匠精神+工作单"等多位一体的表现模式策划、撰写的专业理论与实践一体化课程教材。

本教材包括工作站的集成基础、搬运类工业机器人工作站的集成、具有视觉系统的工业机器人工作站的集成、焊接工业机器人工作站的集成、轻型加工与喷涂工业机器人工作站的集成、工业机器人生产线的集成,共六个模块。

本教材提供了丰富、适用和具有引领创新作用的多种类型立体化、信息化课程资源,读者可通过扫描书中二维码获得。本教材还配有课件、课后习题答案资源,有需要的读者可在出版社网站下载。

本教材适合高等职业学校、高等专科学校、成人教育高校及本科院校的二级职业技术学院、技术(技师)学院、高级技工学校、继续教育学院和民办高校的机电专业、机器人专业的师生使用,也可供工厂中工业机器人工作站集成的初学者参考。

图书在版编目(CIP)数据

工业机器人工作站的集成一体化教程 / 韩鸿鸾等著. —西安:
西安电子科技大学出版社,2022.3(2024.8 重印)
ISBN 978-7-5606-6251-0

Ⅰ. ①工… Ⅱ. ①韩… Ⅲ. ①工业机器人—程序设计—教材 Ⅳ. ①TP242.2

中国版本图书馆 CIP 数据核字(2021)第 238977 号

策　　划　毛红兵　刘小莉
责任编辑　汪　飞　刘小莉
出版发行　西安电子科技大学出版社(西安市太白南路 2 号)
电　　话　(029)88202421　88201467　　　　　邮　编　710071
网　　址　www.xduph.com　　　　　电子邮箱　xdupfxb001@163.com
经　　销　新华书店
印刷单位　西安日报社印务中心
版　　次　2022 年 3 月第 1 版　2024 年 8 月第 2 次印刷
开　　本　787 毫米×1092 毫米　1/16　印张　24
字　　数　575 千字
定　　价　60.00 元
ISBN 978－7－5606－6251－0
XDUP 6553001-2
如有印装问题可调换

工业机器人一体化系列教材编写委员会名单

主　任　韩鸿鸢

副主任　王鸿亮　周经财　何成平

委　员　（按姓氏拼音排列）

程宝鑫　刘衍文　沈建峰　王海军　相洪英　谢　华

张林辉　郑建强　周永钢　朱晓华

工匠精神与企业文化指导　王鸿亮

课程思政指导　时秀波　袁雪芬

工作单指导　周经财

课证融通指导　冯波

前　言

为了提高职业院校人才培养质量，满足产业转型升级对高素质复合型、创新型技术技能人才的需求，《国家职业教育改革实施方案》和教育部关于双高计划的文件中都提出了"教师、教材、教法"三教改革的系统性要求。其中，对以新型活页式、工作手册式教材作为职业教育教材改革的主流方向提出了具体要求。

国务院印发的《国家职业教育改革实施方案》提出，从 2019 年开始，在职业院校、应用型本科高校启动"学历证书+若干职业技能等级证书"制度试点(以下称 1+X 证书制度试点)工作。

本系列教材是基于"1+X"开发的"课证融通"教材，具体来说就是将高等职业学校"工业机器人专业技术专业教学标准"与"工业机器人操作与运维职业技能等级标准""工业机器人集成应用职业技能等级标准""工业机器人应用编程职业技能等级标准""工业机器人装调职业技能等级标准"中不同级别的工业机器人工作站集成要求对接，并与专业课程学习考核的要求对接。

为实现职业技能等级标准与各个层次职业教育的专业教学标准相互对接，不同等级的职业技能标准应与不同教育阶段、学历、职业教育的培养目标和专业核心课程的学习目标相对应，保持培养目标和教学要求的一致性。具体来说，初级对应中职，中级对应高职，高级对应本科和应用大学。

为认真贯彻党的十九大精神，进一步把贯彻落实全国高校思想政治工作会议和《中共中央国务院关于加强和改进新形势下高校思想政治工作的意见》精神引向深入，大力提升高校思想政治工作质量，教育部特制定《高校思想政治工作质量提升工程实施纲要》，因此，实施课程思政也成了眼下职业教育教材建设的首要任务。

为此，我们按照"新型活页式+信息化+课证融通＋自学报告+企业文化+课程思政+工匠精神+工作单"等多位一体的表现模式策划、编写了这套专业理论与实践一体化课程系列教材。

本套教材按照"以学生为中心，以学习成果为导向，促进自主学习"的思路进行教材开发设计，将"企业岗位(群)任职要求、职业标准、工作过程或产品"作为教材主体内容，将"以德树人、课程思政"有机融合到教材中，提供了丰富、适用和具有引领创新作用的多种类型立体化、信息化课程资源，实现了教材的多功能作用。

我们通过校企合作和广泛的企业调研，对工业机器人专业的教材进行了统筹设计，最终确定工业机器人专业教材包括《工业机器人工作站的集成一体化教程》《工业机器人现场编程与调试一体化教程》《工业机器人的组成一体化教程》《工业机器人操作与应用一体化教程》《工业机器人离线编程与仿真一体化教程》《工业机器人机电装调与维修一体化教程》《工业机器人的三维造型与设计一体化教程》《工业机器人视觉系统一体化教程》，共八种教材。

在撰写过程中我们对课程教材进行了系统性改革和模式创新，将课程内容进行了系统化、规范化和体系化设计，并按照多位一体表现模式进行策划设计。

本套教材以多个学习任务为载体，通过项目导向、任务驱动等多种"情境化"的表现形式，突出过程性知识，引导学生学习相关知识，获得经验、诀窍、实用技术、操作规范等与岗位能力形成直接相关的知识和技能，使其知道在实际岗位工作中"如何做""如何做会做得更好"。

本套教材通过理念和模式创新形成了以下特点和创新点：

(1) 基于岗位知识需求，系统化、规范化地构建课程体系和教材内容。

(2) 通过教材的多位一体表现模式和教、学、做之间的引导和转换，强化学生学中做、做中学训练，潜移默化地提升岗位管理能力。

(3) 任务驱动式的教学设计，强调互动式学习、训练，激发学生的学习兴趣和动手能力，快速有效地将知识内化为技能、能力。

(4) 针对学生的群体特征，以可视化内容为主，通过图示、图片、电路图、逻辑图等形式表现学习内容，降低学生的学习难度，培养学生的兴趣和信心，提高学生自主学习的效率和效果。

本套教材注重职业素养，以德树人，通过操作规范、安全操作、职业标准、环保、人文关爱等知识的有机融合，提高学生的职业素养和道德水平。

本书由韩鸿鸾、时秀波、孙林、苗蓉著。本书在撰写过程中得到了柳道机械、天润泰达、西安乐博士、上海 ABB、KUKA、山东立人科技有限公司等工业机器人生产企业与北汽(黑豹)汽车有限公司、山东新北洋信息技术股份有限公司、豪顿华(英国)、联轿仲精机械(日本)有限公司等工业机器人应用企业的大力支持，同时得到了众多职业院校的帮助，有的职业院校还安排了编审人员，在此深表谢意。

由于时间仓促，作者水平有限，书中疏漏和不妥之处在所难免，感谢广大读者给予批评指正。

作 者

2021 年 3 月

目　　录

模块一

工作站的集成基础

任务一　工业机器人的运输

📽 **任务导入**

　　"机器人革命"有望成为"第四次工业革命"的一个切入点和重要增长点，将影响全球制造业格局。工业机器人(简称机器人)作为高端制造装备的重要组成部分，是先进制造业的重要支撑技术和信息化社会的重要生产装备，其技术附加值高，应用范围广。图 1-1 是常见工业机器人的应用。购置工业机器人后，应首先将它运输到安装位置进行安装，之后工业机器人才能应用。

弧焊

激光焊接

(a) 弧焊　　　　　　　　　　(b) 激光焊接

笔记

去毛刺

雕刻

(c) 去毛刺

(d) 雕刻

图 1-1   常见工业机器人的应用

任务目标

知 识 目 标	能 力 目 标
1. 掌握工业机器人运输的位置	1. 能对工业机器人本体进行运输
2. 掌握工业机器人运输的步骤	2. 能对工业机器人控制柜进行运输
3. 掌握工业机器人运输的尺寸	

一体化教学

边操作边介绍，但应注意安全。

任务准备

机器人的运输位置与尺寸

运输前将机器人置于运输位置，图 1-2 所示为某工业机器人的运输位置。运输时应注意机器人是否稳固放置。只要机器人没有固定，就必须将其保持在运输位置。如要移动已经使用的机器人，在将机器人取下前，应确保机器人可以被自由移动，可事先将定位针和螺栓等运输固定件全部拆下，并松开锈死或黏接的部位。如要空运机器人，必须使平衡配重处于完全无压状态(油侧或氮气侧)。

一、运输位置

机器人在被运输前，必须处于运输位置(见图 1-2)。表 1-1 所示为某品牌工业机器人的轴所在位置。图 1-3 所示为某型号工业机器人的装运姿态，这也是推荐的装运姿态。

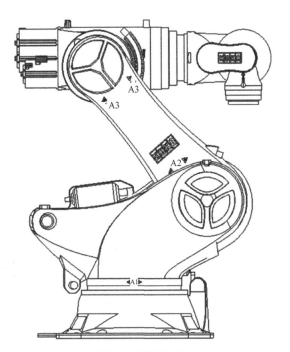

图 1-2　运输位置

表 1-1　轴所在位置

轴	A1	A2	A3	A4	A5	A6
角[①]	0°	−130°	+130°	0°	+90°	0°
角[②]	0°	−140°	+140°	0°	+90°	0°

注：① 机器人的轴 A2 上装有缓冲器；② 机器人的轴 A2 上没有缓冲器。

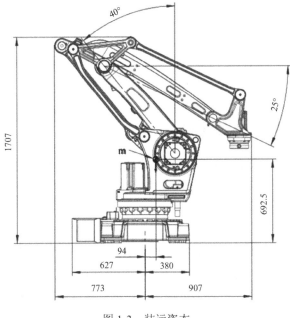

图 1-3　装运姿态

二、运输尺寸

工业机器人的运输尺寸要比其实际尺寸略大一些，图 1-4 是某型号工业机器人的运输尺寸。其重心位置和质量视轴 A2 的配备和位置而定。图中给出的尺寸针对的是没有加装设备的机器人的运输尺寸。

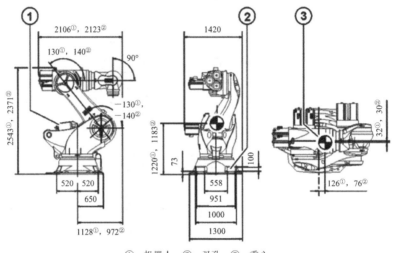

①—机器人；②—叉孔；③—重心

图 1-4　带机器人腕部 ZH 1000 型工业机器人的运输尺寸

图 1-4 中，用上标①标注的尺寸针对的是普通运输，用上标②标注的尺寸针对的是轴 A2 的缓冲器在负位被拆下的情况。

在教师的指导下，让学生进行操作。

🎥 **任务实施**

工业机器人的运输

一、工业机器人的本体运输

机器人可用叉车或者运输吊具运输。使用不合适的运输工具可能会损坏机器人或导致人员受伤，所以应使用符合规定并具有足够负载能力的运输工具。

1. 用叉车运输

有的工业机器人底座中浇铸了两个叉孔，以供叉车运输。这时可以采用叉举设备组与机器人的配合(如图 1-5 所示)方式运输。叉车的负载能力必须大于 6 t。如图 1-6 所示，用叉车运输时应避免可液压调节的叉车货叉在并拢或分开时使叉孔过度负荷。

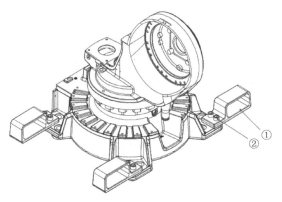

①—叉举套；②—连接螺钉 M20×60，质量等级为8.8

图 1-5 叉举设备组与机器人的配合

🐶 **工匠精神**

不仅仅把工作当作赚钱的工具，而应树立一种对工作执着、对所做的事情和生产的产品精益求精、精雕细琢的精神。

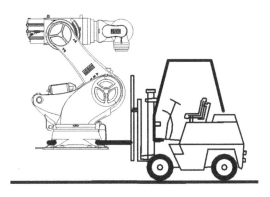

图 1-6 叉车运输

2. 用运输吊具运输

将机器人姿态固定为装运姿态，如图 1-3 所示。图 1-7 显示了如何将运输吊具与机器人相连。所有吊索用 G1～G3 标出。

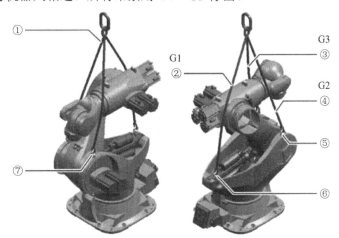

①—整套运输吊具；②—吊索 G1；③—吊索 G3；④—吊索 G2；
⑤—转盘的右侧环首螺栓；⑥—转盘的后侧环首螺栓；⑦—转盘的左侧环首螺栓

图 1-7 运输吊具运输

笔记　　　　机器人在运输过程中可能会翻倒，造成人员受伤或财产损失。若用运输吊具运输机器人，则必须特别注意防止翻倒的安全注意事项，可采取额外的安全措施。除机器人装有外挂式接线盒之外，禁止用起重机以任何其他方式吊起机器人！用起重机运输机器人，会有少许的重心偏移。

3. 用运输架运输

如运输时机器人的总高度超出在运输位置允许的高度，则可以在其他位置运输机器人。此时须先用所有固定螺栓将机器人固定到运输架上，然后移动轴 A2 和 A3，从而使总高度降低。图 1-8 是 ZH 1000 型工业机器人在运输架上，此时机器人可以用起重机或叉车运输。但在运输前，机器人的轴必须处于表 1-2 所示位置。

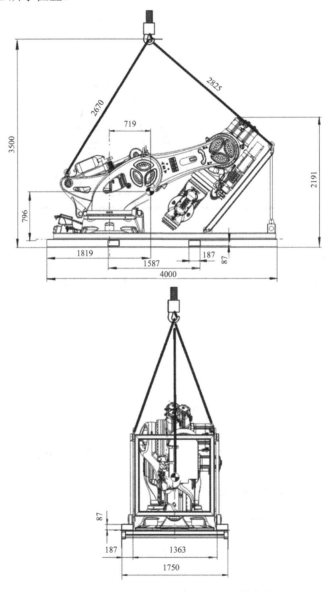

图 1-8　ZH 1000 型工业机器人在运输架上

表 1-2　机器人用运输架运输时轴的位置

轴	A1	A2	A3	A4	A5	A6
支架	0°	−16°	+145°	0°	0°	−90°
支架[①]	0°	−16°	+145°	+25°	+120°	−90°

注：① 机器人腕部 ZH 750 的角度。

二、机器人控制柜的运输

1. 用运输吊具运输

1) 首要条件

机器人控制系统必须处于关断状态；机器人控制柜上不得连接任何线缆；机器人控制柜的门必须保持关闭状态；机器人控制柜必须竖直放置；防翻倒架必须固定在机器人控制柜上。

2) 操作步骤

(1) 将环首螺栓拧入机器人控制柜中，如图 1-9 中①所示。环首螺栓必须完全拧入且完全位于支承面上。

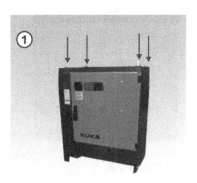

图 1-9　用运输吊具运输

(2) 将带或不带运输十字固定件的运输吊具悬挂在机器人控制柜的所有

环首螺栓上，如图 1-9 中②所示。

(3) 将运输吊具悬挂在载重吊车上，如图 1-9 中③所示(注意：运输吊具不能按图 1-9 中④所示方式悬挂)。

(4) 缓慢地抬起并运输机器人控制柜。

(5) 在目标地点缓慢放下机器人控制柜。

(6) 卸下机器人控制柜的运输吊具。

2. 用叉车运输

图 1-10 所示为用叉车运输机器人控制柜。图 1-10 中，①指用叉车运输带叉车袋的机器人控制柜，②指用叉车运输带变压器安装组件的机器人控制柜，③指带滚轮附件组的机器人控制；A 指防翻倒架；B 指用叉车叉取位置；④指用叉车运输带滚轮附件组的机器人控制柜。

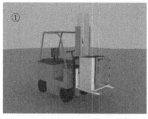

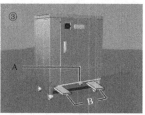

图 1-10　用叉车运输机器人控制柜

▶ 任务扩展

用电动叉车运输

图 1-11 所示为用电动叉车运输机器人控制柜。

图 1-11　用电动叉车运输机器人控制柜

注意：用电动叉车进行运输的要注意配重！

✎ 笔记

📷 任务巩固

一、填空题

(1) 工业机器人运输时应注意机器人是否_____放置。 只要机器人没有固定，就必须将其保持在_____位置。

(2) 机器人可用_____车或者运输_____运输，使用不合适的_____工具可能会损坏机器人或导致人员受伤。

(3) 用叉车运输时应避免可液压调节的叉车货叉在并拢或分开时使叉孔_____负荷。

(4) 工业机器人控制柜在运输时，控制柜必须_____放置；_____必须固定在机器人控制柜上。

(5) 在运输架上可以_____重机或_____运输机器人。

二、判断题

( ) (1) 如要空运机器人，必须使平衡配重处于完全无压状态。

( ) (2) 工业机器人的运输尺寸要比其实际尺寸略大一些。

( ) (3) 如要移动已经使用的机器人，在将机器人取下前，应固定机器人。

任务二　工业机器人的安装

📷 工作任务

如图 1-12 所示，工业机器人由机械部分(如机械手等)、机器人控制柜(也称控制器)、手持式编程器(即示教器)、连接电缆、软件及附件等组成。

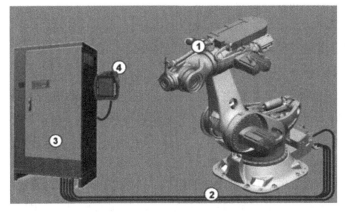

①—机械手；②—连接电缆；③—机器人控制柜；④—手持式编程器(示教器)

图 1-12　工业机器人示例

机器人的机械手一般采用6轴式节臂运动系统，机器人的结构部件一般采用铸铁结构。图1-13所示为 KR 1000 titan 工业机器人的主要组件。

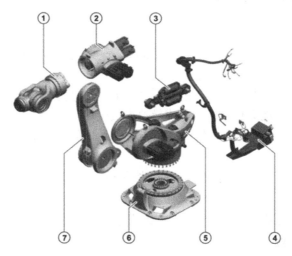

①—机器人腕部；②—小臂；③—平衡配重；④—电气设备；⑤—转盘；⑥—底座；⑦—大臂

图 1-13　KR 1000 titan 工业机器人的主要组件

1. 机器人腕部

机器人配有一个 3 轴式腕部。腕部运动包括轴 A4、A5 和 A6 的运动，由安装在小臂背部的 3 个电机通过连接轴驱动。 机器人腕部有一个连接法兰用于加装工具。机器人腕部的齿轮箱由 3 个隔开的油室供油。

2. 小臂

小臂是机器人腕部和大臂之间的连杆。它固定轴 A4、轴 A5 和轴 A6 的轴电机以及轴 A3 电机。小臂通过轴 A3 的两个电机驱动，以实现轴 A3、A4 的运动，这两个电机通过一个前置级驱动小臂和大臂之间的齿轮箱。小臂允许的最大摆角采用机械方式限制，即分别由一个正向和负向的挡块加以限制。工业机器人的缓冲器安装在小臂上。

如要运行铸造型机器人，则应使用相应型号的小臂。该小臂采用压力调节器加载由压缩空气管路供应的压缩空气。

3. 大臂

大臂是位于转盘和小臂之间的组件。它安装在转盘两侧的两个齿轮箱中，由两个电机驱动。 这两个电机与一个前置齿轮箱啮合，两侧的两个齿轮箱通过一个轴驱动。

4. 转盘

转盘用于固定轴 A1 和轴 A2 的电机。转盘通过轴 A1 的齿轮箱与底座固定。在转盘内部装有用于驱动轴 A1 的电机。转盘背侧有平衡配重的轴承座。

5. 底座

底座是机器人的基座，可用螺栓与地基固定。 在底座中装有电气设备和拖链系统(附件)的接口。底座有两个叉孔可用于叉车运输。

6. 平衡配重

平衡配重是一套安装于转盘与大臂之间的组件,用于在机器人停止或运动时减小加在轴 A2 周围的扭矩。此功能采用封闭的液压气动系统来实现。该系统包括两个装有氮气的隔膜蓄能器和一个配有所属管路、压力表和安全阀的液压缸。

大臂处于垂直位置时,平衡配重不起作用。沿正向或负向的摆角增大时,液压油被压入两个隔膜蓄能器中,从而产生用于平衡扭矩所需的反作用力。

7. 电气设备

电气设备包含了轴 A1~A6 电机的所有电机电缆和控制电缆。所有接口均采用插头结构,可快速、安全地更换电机。电气设备还包括 RDC(旋转变压器数字转换器)接线盒和三个多功能接线盒 MFG。配有电机电缆插头的 RDC 接线盒和 MFG 安装在机器人底座的支架上,通过插头可连接机器人控制柜的连接电缆。电气设备也包含接地保护系统。

机器人可以配有用于运行诸如轴 A1~A3 的拖链系统、轴 A3~A6 的拖链系统和轴范围限制装置等不同的选项。

正如任务一所述,工业机器人在运输时,一般是整体运输的,只有大型的机器人才进行分解运输,到用户单位后进行组装。

🎬 任务目标

知 识 目 标	能 力 目 标
1. 掌握工业机器人拆包装的操作步骤	1. 能根据工业机器人本体的安装环境(温度、湿度、噪声等)要求确定安装位置
2. 掌握工业机器人本体安装的步骤	2. 能根据工业机器人基座安装要求安装基座
3. 掌握机器人控制柜的安装	3. 能根据工业机器人台架安装要求安装台架
4. 掌握工业机器人电气系统的连接	4. 能根据工业机器人工作空间规划布局图安装工业机器人
5. 了解拆卸工业机器人的步骤	5. 能根据工业机器人控制柜安装的温度、湿度、电子干扰等要求,安装工业机器人控制柜
6. 了解工业机器人的仓储方法	6. 能使用示教器电缆连接工业机器人示教器与控制器

边操作边介绍,但应注意安全。若条件不具备可采用多媒体教学。

🎬 任务准备

一、工业机器人拆包装的操作

(1) 如图 1-14 所示,机器人到达现场后,第一时间检查外观是否有破损,

笔记 是否有进水等异常情况。如果有问题请马上联系厂家及物流公司进行处理。

图 1-14 检查外观

注意：不能自行处理，否则不易区分责任。

(2) 如图 1-15 所示，使用合适的工具剪断箱子上的钢扎带并将剪断的钢扎带取走。

(3) 如图 1-16 所示，根据箭头方向，将箱体向上抬起并放置到一边，使之与包装底座分离。尽量保证箱体的完整以便日后重复使用。

图 1-15 剪断钢扎带

图 1-16 取箱

二、清点标准装箱物品

(1) 以 IRB1200 ABB 机器人为例，它包括 4 个主要物品：机器人本体、示教器、线缆配件及机器人控制柜，如图 1-17 所示。

(2) 两个纸箱打开后，展开内部物体，附带的文档有 SMB 电池安全说明、出厂清单、基本操作说明书和装箱单，如图 1-18 所示。

图 1-17 清点

图 1-18 内部物体

**任务实施**

在教师的指导下，让学生进行操作。

一、在地面上安装工业机器人本体

1. 安装地基固定装置

带定中装置的地基固定装置，可通过底板和锚栓(化学锚栓)将机器人固定在合适的混凝土地基上。图 1-19 是某一带定中装置的底板尺寸。图 1-20 是底板的结构。地基固定装置由带固定件的销和剑形销、六角螺栓及碟形垫圈、底板、锚栓、注入式化学锚固剂和动态套件等组成。

如果混凝土地基的表面不够光滑、不够平整，则用合适的补整砂浆整平。如果使用锚栓(化学锚栓)，则应使用同一个生产商生产的化学锚栓固剂管和地脚螺栓(螺杆)。钻取锚栓孔时，不得使用金刚石钻头或者底孔钻头，最好使用锚栓生产商生产的钻头。另外还要注意遵守有关化学锚栓的生产商说明。

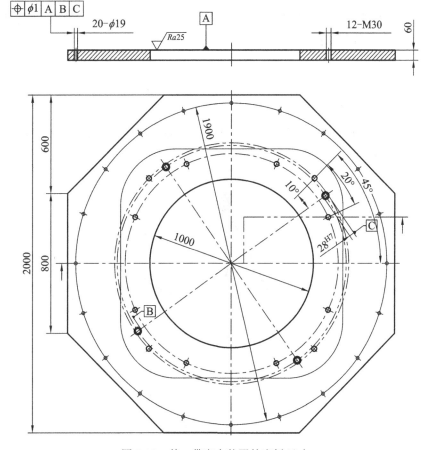

图 1-19 某一带定中装置的底板尺寸

笔记

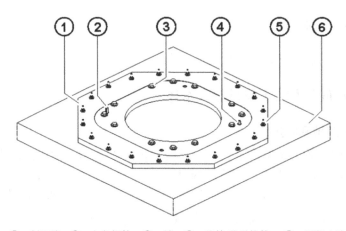

①—板；②—剑形销；③—六角螺栓；④—销；⑤—锚栓(化学锚栓)；⑥—混凝土地基

图 1-20　底板的结构

1) 前提条件

混凝土地基必须满足要求的尺寸和截面；地基表面必须光滑和平整；地基固定组件必须齐全；准备好补整砂浆；准备好具有负载能力的运输吊具和多个环首螺栓(备用)。

2) 专用工具

钻孔机及钻头；符合化学锚栓生产商要求的装配工具。

3) 操作步骤

(1) 用叉车或运输吊具(见图 1-21)吊起底板。用运输吊具吊起前，底板应拧入环首螺栓。

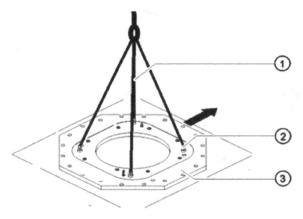

①—运输吊具；②—环首螺栓M30；③—底板

图 1-21　底板运输

(2) 确定底板在地基上的工作范围。

(3) 在安装位置将底板放到地基上。

(4) 检查底板的水平位置。允许的偏差小于 3°。

(5) 安装后，让补整砂浆硬化约 3 个小时。当温度低于 293 K(即 20℃)时，硬化时间延长。

(6) 拆下 4 个环首螺栓。

(7) 通过底板上的孔将 20 个化学锚栓孔(见图 1-22)钻入地基中。

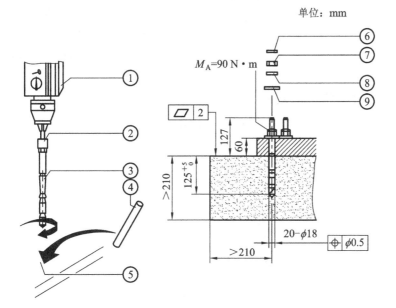

①—钻孔机；②—装配工具；③—锚栓螺杆；④—化学锚固剂管；⑤—化学锚栓孔；
⑥—锁紧螺母；⑦—六角螺母；⑧—球面垫圈；⑨—锚栓垫圈

图 1-22 安装化学锚栓孔

(8) 清洁化学锚栓孔。

(9) 依次装入 20 个化学锚栓固剂管。

(为每个锚栓执行以下工作步骤。)

(10) 将装配工具与锚栓螺杆一起夹入钻孔机中，然后将锚栓螺杆以不超过 750 r/min 的转速拧入化学锚栓孔中。若化学锚固剂混合充分，并且地基中的化学锚栓孔已完全填满，则锚栓螺杆已就位。

(11) 让化学锚栓固剂硬化。所需时间见生产商说明。如下数值是参考值：

① 若温度大于等于 293 K(即 20℃)，则硬化 20 min。

② 若温度为 283～293 K(即 10～20℃)，则硬化 30 min。

③ 若温度为 273～283 K(即 0～10℃)，则硬化 1 h。

(12) 放上锚栓垫圈和球面垫圈。

(13) 套上六角螺母，然后用扭矩扳手对角交错拧紧六角螺母，注意应分几次将拧紧扭矩(M_A)增加至 90 N·m。

(14) 套上并拧紧锁紧螺母。

(15) 将注入式化学锚栓固剂注入锚栓垫圈的孔中，直至孔填满为止。注

✍ **笔记** 意遵守硬化时间。

这时，地基已经准备好安装机器人。

注意：

(1) 如果底板未完全平放在混泥土地基上，则可能会导致地基受力不均而松动。此时需用补整砂浆填住缝隙。为此可先将机器人吊起，然后用补整砂浆充分涂抹底板底部，最后将机器人重新放下并校准，清除多余的补整砂浆。

(2) 在用于固定机器人的六角螺母下方区域必须没有补整砂浆。

(3) 让补整砂浆硬化约 3 个小时。若温度低于 293K(即 20℃)时，则硬化时间需延长。

2. 安装工业机器人底座

工业机器人底座(见图 1-23)包含带固定件的销、带固定件的剑形销、内六角螺栓及碟形垫圈。

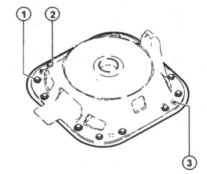

①—内六角螺栓，12个；②—剑形销；③—销

图 1-23　工业机器人底座

1) 前提条件

已经检查好底部结构足够安全；工业机器人底座组件齐全。

2) 安装步骤

(1) 清洁机器人的支承面。

(2) 检查补孔图。

(3) 在左后方插入销，并用内六角螺栓(M8×65-8.8 和碟形垫圈固定。

(4) 在右后方插入剑形销，并用内六角螺栓(M8×80-8.8)和碟形垫圈固定。

(5) 用扭矩扳手拧紧两个内六角螺栓(M8×55-8.8)，M_A 为 23.9 N·m。

(6) 准备好 12 个六角螺栓(M30×90-8.8-A2K)及碟形垫圈。

这时，地基已经准备好安装机器人。

3. 安装机器人

在用地基固定装置将机器人固定在地基上时，先用 12 个六角螺栓将机器人固定在底板上(用两个定位销定位)。

1) 前提条件

地基固定装置已经安装好；安装地点可以行驶叉车或者让起重机进入；负载能力足够大；会妨碍工作的工具和其他设备部件已经拆下；连接电缆和接地线已连接至机器人且已安装好；在应用压缩空气的情况下，机器人上已配备压缩空气气源；平衡配重上的压力已经正确调整好。

2) 操作步骤

(1) 检查定中销和剑形销(见图 1-24) 有无损坏、是否稳固。

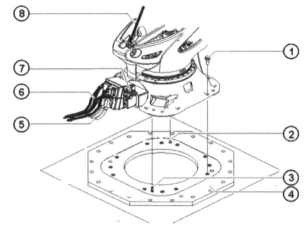

①—六角螺栓，M12×5；②—定中销；③—剑形销；④—底板；⑤—电动机导线；
⑥—控制电缆；⑦—拖链系统；⑧—运输吊具

图 1-24 安装机器人

(2) 用起重机或叉车将机器人运至安装地点。

(3) 将机器人竖直放到地基上。为了避免定中销损坏，应注意位置要正好竖直。

(4) 拆下运输吊具。

(5) 装上 12 个六角螺栓(M30×90-8.8-A2)及碟形垫圈。

(6) 用扭矩扳手对角交错拧紧 12 个六角螺栓。分几次将拧紧扭矩增加至 1100 N·m。

(7) 检查轴 A2 的缓冲器是否安装好，必要时装入缓冲器。只有安装好轴 A2 的缓冲器，机器人才允许运行。

(8) 连接电机电缆。

(9) 平衡机器人和机器人控制系统之间、机器人和设备之间的电势。当连接电缆小于 25 m 时，必须由设备运营商提供电势平衡导线。

(10) 按照 DIN VDE 0100-5340—2016 和 EN 60204-1—2018 检查电位均衡导线。

(11) 将压缩空气气源连接至压力调节器，将压力调节器清零(仅 F 型)。

(12) 打开压缩空气气源，并将压力调节器设置为 0.01 MPa (0.1 bar)(仅 F 型)。

笔记

✍ 笔记

(13) 如有外轴与拖链，则须装上工具并连接拖链系统。

注意：如要加装工具，则在工具上的法兰以及在机械手上的连接法兰必须进行非常精确的相互校准，否则会损坏部件。工具悬空加装在起重机上时可以大大方便加装工作。

⚠**警告**：地基上机器人的固定螺栓必须在运行 100 小时后用规定的拧紧扭矩再拧紧一次。

注意：设置错误或运行时没有压力调节器可能会损坏机器人 (F 型)。因此仅当压力调节器设置正确且连接了压缩空气气源时，机器人才允许运行。

二、在墙壁上安装机器人本体

以机架固定装置将机器人安装在墙壁上时，必须先将机器人固定在吊具上，再借助于吊具将机器人安装在墙壁上，最后移除吊具。

1. 安装机架固定装置

机架固定装置(见图 1-25)用于将机器人安装在用户方准备的钢结构上。其安装步骤是：

(1) 清洁机器人的支承面。

(2) 检查布孔图。

(3) 将两个阶梯螺栓装入布孔图。

(4) 准备 4 个六角螺栓(M10 × 35)及碟形垫圈。

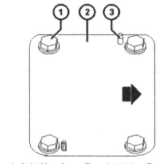

①—六角螺栓(4个)；②—支承面；③—阶梯螺栓

图 1-25　机架固定装置

2. 安装机器人

1) 前提条件

机架固定装置已经安装好；起重机或叉车可接近安装地点；会妨碍工作的工具和其他设备部件已经拆下；机器人处于运输位置；执行安装操作需要两名接受过指导的人员。

2) 操作步骤

(1) 用起重机将机器人运至安装地点并放下。

(2) 将吊具从前部小心地推至机器人的底座上(见图 1-26)。

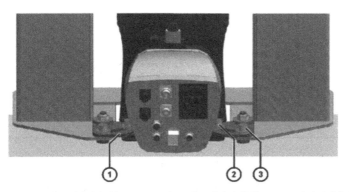

①—摆动支架；②—内六角螺栓M12×30(后部)；③—内六角螺栓M12×30(安全防护螺栓)

图 1-27 将摆动支架定位并固定

(3) 拆下运输吊具。

(4) 用两个内六角螺栓(M12×30)和垫片将前部机器人固定在吊具上，$M_A = 40\,\text{N} \cdot \text{m}$。

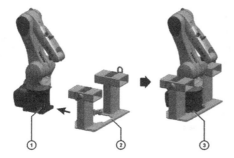

①—底座；②—吊具；③—内六角螺栓M12×30(前部)

图 1-26 推上吊具并将其固定在前部

(5) 将摆动支架定位在底座上(见图 1-27)。

(6) 用两个内六角螺栓(M12×30)和垫片将后部摆动支架固定在底座上，$M_A = 40\,\text{N} \cdot \text{m}$。

(7) 用两个内六角螺栓(M12×30)和垫片将摆动支架固定在吊具上。

(8) 将运输吊具悬挂到吊具上的两个转环和起重机上。

(9) 第 1 个人用起重机小心地将机器人缓慢向上提升。第 2 个人在机器人被提升过程中时刻注意，以防止机器人倾覆。

⚠警告：在提升过程中应确保机器人不会发生倾覆，否则会造成人员重伤和财产损失。

(10) 将机器人缓慢旋转 90°。小臂必须朝下。

(11) 用叉车提起吊具(见图 1-28)。叉车在安装过程中必须留在吊具的叉孔中，以防滑动。

注意：用叉车托起吊具时，必须注意叉孔宽度(140 mm)，否则会造成财产损失。

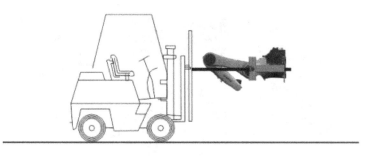

图 1-28　叉车提起吊具

(12) 借助叉车将机器人定位在墙壁上。为了避免销钉损坏，应注意位置要正好水平。

(13) 将两个内六角螺栓 M12 × 30(后部)和垫片从底座上拧出(见图 1-29)。

(14) 将两个内六角螺栓 M12 × 30 (安全防护螺栓)和垫片从吊具上松开。

(15) 将摆动支架向外旋转(见图 1-30)。

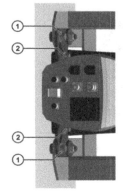

①—内六角螺栓M12×30 (后部)
②—内六角螺栓M12×30(安全防护螺栓)

图 1-29　将后部螺栓拧出

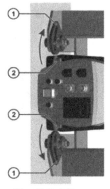

①—摆动支架
②—六角螺栓M10 × 35

图 1-30　将摆动支架向外旋转

(16) 用两个六角螺栓 M10 × 35 和垫片将底座上部的机器人固定在墙壁上。用扭矩扳手交替拧紧六角螺栓。分几次将拧紧扭矩增加至 45 N·m。

(17) 将底座下部两个内六角螺栓 M12 × 30 和垫片从底座上拧出。

(18) 用叉车小心地将吊具从底座上向下松开。

(19) 用两个六角螺栓 M10 × 35 和垫片将底座下部的机器人固定在墙壁上。用扭矩扳手交替拧紧六角螺栓。分几次将拧紧扭矩增加至 45 N·m。

(20) 连接电机电缆 X30 和数据线 X31 (见图 1-31)。

(21) 将接地线(机器人控制系统—机器人)连接至接地安全引线上。

(22) 按照 VDE 0100 和 EN 60204-1 检查电位均衡导线。

(23) 将接地线 (系统部件—机器人)连接至接地安全引线上。

(24) 如果有外轴，则须安装工具。

(25) 机器人运行 100 小时后，用扭矩扳手将 4 个六角螺栓再次拧紧。

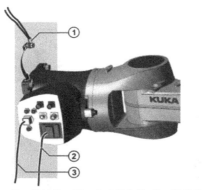

①—接地线；②—电动机电缆 ③—数据线

图 1-31　连接导线

三、安装信号灯

工业机器人信号灯连接如图 1-32 所示。信号灯如图 1-33 所示。机械手 (IRB 760)上的信号灯套件连接如图 1-34 所示。

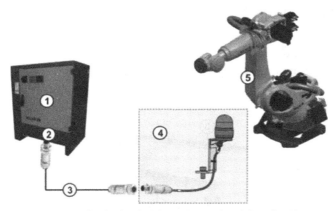

①—机器人控制系统；②—接线面板中的X53接口；③—连接电缆组件；
④—带角铁和插头的信号灯(信号灯亮表示驱动器已准备就绪)；⑤—机械手

图 1-32　信号灯连接

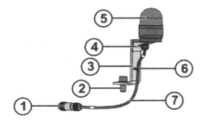

①—插接头M12；②—螺栓M12×25和止动垫圈S12；③—金属角铁；
④—两个螺栓M4×8和止动垫圈S4；⑤—LED长亮灯；⑥—线缆捆扎带；⑦—线缆

图 1-33　信号灯

笔记

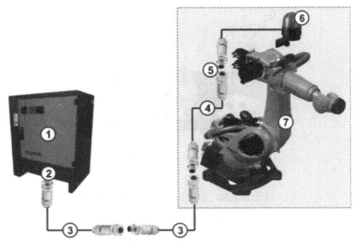

①—机器人控制系统；②—接线面板中的接口；③—连接电缆组件；
④—电缆连接头中的连接线；⑤—A3接口的电缆连接头；
⑥—带角铁和插头的信号灯；⑦—机械手

图1-34　机械手上的信号灯套件连接

四、机器人控制柜的安装

1. 脚轮的安装

脚轮套件如图1-35所示，它安装在机器人控制柜支座或叉孔处。借助于脚轮套件人们可方便地将机器人控制柜从箱柜中拉出或推入。

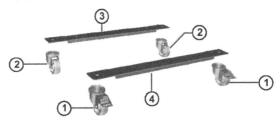

①—带刹车的万向脚轮；②—不带刹车的万向脚轮；
③—后横向支撑梁；④—前横向支撑梁

图1-35　脚轮套件

安装操作步骤如下：

(1) 用起重机或叉车将机器人控制柜升起至少40 cm。

(2) 在机器人控制柜的正面放置一个横向支撑梁。横向支撑梁上的侧板朝下。

(3) 将一个内六角螺栓(M12×35)由下向上分别穿过带刹车的万向脚轮、横向支撑梁和机器人控制柜。

(4) 从上面用螺母将内六角螺栓连同平垫圈和弹簧垫圈拧紧(见图1-36)。拧紧扭矩为86 N·m。

(5) 以同样的方式将第二个带刹车的万向脚轮安装在机器人控制柜正面

的另一侧。

(6) 以同样的方式将两个不带刹车的万向脚轮安装在机器人控制柜的背面(见图1-37)。

(7) 将机器人控制柜重新置于地面上。

①—机器人控制系统；②—螺母；③—弹簧垫圈；④—平垫圈；⑤—横向支撑梁

图1-36　脚轮的螺纹连接件

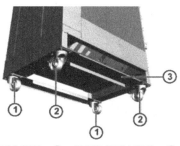

①—不带刹车的万向脚轮；②—带刹车的万向脚轮；③—横向支撑梁

图1-37　脚轮套件的安装

☪ **工厂经验**：如果重物固定不充分或者起重装置失灵，重物可能坠落并由此造成人员受伤或财产损失；检查吊具是否正确固定并使用具备足够承载力的起重装置；禁止在悬挂重物下停留。

2. 放置机器人控制柜

放置机器人控制柜注意事项如下：

(1) 放置机器人控制柜时必须保证其与墙壁及其他箱柜之间的最小间距。

(2) 检查机器人控制柜是否有运输损伤。

(3) 检查保险装置、接触器及线路板是否稳固。

(4) 必要时将松脱的组件重新固定。

(5) 检查螺栓连接、接线柱连接是否稳固。

(6) 运营商必须将一块以所在国语言书写的警告标签、阅读操作手册贴在标牌上。

五、工业机器人电气系统的连接

1. 本体的连接

下文以KRC4工业机器人的电气系统的连接为例进行说明，机器人的电

笔记

✍ 笔记

气设备由电缆束、电机电缆的多功能接线盒(MFG)、控制电缆的 RDC 接线盒等部件组成。

电气设备包含轴 A1～A6 的电机(见图 1-38)供电和控制的所有电缆。电机上的所有接口都是用螺栓拧紧的连接器。电气设备的组件由两个接口组、电缆束以及防护软管组成。防护软管可以在机器人的整个运动范围内实现无弯折的布线。连接电缆与机器人之间通过电机电缆的多功能接线盒(MFG)和控制电缆的 RDC 接线盒连接。

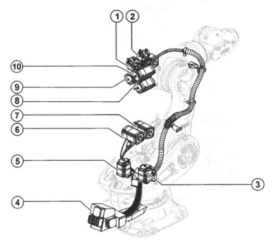

①—轴A3的电机(从动)；②—轴A3的电机(主动)；③—轴A1的电机(从动)；
④—插口；⑤—轴A1的电机(主动)；⑥—轴A2的电机(从动)；
⑦—轴A2的电机(主动)；⑧—轴A6的电机；⑨—轴A4的电机；⑩—轴 A5的电机

图 1-38　轴 A1～A6 的电机

2. 机器人控制系统和机器人之间的连接

机器人控制系统和机器人之间的连接如图 1-39 所示。工业机器人接地保护系统的布线如图 1-40 所示，接地线的连接电缆如图 1-41 所示。电缆连接有时要用到接口，常用的两种接口如图 1-42、图 1-43 所示。接口上有如表 1-3 所示的插头，用于机器人控制系统和机器人之间的电缆连接。

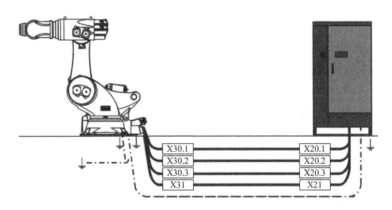

图 1-39　机器人控制系统与机器人之间的连接

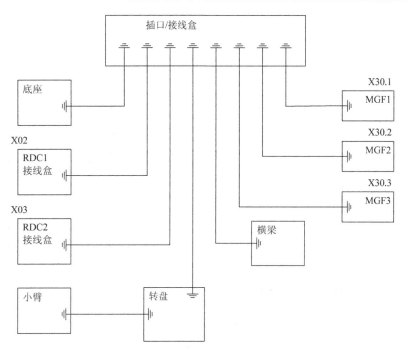

注：所有接地线的横截面为 10 mm^2。

图 1-40 工业机器人接地保护系统的布线图

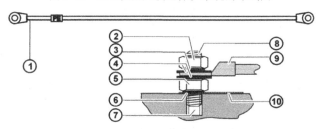

①—接地线；②—六角螺母；③—碟形垫圈(2个)；④—垫圈(2个)；
⑤—六角螺母；⑥—碟形垫圈；⑦—机器人；⑧— 紧定螺钉；
⑨—接地安全引线、环形端子 M8；⑩—接地导板

图 1-41 接地线的连接电缆

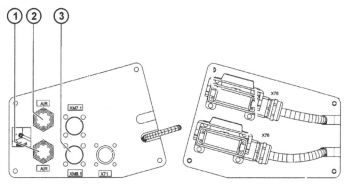

①—电机电缆接口，X30；②—轴A1的接口，底座；③—数据线接口，X31

图 1-42 轴 A1 的接口

笔记

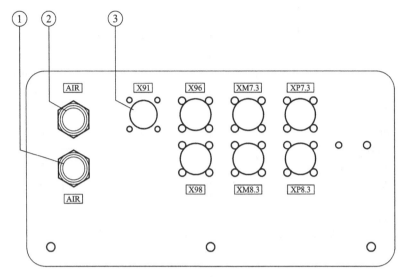

①—电机电缆接口，X30；②—轴A1 的接口，底座；③—数据线接口，X31

图 1-43 轴 A3 的接口

表1-3 连 接 电 缆

序号	电缆名称	控制系统	机器人	类 型
1	电机电缆 1	X20.1	X30.1	方口插头 BG 24
2	电机电缆 2	X20.2	X30.2	方口插头 BG 24
3	电机电缆 3	X20.3	X30.3	方口插头 BG 24
4	数据线	X21	X31	方口插头 HAN 3 A
5	接地线	—	—	环形端子，8 mm

3. 连接电缆的连接

连接电缆包括连接至驱动装置的电机电缆、数据线、带连接线的 smart PAD、电源连接线(供电)、可以添加用于附加轴的电机电缆、外围导线、其他方面应用的电缆，如图 1-44 所示。

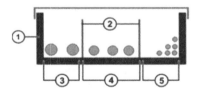

①—电缆槽；②—分隔插件；③—焊接线；④—电机线；⑤—数据线

图 1-44 电缆槽中的缆线敷设

(1) 插入数据线 X21 和 X21.1，其对应的插头配置见图 1-45。

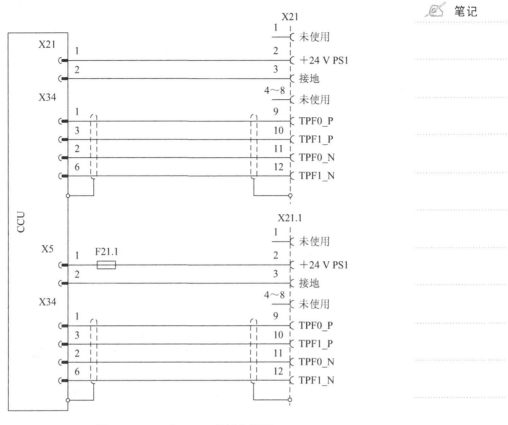

图 1-45　X21 和 X21.1 的插头设置

(2) 固定库卡 smart PAD 支架。

如图 1-46 所示，smart PAD 的支架可固定在机器人控制系统的门或防护栅上。

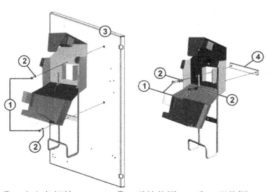

①—内六角螺栓M6×12；②—弹性垫圈A6.1和U 形垫圈；
③—机器人控制系统的门；④—用于安装围栏的扁钢

图 1-46　固定库卡 smart PAD 支架

(3) 插入库卡 smart PAD 支架的连接线 X19，其插头配置见图 1-47。

笔记

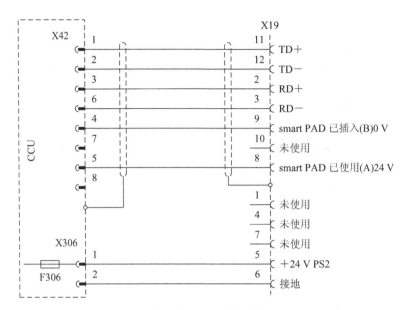

图 1-47　X19 插头设置

(4) 连接接地电位均衡导线，具体操作步骤如下：

① 将附加接地导线连在电源柜中心接地导轨与机器人控制系统接地螺栓之间。

② 在机械手与机器人控制系统之间连接一条横截面为 $16\ mm^2$ 的导线，作为电位均衡导线。

③ 在整个工业机器人上，根据 EN 60204-1—2018 进行一次地线检查。

④ 将机器人控制系统连接到电源上。用 Harting 插头 X1 将机器人控制系统与电源相连接，X1 插头配置如图 1-48 所示。

⚠ 小心：如机器人控制系统由一个不具有星形点接地的电源提供动力，则可能会导致机器人控制系统功能故障，并造成电源部件的财产损失，而且电源提供的电压还可能造成人身伤害。所以只允许使用配设星形点接地的电源向机器人控制系统供电。将机器人控制系统连接电源时，要求机器人控制系统处于关闭状态，电源线已断电。

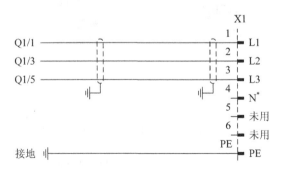

注：N*为服务插座选项。

图 1-48　X1 插头配置

(5) 取消蓄电池放电保护。为避免在首次投入运行前将蓄电池放电，在机器人控制系统出货时已拔出了 CCU 上的插头 X305。

(6) 将外围设备插头 X11 接好线并插入，例如图 1-49 所示为防护门的电气连接，根据设备及安全规划将外围设备插头 X11 接好线。

(7) 接通机器人控制系统。接通前须确认机器人控制系统的门已关闭，所有电气连接安装正确，且供电电源也在规定界限之内；人员或物品未留在机械手的危险范围内；所有安全防护装置及防护措施均完整且有效，柜内温度必须适应环境温度。接通机器人控制系统的操作步骤如下：

① 接通机器人控制系统电源。

② 解除库卡 smart PAD 上紧急停止装置的锁定。

③ 接通主开关。控制系统 PC 开始启动操作系统及控制软件。

4. 工业机器人的外围设施的电气连接

1) 防护门的电气连接

防护门的电气连接见图 1-49。

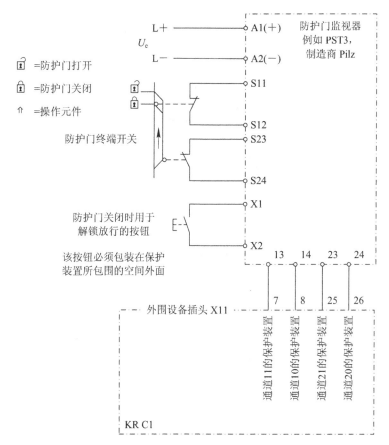

图 1-49　防护门的电气连接

2) 静电保护的连接

静电保护的连接见图 1-50。

✍ 笔记

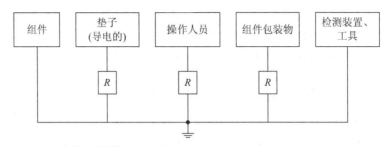

R：保护电阻阻值为 1 MΩ

图 1-50　静电保护的连接

3) 主开关处的电源连接

电源供电可通过控制柜左上部的电缆锁紧接头实现，即将电源的连接电缆连接至主开关上的电源接口处，如图 1-51 所示。

①—电缆导入；②—PE接口；③—主开关上的电源接口

图 1-51　主开关电源接口

4) 机器人控制系统与电源的连接

Q1 接口设置如图 1-52 所示。机器人控制系统与电源的连接步骤如下：

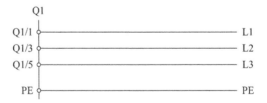

图 1-52　Q1 接口设置

(1) 打开门锁，将主开关旋柄置于"复位"挡并打开门，如图 1-53 所示。

(2) 拆下主开关的盖子，如图 1-54 所示。先取下上面的盖子，再松开并取下旋转驱动装置的固定件，之后松开并取下辅助开关盖子的固定件，最后从后面解锁并取下电缆接口的盖子。

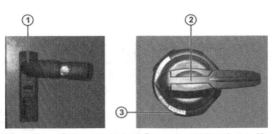

①—门锁；②—主开关旋柄；③—开关旋柄的"复位"挡

图 1-53　门锁和主开关挡位

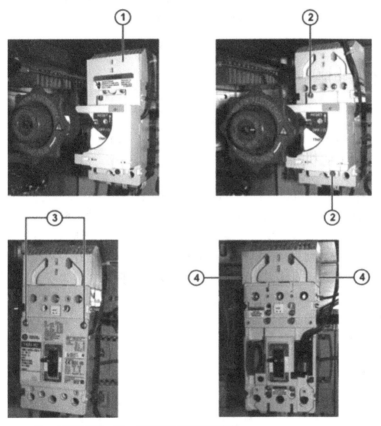

①—上面的盖子；②—旋转驱动装置的固定件；
③—辅助开关盖子的固定件；④—电缆接口的盖子

图 1-54　总开关盖子

(3) 将电源的连接电缆穿入螺纹管接线头(M32)并接至主开关，然后拧紧固线器。

(4) 将三相电缆连接至主开关接线柱。

(5) 将接地线连接至接地螺栓，如图 1-55 所示。

(6) 固定主开关的所有盖子。

笔记

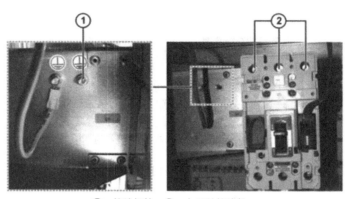

①—接地螺栓；②—主开关接线柱

图1-55 主开关接口

任务扩展

让学生进行操作，应特别注意安全！

一、拆卸工业机器人

⚠️**警告**：在执行以下作业时，机器人必须在各个工作步骤之间多次移动。在机器人作业时，必须始终能通过按下紧急停止装置锁定机器人。机器人意外运动可能会导致人员受伤及设备损坏。若要在一个接通的、有运行能力的机器人上作业，则只允许机器人以 T1(慢速)运行方式运行。必要时可按下紧急停止装置锁定该机器人。运行时，机器人必须限制在最为安全的范围内。

在运行或移动机器人前应向参与工作的相关人员发出示警。拆卸地点可以通行用于运输的起重机。拆卸过程不会因其他设备部件而产生危险。拆卸工业机器人的操作步骤如下：

(1) 锁止机器人。

(2) 拆下工具和加装件。

(3) 运行机器人并将其移动至运输位置(见图 1-56)。

(4) 按下紧急停止装置锁定机器人，机器人停止运行。

(5) 松开并拔下外围设备接口(见图 1-57)。

(6) 松开电机电缆插头和数据线插头，并将其拔下。

(7) 松开接地线，并将其拔下。

(8) 悬挂运输吊具。

(9) 拧出并取下 4 个六角螺栓及碟形垫圈。

(10) 用起重机将机器人从固定面上垂直吊起，然后运走。吊起时切勿损伤两根销钉。

⚠️**小心**：起吊时，机器人可能会因绊在固定面上而突然松开，从而伤及人员或材料。起吊前，机器人必须松弛地位于固定面上，须除去全部的固定件并事先松开黏接件。

(11) 准备将机器人仓储。

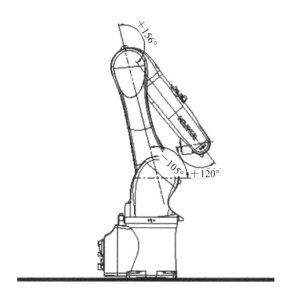

图 1-56　运输位置

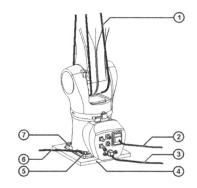

①—运输吊具；②—电机电缆；③—数据线；④—固定面；⑤—六角螺栓；⑥—接地线；⑦—销

图 1-57　拆卸工业机器人

二、仓储工业机器人

1. 注意事项

长时间存放机器人时必须注意如下事项：

(1) 仓储地点必须尽可能干燥、无灰尘。

(2) 仓储地点避免温度波动。

(3) 仓储地点避免风吹和穿堂风。

(4) 仓储地点避免形成冷凝水。

(5) 盖板不会自行松动并能承受环境影响。

✍ 笔记

(6) 机器人上不得留有松动或者跳动的部件。

(7) 在仓储期间，机器人不得被阳光直射。

(8) 注意并保持仓储温度范围。

(9) 仓储地点不会使薄膜受损。

2. 操作步骤

仓储机器人的操作步骤如下：

(1) 拆卸机器人。

(2) 拆下工具和装备。

(3) 清洁并擦干机器人。机器人表面与内部不得留有污迹和残留的清洁剂。

(4) 对机器人进行目检。

(5) 清除异物。

(6) 按专业要求清除可能的锈蚀点。

(7) 装上机器人的所有盖板，并确认密封件功能完好。

(8) 用合适的盖子封闭电气接口。

(9) 用合适的堵头封住软管接头。

(10) 用薄膜盖住机器人，并在底座上将薄膜密封防尘。必要时可在薄膜下放入干燥剂。

🎥 任务巩固

一、填空题

(1) 机器人到达现场后，第一时间检查外观是否有_____，是否有____等异常情况。

(2) 工业机器人安装的混凝土地基必须有要求的_____和_____，地基表面必须_____和_____。

(3) 机器人控制柜的脚轮套件用于装在机器人控制柜_____或_____处。

二、判断题

(   ) (1) 用叉车或运输吊具抬起底板。用运输吊具吊起前拧入环首螺栓。

(   ) (2) smart PAD 支架可固定在机器人控制系统的门或防护栅上。

三、简答题

(1) 简述安装地基固定装置的步骤。

(2) 简述在地面上安装工业机器人的步骤。

(3) 简述工业机器人控制柜的安装步骤。

四、技能题

有条件的单位，可让学生独立安装工业机器人。

任务三 认识工业机器人与 PLC 的通信

📽 任务导入

工业机器人的控制可分为两大部分：一部分是机器人对其自身运动的控制，另一部分是机器人与周边设备的协调控制。要实现这样的控制，除需要机器人控制器外，有时还需要可编程逻辑控制器(Programmable Logic Controller，PLC)，通过工业机器人与其通信来完成。如图 1-58 所示，不同的工业机器人其控制器是不同的，就是相同的控制器与不同的 PLC 通信也是有差异的，但实现起来大同小异。现以 ABB 工业机器人与 SIEMENS 的 PLC 通信为例来进行介绍。

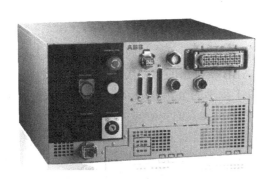

(a) ABB 工业机器人控制器

(b) KUKA 工业机器人控制器

(c) FANUC 工业机器人控制器

(d) 安川工业机器人控制器

图 1-58　工业机器人控制器

📖 课程思政

显著优势
　坚持党的集中统一领导，坚持党的科学理论，保持政治稳定，确保国家始终沿着社会主义方向前进。

🎥 任务目标

知 识 目 标	能 力 目 标
1. 掌握工业机器人控制器的结构 2. 掌握 ABB 机器人与西门子 PLC 的 Profibus 通信方式 3. 掌握 ABB 机器人与西门子 PLC 的 Profinet 通信方式	1. 能安装 PLC 编程软件 2. 能进行 PLC 简单逻辑编程 3. 能根据工作站应用的通信要求，设置和调试工业机器人与 PLC 控制设备的通信 4. 能编制典型工艺任务的 PLC 控制程序 5. 能够根据工作任务要求，通过组信号与 PLC 实现通信

现场教学

让学生到工业机器人旁边，由教师或上一届的学生边操作边进行介绍，但应注意安全。

🎥 任务准备

不同的工业机器人其控制器是不同的，就是相同的工业机器人其控制器也可能有差异。比如，IRC5 为 ABB 所推出的第五代机器人控制器，它采用模块化设计概念，配备符合人机工程学的全新 Windows 界面装置，并通过 MultiMove 功能实现多台(多达 4 台)机器人的完全同步控制，即能够通过一台控制器控制多达 4 台机器人和总共 36 个轴。在单机器人工作站中，所有模块均可叠放在一起(过程模块也可叠放在紧凑型控制器机箱上)，也可并排摆放。若采用分布式设置，模块间距可达 75 m(驱动模块与机械臂之间的距离应在 50 m 以内)，实现了布局上的最大灵活性。IRC5 控制器目前有四款不同类型的产品，如图 1-59 所示。

   (a) 单柜式   (b) 双柜式   (c) 面板式   (d) 紧凑型

图 1-59　ABB IRC5 控制器类型

一、ABB 机器人控制器的组成

ABB 机器人控制器的组成如图 1-60 所示。图中，A 为与 PC 通信的接口，

B 为现场总线接口，C 为 ABB 标准 I/O(输入/输出端口)板。

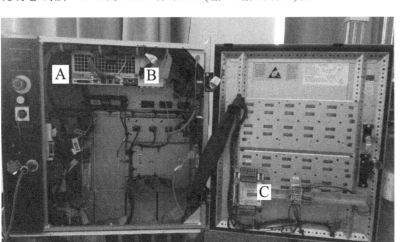

图 1-60　ABB 机器人控制器的组成

　　IRC5 紧凑型控制器由控制器系统部件(如图 1-61 所示)、I/O 系统部件(如图 1-62 所示)、主计算机 DSQC 639 部件(如图 1-63 所示)及其他部件组成(如图 1-64 所示)，其部分部件说明见表 1-4。

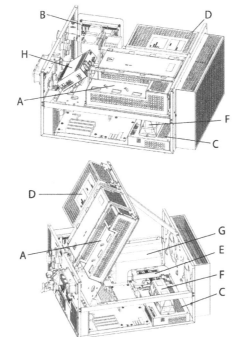

A—主驱动装置(MDU-430C(DSQC 431))；B—安全台(DSQC 400)；
C—轴计算机板(DSQC 668)；D—系统电源(DSQC 661)；E—配电板(DSQC 662)；
F—备用能源组(DSQC 665)；G—线性过滤器；H—远程服务箱(DSQC 680)

图 1-61　控制器系统部件

笔记

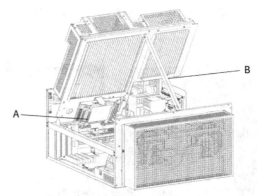

A—数字 24 V I/O(DSQC 652)；B—支架

图 1-62 I/O 系统部件

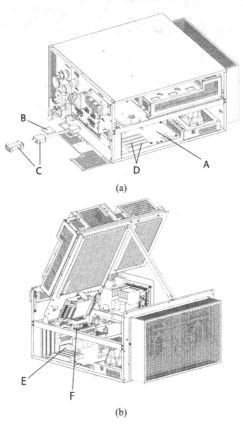

(a)

(b)

A—主计算机(DSQC 639)，该部件是主计算机装置，从主计算机装置卸除主机板时，其外壳不可与 IRC5 紧凑型控制器搭配使用；

B—紧凑型控制器 1 GB 闪存(DSQC656，1 GB)；

C—RS-232/422 转换器(DSQC 615)；

D—单 DeviceNet M/S(DSQC 658)，双 DeviceNet M/S (DSQC 659)，Profibus-DP 适配器(DSQC 687)；

E—Profibus 现场总线适配器(DSQC 667)，EtherNet/IP 从站(DSQC 669)，Profinet 现场总线适配器(DSQC 688)；

F—DeviceNet Lean 板(DSQC 572)

图 1-63 主计算机 DSQC 639 部件

✍ 笔记

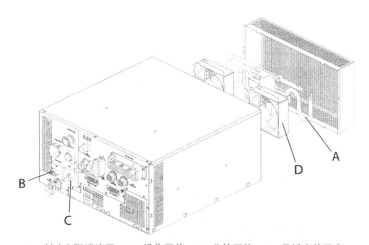

A—制动电阻泄流器；B—操作开关；C—凸轮开关；D—带插座的风扇

图 1-64　其他部件

表 1-4　IRC5 紧凑型控制器的部分部件说明

序号	名称	图　　示	说　　明
1	主计算机	主机 主机外观	主计算机相当于电脑的主机，用于存放系统软件和数据。主机需要电源模块提供 24 V 直流电。主机插有主机启动用的闪存 (CF) 卡
2	轴计算机板	轴计算机板的连接 轴计算机板	主计算机发出控制指令后，首先传递给轴计算机板，轴计算机板处理后再将指令传递给驱动单元，同时轴计算机板还要处理串口测量板(Serial Measwring　Board，SMB)传递的分解器信号

序号	名称	图　示	说　明
3	机器人六轴的驱动单元	 驱动单元	驱动单元先将变压器提供的三相交流电整流成直流电，再将直流电逆变成交流电，最后驱动电动机，从而控制机器人各个关节运动
4	示教器和控制器操作面板	 1—机器人电源开关； 2—急停按钮； 3—上电按钮及上电指示灯； 4—机器人运动状态切换旋钮； 5—示教器接口； 6—USB 接口； 7—RJ45 以太网接口 机器人控制器面板 连接电缆　触摸屏 触摸屏用笔　快捷键单元 示教器复位按钮　手动操作摇杆 急停开关　使能器按钮　备份数据用 USB 接口 (a)　　(b) 示教器	示教器和控制器操作面板用于手动调试机器人运动。控制器操作面板有电源总开关、急停开关、电动机通电/复位白色按钮、机器人状态转换开关。按下白色电动机通电/复位按钮，开启电动机。当机器人处于急停状态时，松开急停按钮后，按下白色电动机通电/复位按钮，机器人可恢复正常状态
5	串口测量板(SMB)	 串口测量板位置	串口测量板(SMB)将伺服电动机的分解器的位置信息进行处理和保存。电池(有 10.8 V 和 7.2 V 两种规格)在控制器断电的情况下，可以用于保存相关的数据，具有断电保护功能

续表二

序号	名称	图　示	说　明
5	串口测量板 (SMB)	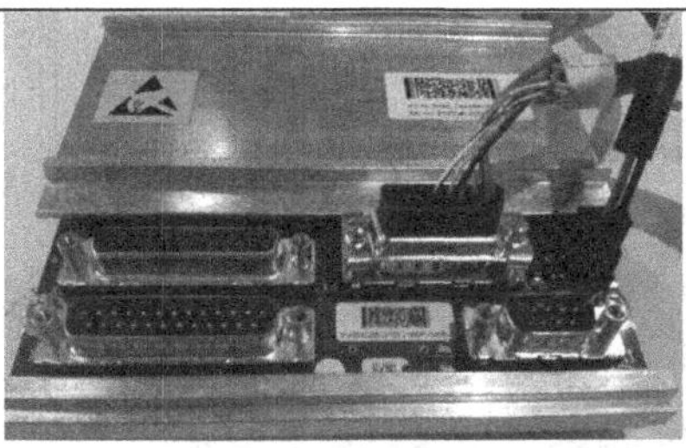 串口测量板  串口测量板的连接	—
6	系统电源模块	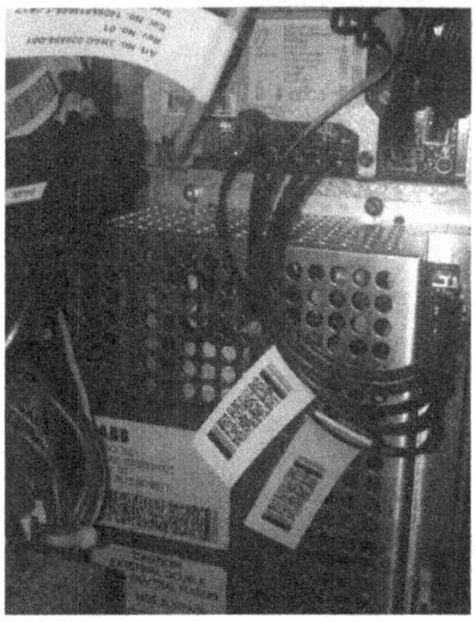 系统电源模块的连接 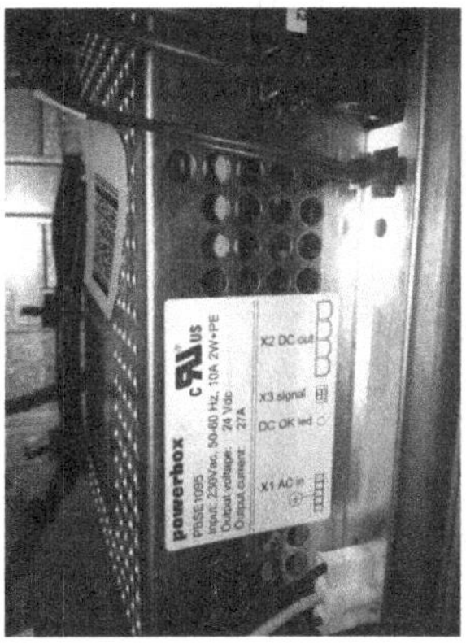 系统电源模块	系统电源模块将230 V 交流电整流成24 V 直流电，给主计算机、示教器等系统组件提供24 V直流电

续表三

序号	名称	图　示	说　明
7	电源分配板	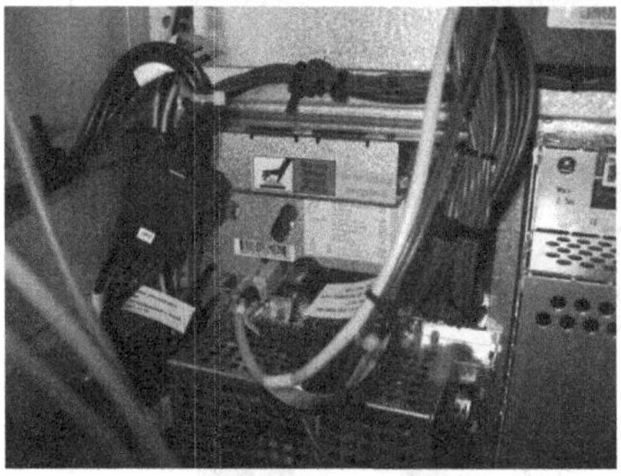 电源分配板的连接  电源分配板 X1：24 V 直流输入。 X2：交流电源和温度正常。 X3：24 V sys，给驱动单元供电。 X4：24V I/O，给外部 PLC 或 I/O 单元供电。 X5：24V brake/cool，给接触器板供电。 X6：24V PC/sys/cool，其中 PC 给主计算机供电，sys/cool 给安全板供电。 X7：Energy bank，给电容单元供电。 X8：USB 和主计算机的 USB2 通信。 X9：24V cool，给风扇单元供电	电源分配板将系统电源模块提供的 24 V 直流电分配给各个组件
8	电容单元	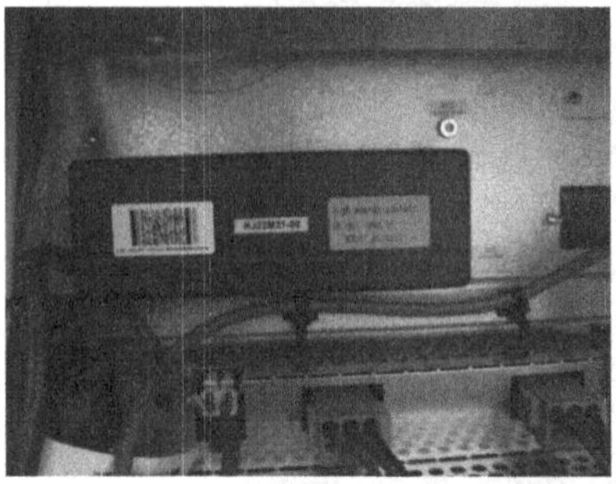 电容单元	电容单元用于在关闭机器人电源后，持续给主计算机供电以保存数据；之后再断电

续表四

序号	名称	图　示	说　明
9	接触器板	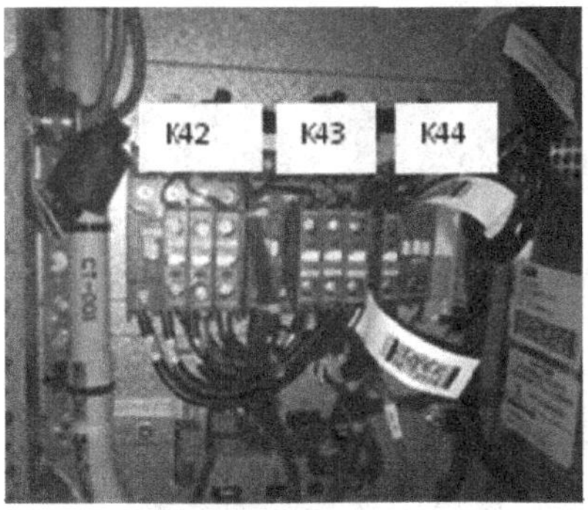 接触器板	接触器板上的 K42、K43 接触器吸合，变压器给驱动器提供三相交流电。K44 接触器吸合，变压器给电动机抱闸线圈提供 24 V 直流电，此时电动机可以旋转，机器人的各关节可以移动
10	安全板	 安全板	安全板有总停(GS1、GS2)、自动停(AS1、AS2)、优先停(SS1、SS2)等开关
11	控制器变压器	 变压器	变压器将输入的三相 380V 的交流电变压成三相 480 V(或 262 V)交流电，以及单相 230 V 交流电、单相 115 V 交流电
12	泄流电阻	 泄流电阻	泄流电阻可将机器人的多余能量转换成热能释放掉

序号	名称	图　示	说　明
13	用户供电模块	 用户供电模块	用户供电模块可以给外部继电器、电磁阀提供 24 V 直流电
14	I/O 单元模块	 I/O 单元模块	ABB 的标准 I/O 板提供的常用信号有数字输入 di、数字输出 do、模拟输入 ai、模拟输出 ao 以及输送链跟踪等

二、ABB 工业机器人安全控制回路

ABB 工业机器人控制器的整体连接如图 1-65 所示。工业机器人控制器有四个独立的安全保护机制，分别为常规停止(GS)、自动停止(AS)、上级停止(SS)、紧急停止(ES)。上级停止(SS)、常规停止(GS)的功能和保护机制基本相似，上级停止是常规停止(GS)的扩展，主要用于安全连接 PLC 等外部设备，见表 1-5。

表 1-5　安全保护机制

安 全 保 护	保 护 机 制
常规停止(General Stop，GS)	在任何操作模式下都有效
自动停止(Auto Stop，AS)	在自动模式下有效
上级停止(Superior Stop，SS)	在任何模式下都有效
紧急停止(Emergency Stop，ES)	在急停按钮被按下时有效

笔记

工匠精神

执著、专注、
忍耐、毅力、
坚守、信仰、
负责任、追求
完美。

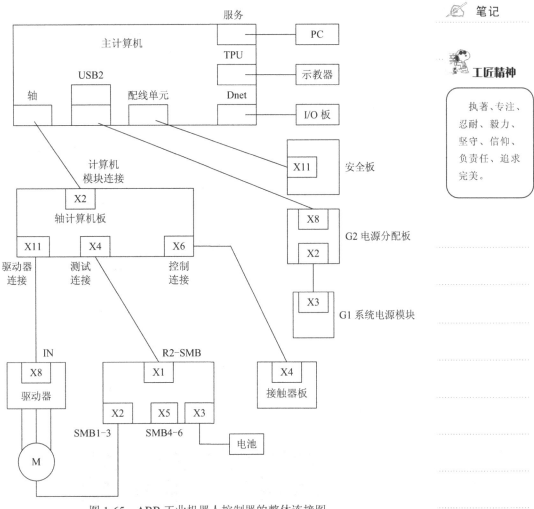

图 1-65　ABB 工业机器人控制器的整体连接图

自动停止(AS1、AS2)、常规停止(GS1、GS2)、上级停止(SS1、SS2)、紧急停止(ES1、ES2)的指示灯点亮，表示对应的回路接通，如图 1-66 所示，指示灯熄灭，表示对应的回路断路。

图 1-66　安全控制回路

X1、X2 端口用于连接紧急停止回路，X5 端口用于连接常规停止、自动停止回路，X6 端口用于连接上级停止回路，如图 1-67 所示。

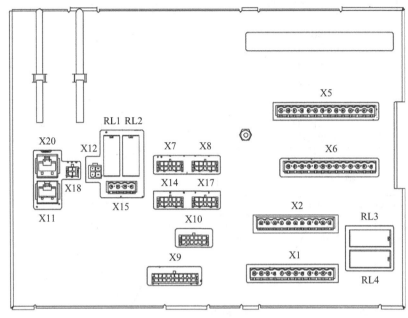

图 1-67　连接板

ABB 工业机器人紧凑型控制器的急停回路如图 1-68 所示。在 XS7、XS8 的 1、2 端接入两路常闭触点可连接急停控制回路。

图 1-68　急停回路

让学生进行操作。

任务实施

ABB 工业机器人与 PLC 的通信

ABB 工业机器人支持 Profibus、Profinet、CCLink、EtherNet/IP 等多种通

信方式，硬件上工业机器人可以使用控制器上的 WAN、LAN、SERVICE(服务)等通信端口，也可以使用 DSQC667、DSQC688、DSQC6378B、DSQC669 等适配器模块。

　　✍ 笔记

　　工业机器人与各种通信方式的设置、I/O 信号的创建、系统输入/输出与 I/O 信号的关联等，在《工业机器人操作与应用一体化教程》(西安：西安电子科技大学出版社)中已经介绍了，本教材就不再赘述。

一、ABB 工业机器人与西门子 PLC 的 Profibus 通信

1. 主站与从站的设置

　　Profibus 是过程现场总线(Process Field Bus)的缩写。Profibus 的传输速度为 9.6 kb/s～12 Mb/s。在同一总线网络中，每个部件的节点地址必须不同，但通信波特率必须一致。ABB 工业机器人需要有 840-2 PROFIBUS Anybus Device 选项，才能作为从站进行 Profibus 通信，如图 1-69 所示。

　　这里以西门子 S7-300 的 PLC 作为主站、ABB 工业机器人作为从站为例来介绍 Profibus 通信。ABB 工业机器人可使用 DSQC667 模块与 PLC 通信，DSQC667 模块与 PLC 如图 1-69～图 1-72 所示。

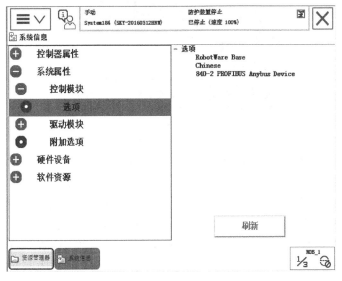

图 1-69　840-2 PROFIBOS Anybus Device 选项

图 1-70　DSQC667 模块

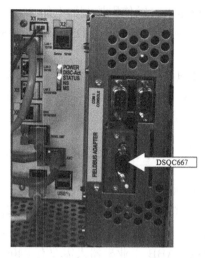

图 1-71 DSQC667 模块接口

图 1-72 PLC

Profibus 电缆为专用的屏蔽双绞线，其外层为紫色，如图 1-73 所示。屏蔽双绞线的编织网防护层主要用于屏蔽低频干扰，金属箔片层主要用于屏蔽高频干扰。屏蔽双绞线有红绿两根信号线，红色线接总线连接器的第 8 引脚，绿色线接总线连接器的第 3 引脚。总线两端必须以终端电阻结束，即第一个和最后一个总线连接器开关必须拨到 ON，并接入 220 Ω 的终端电阻，其余总线连接器拨到 OFF，如图 1-74 所示。终端电阻的作用是吸收网络反射波，有效增强信号强度。

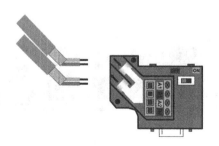

图 1-73 屏蔽双绞线

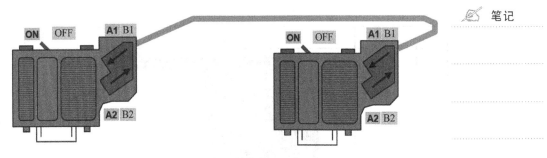

图 1-74　开关位置

✍ 笔记

2. PLC 设置

TIA 博途是西门子推出的面向工业自动化领域的新一代工程软件平台，它主要包括三个部分：SIMATIC STEP7、SIMATIC WinCC、SIMATIC StartDrive，其 PLC 设置见表 1-6。

表 1-6　PLC 设置

序号	内容	图　示	说明
1	将 DSQC667 设置文件(即 GSD 文件)安装到 PLC 组态软件中	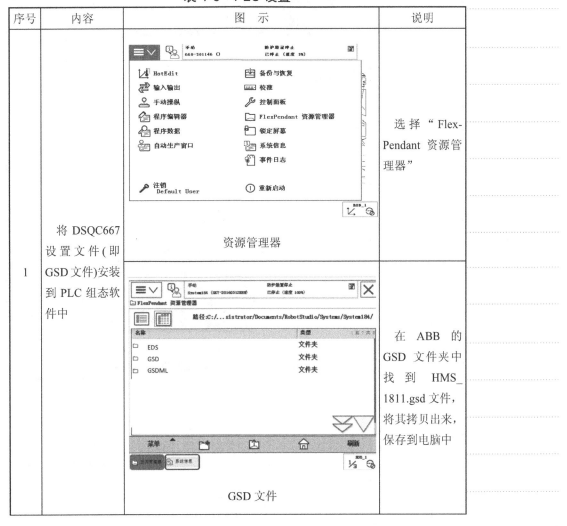 资源管理器 GSD 文件	选择 "Flex-Pendant 资源管理器" 在 ABB 的 GSD 文件夹中找到 HMS_1811.gsd 文件，将其拷贝出来，保存到电脑中

笔记

续表一

序号	内容	图 示	说明
2	创建项目	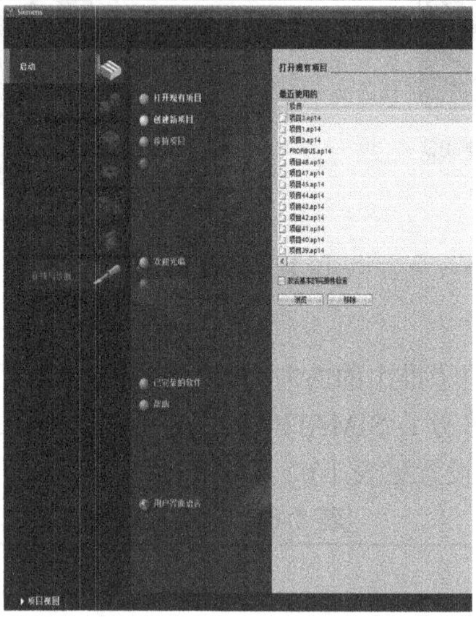 项目名称 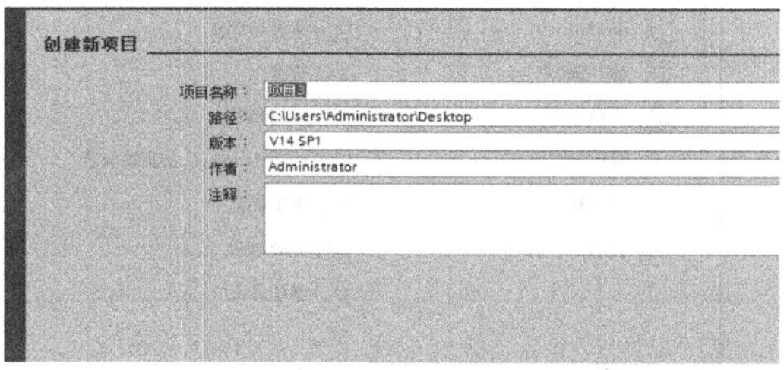 项目	打开 TIA 博途软件，选择“启动”，单击“创建新项目”，在“项目名称”中输入创建的项目名称(本例为项目 3)
3	安装 GSD 文件	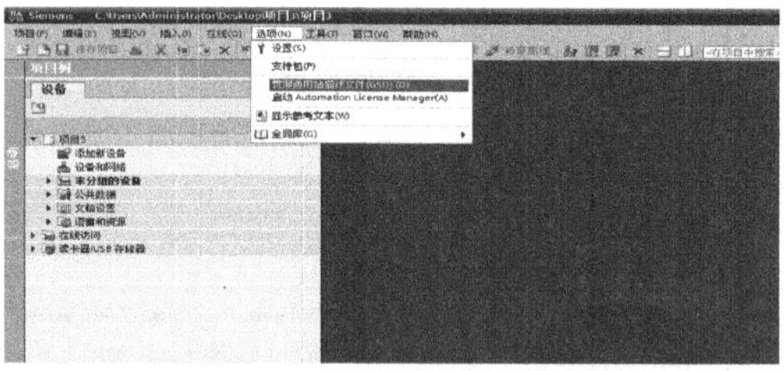 选择 GSD 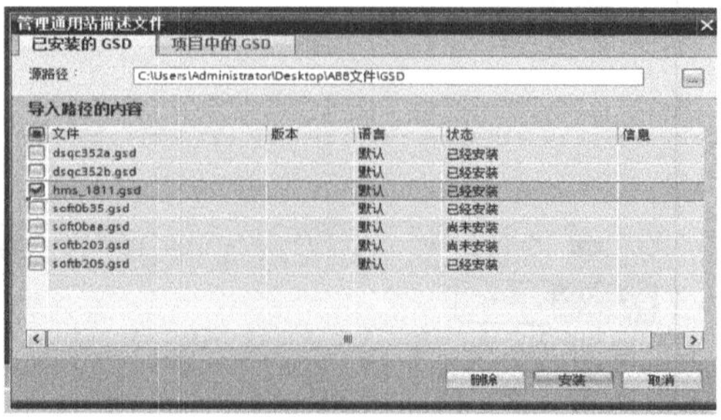 安装	在项目视图中单击“选项”，选择“管理通用站描述文件(GSD)”命令，选中 hms_1811.gsd 文件，单击“安装”按钮，将 ABB 工业机器人的 GSD 文件安装到博途软件中

续表二

📝 笔记

序号	内容	图　示	说明
4	添　加PLC	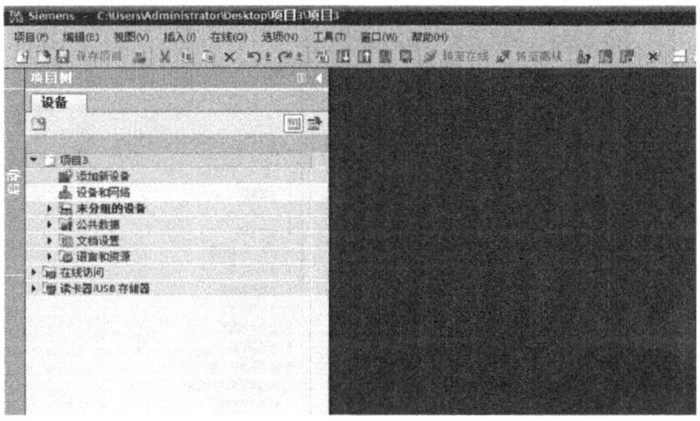 单击"添加新设备" 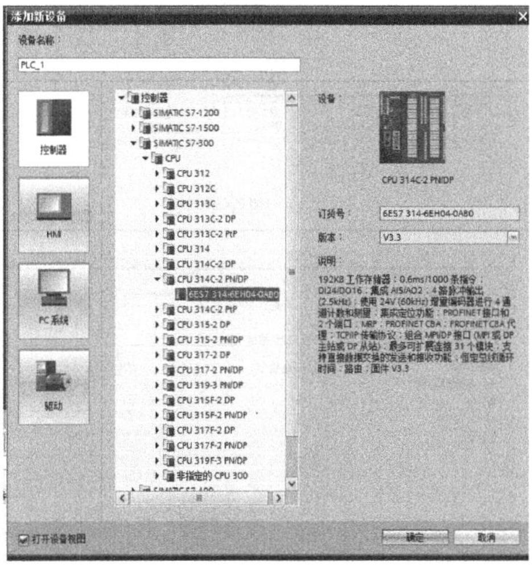 选择"控制器" 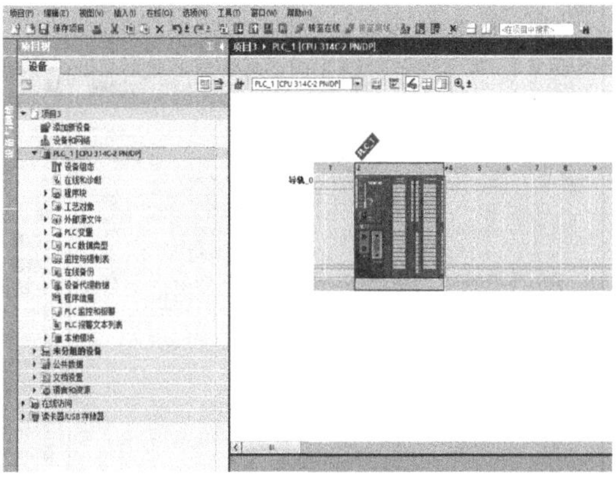 选择订货号	单击"添加新设备",选择"控制器",本例选择"SIMATICS7-300"中的"CPU314C-2PN/DP",订货号选择"6ES7314-6EH04-0AB0",版本选择"V3.3"(注意订货号和版本号要与实际的PLC一致),勾选"打开设备视图",单击"确定"按钮

✎ 笔记

序号	内容	图　示	说明
5	添加 ABB 工业机器人	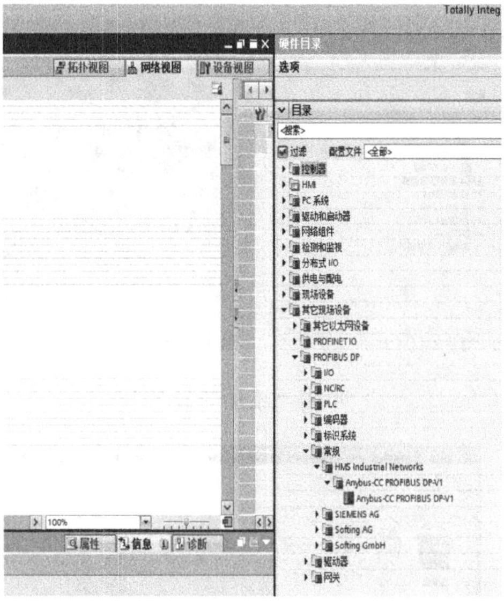 网络视图	在"网络视图"中，依次选择"其它现场设备"→"PROFIBUS DP"→"常规"→"HMS Industrial Network"→"Anybus-CC PROFIBUS DP-V1"，将图标"Anybus-CC PROFIBUS DP-V1"拖入"网络视图"中
		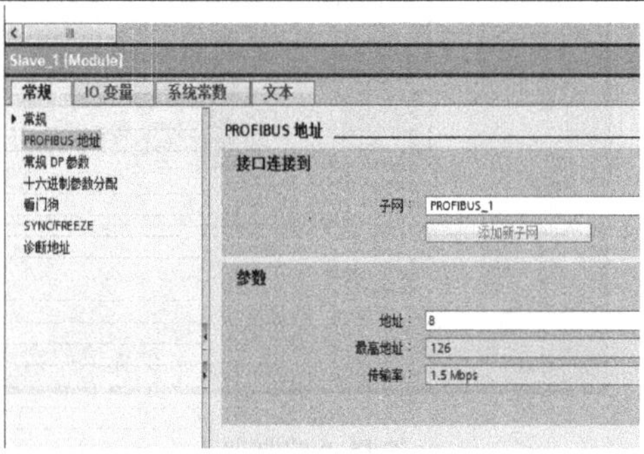 设置"PROFIBUS 地址"	在"常规"中设置"PROFIBUS 地址"为 8。注意该地址要与 ABB 工业机器人示教器设置的地址相同
6	设置 ABB 工业机器人通信输入信号	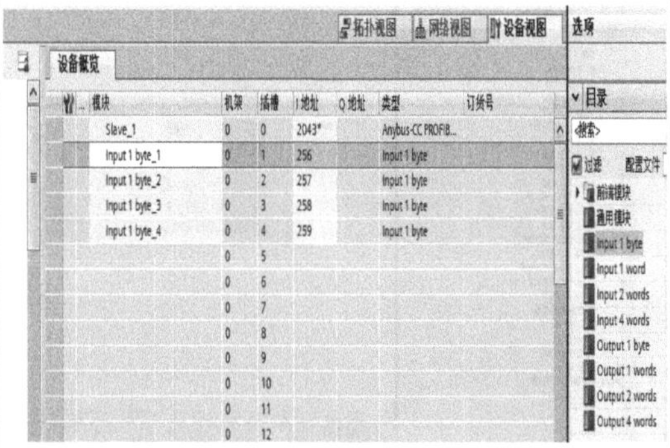 设置 ABB 工业机器人通信输入信号	选择"设备视图"→"目录"下的"input 1 byte"，连续输入 4 个字节，它包含 32 个输入信号。该信号与 ABB 机器人示教器设置的输出信号 do0～do31 相对应，信号数量相同

　　　✍ 笔记

序号	内容	图　示	说明
7	设 置 ABB 工业机器人通信输出信号	 设置 ABB 工业机器人通信输出信号	选择"设备视图"→"目录"下的"Output 1 byte ",连续输出4个字节,它包含 32 个输出信号。该信号与 ABB 机器人示教器设置的输入信号 di0～di31 相对应,信号数量相同
8	建 立 PLC 与 ABB 工业机器人的 Profibus 通信连接	 建立 PLC 与 ABB 工业机器人之间的 Profibus 通信连接	将 PLC 的粉色 Profibus DP 通信口拖至" Anybus-CC PROFIBUS DP-V1"的粉色 Profibus DP 通信口上,即建立起 PLC 和 ABB 工业机器人之间的 Profibus 通信连接

表 1-7 中机器人输出信号地址和 PLC 输入信号地址等效, 机器人输入信号地址和 PLC 输出信号地址等效。例如 ABB 机器人中 Device Mapping 中为 0 的输出信号 do0 和 PLC 中的 I256.0 信号等效, Device Mapping 中为 0 的输入信号 di0 和 PLC 中的 Q256.0 信号等效,所谓信号等效是指它们同时通断。

表 1-7　机器人输出(输入)信号和 PLC 输入(输出)信号地址

机器人输出信号地址	PLC 输入信号地址	机器人输入信号地址	PLC 输出信号地址
0, …, 7←→PIB256		0, …, 7←→PQB256	
8, …, 15←→PIB257		8, …, 15←→PQB257	
16, …, 23 ←→PIB258		16, …, 23←→PQB258	
24, …, 31 ←→PIB259		24, …, 31←→PQB259	

3. PLC 编程

在 TIA 博途软件中，选择"程序块"，在 OB1 中编写程序，如图 1-75 所示。

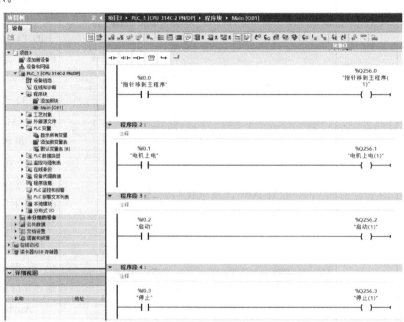

图 1-75 PLC 编程

PLC 中 I0.0 导通，Q256.0 得电，同时 ABB 工业机器人中的 di0 为 1。因为 di0 与 Start at Main 关联，所以 ABB 机器人开始执行 main 主程序。

PLC 中 I0.1 导通，Q256.1 得电，同时 ABB 工业机器人中的 di1 为 1。因为 di1 与 Motors On 关联，所以 ABB 机器人各关节电动机得电。

PLC 中 I0.2 导通，Q256.2 得电，同时 ABB 工业机器人中的 di2 为 1。因为 di2 与 Start 关联，所以 ABB 工业机器人执行程序。

PLC 中 I0.3 导通，Q256.3 得电，同时 ABB 工业机器人中的 di3 为 1。因为 di3 与 Stop 关联，所以 ABB 工业机器人停止执行程序。

二、ABB 工业机器人与西门子 PLC 的 Profinet 通信

Profinet 是 Process Field Net 的简称。Profinet 是基于工业以太网技术，使用 TCP/IP 和 IT 标准，依据设备名称寻址的，因此需要给设备分配名称和 IP 地址。

1. ABB 工业机器人的选项

(1) 888-2 PROFINET Controller/Device。该选项支持机器人同时作为 Controller(控制器)和 Device(设备)，机器人不需要额外的硬件，可以直接使用控制器上的 LAN3 和 WAN 端口，如图 1-76 中的 X5 和 X6 端口。控制器端口详细说明见表 1-8。

表 1-8　控制器端口说明

标签	名称	作　用
X2	Service Port	服务端口，IP 地址固定为 192.168.125.1，可连接 RobotStudio 等软件
X3	LAN1	连接示教器
X4	LAN2	通常内部使用，如连接新的 I/O DSQC1030 等
X5	LAN3	可以作为 Profinet/EtherNetIP/普通 TCP/IP 等通信端口
X6	WAN	可以作为 Profinet/EtherNetIP/普通 TCP/IP 等通信端口
X7	PANEL UNIT	连接控制器的安全板
X9	AXC	连接控制器内的轴计算机板

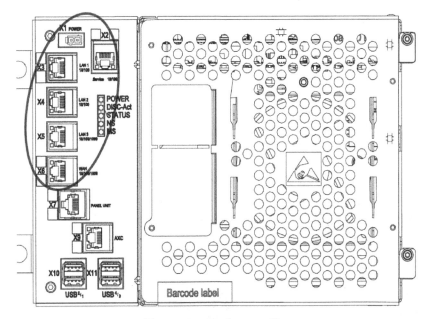

图 1-76　LAN3 和 WAN 端口

(2) 888-3 Profinet Device。该选项仅支持机器人作为设备，机器人不需要额外的硬件。

(3) 840-3 PROFINET Anybus Device。该选项仅支持机器人作为设备，机器人需要额外的硬件，例如图 1-77 所示的 DSQC688 模块。

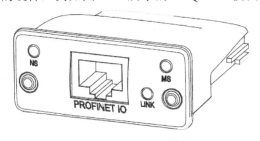

图 1-77　DSQC688 模块

2. ABB 工业机器人通过 DSQC688 模块与 PLC 进行 Profinet 通信

ABB 工业机器人需要有 840-3 PROFINET Anybus Device 选项，才能作为设备通过 DSQC688 模块与 PLC 进行 Profinet 通信，如图 1-78 所示。DSQC688 模块及硬件连接分别如图 1-79 和图 1-80 所示。

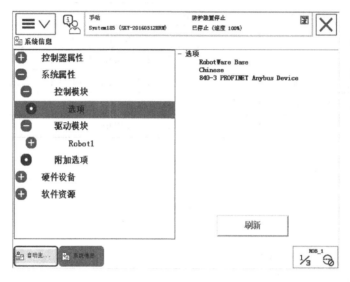

图 1-78　840-3 PROFINET Anybus Device 选项

图 1-79　DSQC688 模块

图 1-80　硬件连接

3. ABB 工业机器人通过 WAN 和 LAN3 端口与 PLC 进行 Profinet 通信

ABB 工业机器人需要有 888-3 PROFINET Device 或 888-2 PROFINET Controller/Device 选项，才能通过 WAN 和 LAN3 端口与 PLC 进行 Profinet 通信，如图 1-81、图 1-82 所示。

(1) ABB 工业机器人通过 WAN 和 LAN3 端口与 PLC 进行 Profinet 通信的设置见表 1-9。

✍ 笔记

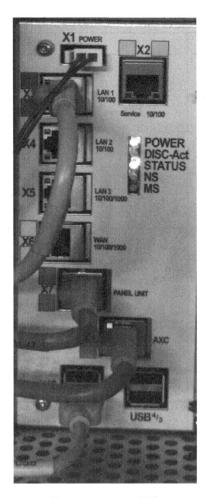

图 1-81　Profinet 通信

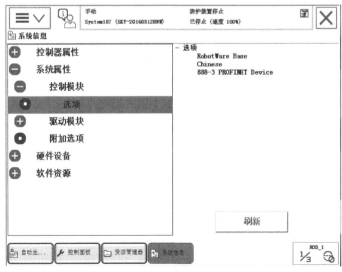

图 1-82　888-3 PROFINET Device 选项

笔记 表1-9　ABB工业机器人通过WAN和LAN3端口与PLC进行Profinet通信设置

步骤	操作	图　示
1	单击 ABB 主菜单，选择"控制面板"	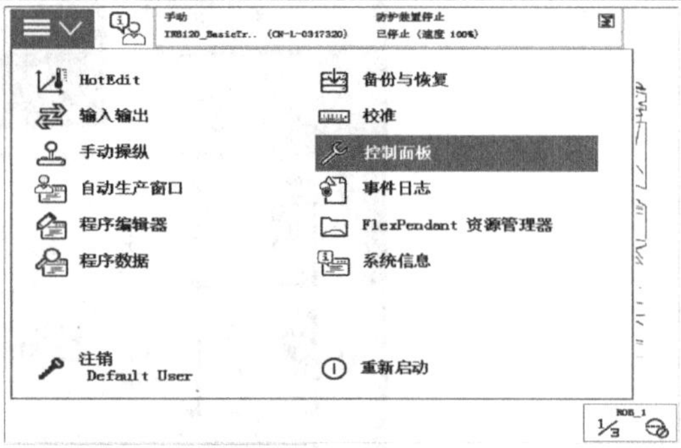
2	单击"配置"	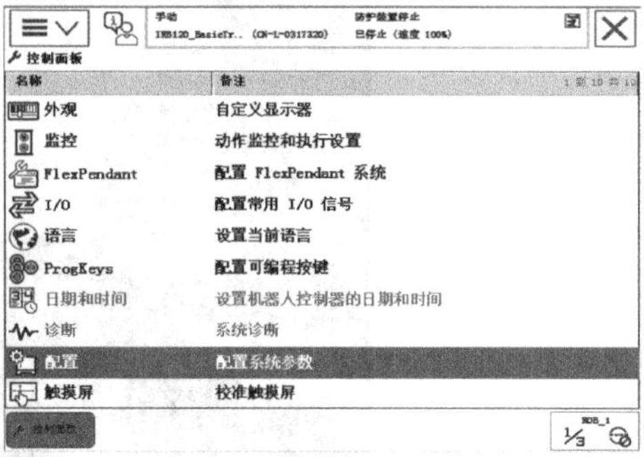
3	单击"主题"，选择"Communiction"选项	
4	选择"IP Setting"	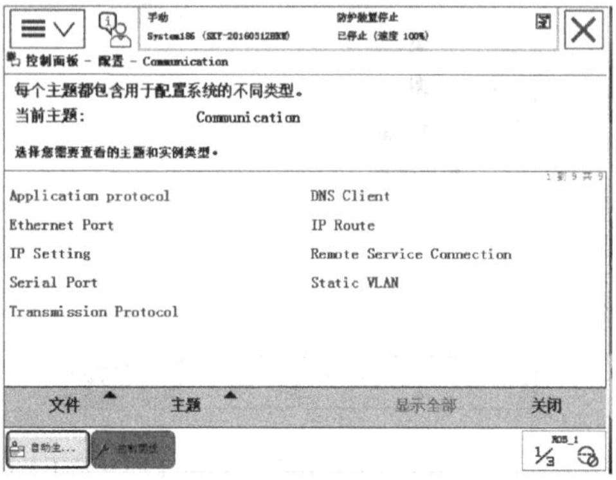

续表一

步骤	操作	图 示
5	单击"PROFINET Network"	
6	设置 IP 地址为 "192.168.0.2"，设置子网掩码为 "255.255.255.0"，Interface 选择 "LAN3"，此端口对应于 ABB 工业机器人控制器的 X5 端口	
7	单击"主题"，选择"I/O"选项	

续表二

步骤	操作	图 示
8	选择"Industrial Network"	
9	选择"PROFINET|"	
10	设置"PROFINET Station Name"的名称,如"abbplc",该名称要与PLC中组态的名称一致	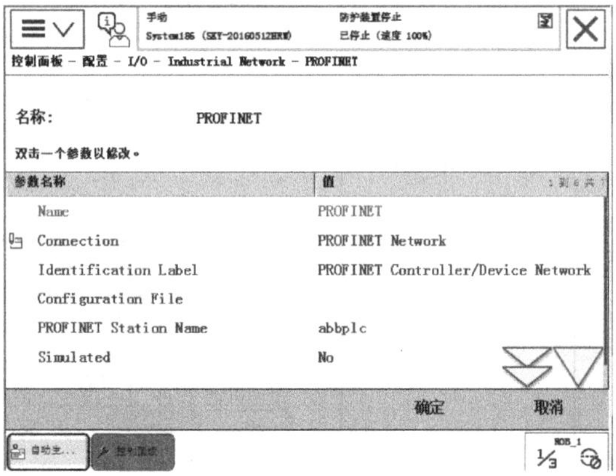

续表三　　　　　 笔记

步骤	操作	图　示
11	选择"PROFINET Internal Device"	
12	选择"PN_Internal_Device"	
13	选择"Input Size""Output Size",设置需要的输入输出字节数,该字节数需要与PLC的一致,本例字节数为8	

(2) 创建 Profinet 的 I/O 信号。

根据需要创建 ABB 工业机器人的 I/O(输入/输出)信号。表1-10定义了一

✍ 笔记 个输入信号 di0, 表 1-11 定义了一个输出信号 do0。创建 Profinet 的 I/O 信号的操作步骤见表 1-12。

表 1-10　定义输入信号

参数名称	设定值	说　明
Name	di0	信号名称
Type of Signal	Digital Input	信号类型(数字输入信号)
Assign to Device	PN_Internal_Device	分配的设备
Device Mapping	0	信号地址

表 1-11　定义输出信号

参数名称	设定值	说　明
Name	do0	信号名称
Type of Signal	Digital Output	信号类型(数字输出信号)
Assign to Device	PN_Internal_ Device	分配的设备
Device Mapping	0	信号地址

表 1-12　创建 Profinet 的 I/O 信号的操作步骤

序号	内容	图　示	说　明
1	创建输入信号 di0	双击"Signal" 单击"添加" 	需要注意的是,"Assigned to Device"要选择"PN_Internal_Device","Device Mapping"要设为0。参照此操作可继续设置输入信号 di1～di63

　　　✍　笔记

序号	内容	图　　示	说　明
1	输入信号di0	输入"di0"，双击"Type of Signal"并选择"Digital Input"		—
2	创建输出信号 do0		双击"Signal"，单击"添加"，输入"do0"，双击"Type of Signal"并选择"Digital Output"。需要注意的是"Assigned to Device"要选择"PN_Internal_Device"，"Device Mapping"要设为0。参照此操作可继续设置输入信号do1~do63

（3）设置 ABB 工业机器人通信输入/输出信号。

PLC 设置后，选择"设备视图"，选择"目录"下的"DI 8 bytes"，即输入 8 个字节，此 8 个字节包含 64 个输入信号，这些信号与 ABB 工业机器人示教器设置的输出信号 do0~do63 等效。选择"目录"下的"DO 8 bytes"，即输出 8 个字节，此 8 个字节包含 64 个输出信号，这些信号与 ABB 工业机器人示教器设置的输入信号 di0~di63 等效。

（4）建立 PLC 与 ABB 工业机器人之间的 Profinet 通信。

将 PLC 的绿色 Profinet 通信口拖至"IRC5 PNIO-Device"的绿色 Profinet 通信口上，即建立起 PLC 和 ABB 工业机器人之间的 Profinet 通信连接，如图 1-83 所示。表 1-13 中机器人输出信号地址和 PLC 输入信号地址等效，机器人输入信号地址和 PLC 输出信号地址等效。例如 ABB 工业机器人的 Device Mapping 中为 0 的输出信号 do0 和 PLC 中的 I256.0 信号等效，Device Mapping 中为 0 的输入信号 di0 和 PLC 中的 Q256.0 信号等效。

笔记

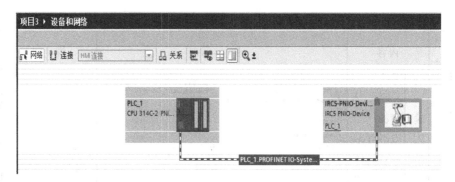

图 1-83　建立 PLC 与 ABB 工业机器人之间的 Profinet 通信

表 1-13　机器人输出(输入)信号和 PLC 输入(输出)信号地址

机器人输出信号地址	PLC 输入信号地址	机器人输入信号地址	PLC 输出信号地址
0,…,7←→ PIB256		0,…,7←→ PQB256	
8,…,15←→ PIB257		8,…,15←→PQB257	
16,…,23←→PIB258		16,…,23←→PQB258	
24,…,31←→PIB259		24,…,31←→PQB259	
32,…,39 →PIB260		32,…,39 →PQB260	
40,…,47←→PIB261		40,…,47←→PQB261	
48,…,55←→PIB262		48,…,55←→PQB262	
56,…,63←→PIB263		56,…,63←→PQB263	

三、工业机器人 DeviceNet 通信设置

1. 机器人作为 DeviceNet 从站与 PLC 通信

1) 通信

(1) 如图 1-84 所示，选择机器人 DeviceNet 总线选项。

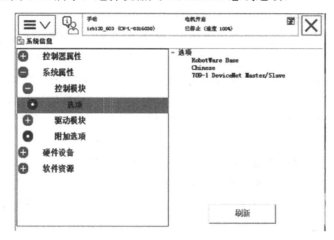

图 1-84　选择机器人 DeviceNet 总线选项

(2) 依次点击 Industrial Network→DeviceNet，地址修改为 2，如图 1-85、
图 1-86 所示。

图 1-85　点击 IndustryNetwork

图 1-86　修改地址

(3) 点击图 1-85 中的 DeviceNet Internal Device，修改输入、输出字节数，如图 1-87 所示。

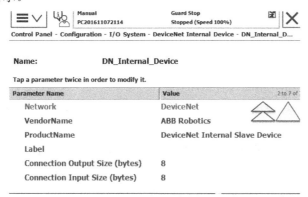

图 1-87　修改输入、输出字节数

✍ 笔记

(4) 新建 Signal，Assigned to Device 选择 DN_Internal_Device， Device Mapping 设置为 11，如图 1-88 所示。

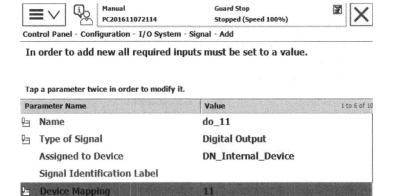

图 1-88　设置 Device mapping

2) 获得机器人作为DeviceNet从站的EDS描述文件

(1) 打开 RobotStudio 软件。

(2) 在 Add-Ins 里，右击对应的 RobotWare，选择"打开数据包文件夹"，如图 1-89 所示。

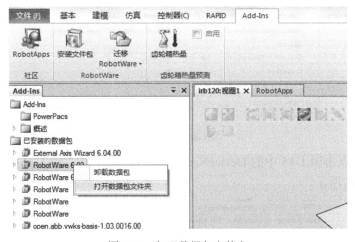

图 1-89　打开数据包文件夹

(3) 找到 EDS 描述文件的路径。

(4) 找到 IRC5_Slave_DSQC1006.eds 文件，该文件即为机器人作从站的描述文件。

2. 两台机器人 DeviceNet 通信设置

两台机器人如果有多个信号要通信，除了使用 I/O 接线外，还要使用总线，诸如 ProfieNet、EtherNet/IP 等，但都需要购买选项。

大多数机器人都配置了 709-1 DEVICENET Master/Slave 选项。两台机器人完成接线和相应设置后，就可以进行 DeviceNet 通信。如果两台机器人都是紧凑柜，则只需把两台机器人的 XS17 DeviceNet 上的 2、4 针脚互联(1 和 5 为柜子供电，不需要互联)，保持原有终端电阻(不要拿掉)，如图 1-90 所示。DeviceNet 回路上至少有一个终端电阻，或者链路两端各有一个终端电阻。紧凑柜本身只有一个终端电阻，两台机器人连接后链路只有两个终端电阻，故不需要拆除终端电阻。

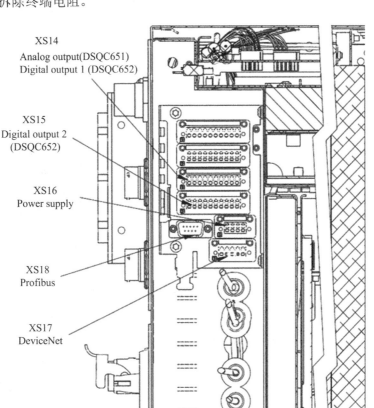

XS14
Analog output(DSQC651)
Digital output 1 (DSQC652)

XS15
Digital output 2
(DSQC652)

XS16
Power supply

XS18
Profibus

XS17
DeviceNet

图 1-90   接线图

如果两台机器人是标准柜，因为柜内本身就有两个终端电阻，在相应 DeviceNet 接线处把两台柜子的 DeviceNet 针脚 2 和 4 互联(1 和 5 为柜子供电，不需要互联)，然后柜内各拆除一个终端电阻(保证整个链路上只有两个终端电阻)。两台机器人与 PLC 通信设置如下：

(1) 打开作为从站的机器人，依次选择控制面板→配置→I/O→Industry Network→DeviceNet，设置 slave 的地址(默认为 2，如果主站为 2，从站 slave 不能为 2，可改为 3)，如图 1-91 所示。

(2) 依次选择控制面板→配置→I/O→DeviceNet Internal Device，设置输入、输出字节数，如图 1-92 所示。

(3) 建立信号，Assigned to Device 选择为 DN_Internal_Device，如图 1-93 所示。

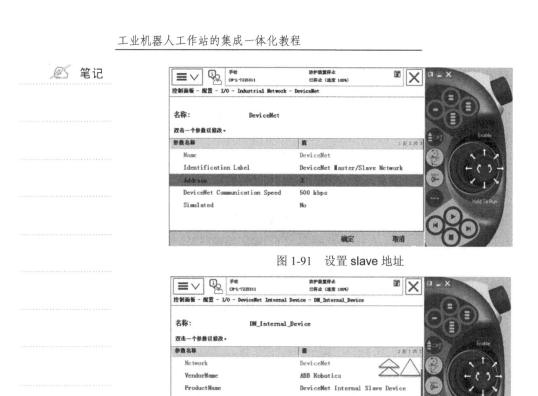

图 1-91　设置 slave 地址

图 1-92　设置输入、输出字节数

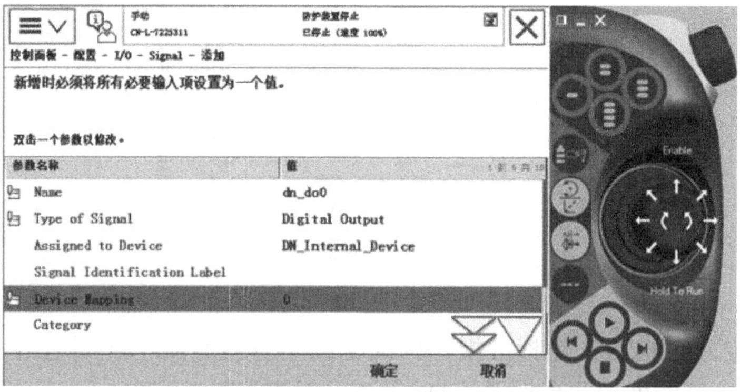

图 1-93　建立信号

(4) 打开作为主站的机器人，依次选择控制面板→配置→I/O，设置 DeviceNet Device，如图 1-94 所示。

(5) 添加选择模板，如图 1-95 所示。

(6) 修改对应 slave 的地址，如图 1-96 所示。

(7) Connection Type 修改为 Polled(默认为 COS，COS 不支持两台机器人之间的通信)，如图 1-97 所示。

(8) 建立信号,所属设备选择刚刚建立的 slave 设备 DN_Device，如图 1-98 所示。

(9) 重启工业机器人。

图 1-94 设置 DeviceNet Device

图 1-95 添加选择模板

图 1-96 修改对应 slave 的地址

图 1-97 修改 Connection Type

笔记

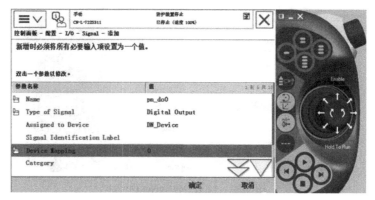

图 1-98　选择设备

任务扩展

WAN 端口同时用作 Socket 及 Profinet 通信

Profinet 为基于以太网的通信系统，可使用 WAN 端口；现场如要使用 Socket 让 PC 与机器人通信，可使用同一 WAN 端口，IP 地址相同。

工业机器人要使用 Socket 通信，需要有 616-1 PC Interface 选项；要使用 Profinet 通信，需要有 888-2PROFINET Controller/Device 或者 888-3PROFINET Device 选项。WAN 端口同时用作 Socket 及 Profinet 通信的相关设置如下：

(1) 将 RobotStudio 连接上机器人，在控制器 tab 下，点击图 1-99 中的"属性"，找到网络设置。

图 1-99　网络设置

(2) 根据需要设置 IP 地址，如图 1-100 所示，设置的 IP 地址为 WAN 端口 IP 地址，用作 Socket 通信。

(3) 设置 Profinet，点击控制面板，主题选择 Communication，如图 1-101 所示。

(4) 进入 IP Setting，点击 PROFINET Network，如图 1-102 所示。

(5) 修改 IP 并选择对应端口为 WAN，如图 1-103 所示，此处的 IP 与之前设置的系统 IP 相同。

（6）重启后，点击控制面板，主题选择为 I/O，选择 PROFINET Internal Device，如图 1-104 所示。

（7）设置输入、输出字节数，该字节数与 PLC 设置一致，如图 1-105 所示。

（8）在设置界面下，进入 Industry Network，如图 1-106 所示。

（9）设置 Station 名称，如图 1-107 所示，该名称要和 PLC 端对机器人的 Station 设置一样。

（10）添加 Signal，Device 选择 PROFINET Internal Device。

（11）将 WAN 端口网线插入交换机，PLC 与 PC 各自设置 IP 后插入交换机，WAN 端口即可同时用作 Socket 与 profinet 通信。

图 1-100　设置 IP

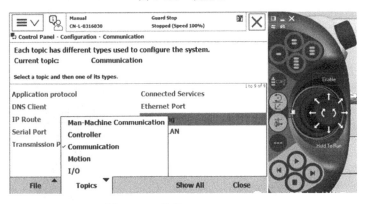

图 1-101　选择 Communication

图 1-102　点击 PROFINET Network

笔记

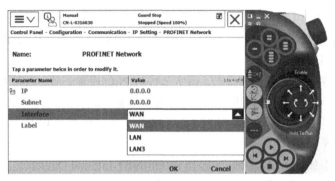

图 1-103　修改 IP

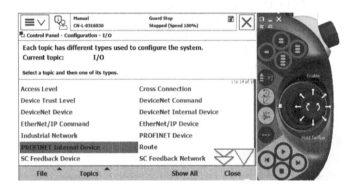

图 1-104　PROFINET Internal Device

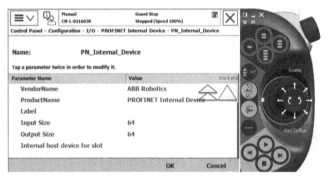

图 1-105　设置输入、输出字节数

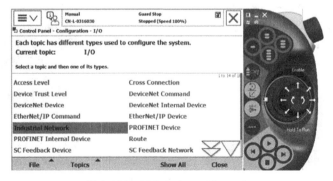

图 1-106　进入 Industry Network

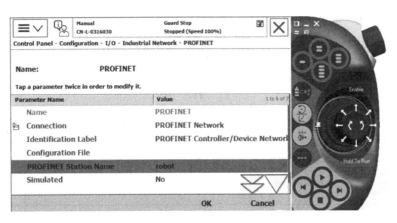

图 1-107　设置 Station 名称

任务巩固

一、填空题

(1) 工业机器人的控制可分为两大部分：一部分是对其＿＿＿＿＿的控制，另一部分是＿＿＿＿＿的协调控制。

(2) 电容单元用于在机器人关闭电源后，持续给＿＿＿＿＿供电，保存数据后再＿＿＿＿＿。

(3) 泄流电阻的作用是将机器人多余的＿＿＿＿＿＿通过电阻转换成＿＿＿＿＿释放掉。

(4) Profibus 电缆为专用的＿＿＿＿＿＿双绞线，其编织网防护层主要屏蔽＿＿＿＿＿干扰，金属箔片层主要屏蔽＿＿＿＿＿干扰。

(5) Profinet 基于工业以太网技术，使用＿＿＿＿＿和＿＿＿＿＿标准，依据设备名称＿＿＿＿＿。

二、判断题

(　　) (1) 主计算机用于存放系统软件和数据。

(　　) (2) 轴计算机板不处理串口测量板(SMB)传递的分解器信号。

(　　) (3) 串口测量板(SMB)的电池，在控制器断电的情况下可供保存相关的数据。

(　　) (4) ABB 工业机器人不用任何选项就可作为从站进行 Profibus 通信。

三、简答题

(1) ABB 的标准 I/O 板提供的常用信号有哪几种？

(2) ABB 工业机器人安全控制回路有哪几种？其保护机制是怎样的？

(3) 简述 Profibus 总线的连接要点。

四、技能题

(1) 通过 Profibus 总线建立工业机器人与 PLC 的通信。

(2) 通过 Profinet 建立工业机器人与 PLC 的通信。

操作与应用

工 作 单

姓　　名		工作名称	工作站的集成基础
班　　级		小组成员	
指导教师		分工内容	
计划用时		实施地点	
完成日期		备　　注	

工 作 准 备		
资　　料	工　　具	设　　备
1. 工业机器人本体安装图样 2. 工业机器人控制柜安装与运输资料 3. 外围设备安装图	设备运输工具 设备安装工具	1. 工业机器人本体 2. 工业机器人控制柜 3. 外围与运输设备
1. 电气连接图 2. 通信资料	电气连接工具	

工作内容与实施	
工作内容	实　　施
1. 举例说明工业机器人本体安装的步骤	
2. 举例说明工业机器人控制柜安装的步骤	
3. 工业机器人通信有几种？举例说明其步骤	
4. 安装右图所示工作站的工业机器人本体	
5. 安装右图所示工作站的工业机器人的控制柜	
6. 完成右图所示工业机器人的电气连接与通信	
注：可根据实际情况选用不同的工业机器人	喷涂工业机器人工作站

工 作 评 价

	评 价 内 容				
	完成的质量 (60分)	技能提升能力 (20分)	知识掌握能力 (10分)	团队合作 (10分)	备注
自我评价					
小组评价					
教师评价					

1. 自我评价

班级：_____ 姓名：_____ 工作名称：工作站的集成基础

序号	评 价 项 目	是	否
1	是否明确人员的职责		
2	能否按时完成工作任务的准备部分		
3	工作着装是否规范		
4	是否主动参与工作现场的清洁和整理工作		
5	是否主动帮助同学		
6	是否正确安装了工业机器人本体		
7	是否正确安装了工业机器人的控制柜		
8	是否正确完成了工业机器人的电气连接与通信		
9	是否完成了清洁工具和维护工具的摆放		
10	是否执行6S规定		
评价人		分数	时间	年 月 日

2. 小组评价

序号	评 价 项 目	评 价 情 况
1	与其他同学的沟通是否顺畅	
2	是否尊重他人	
3	工作态度是否积极主动	
4	是否服从教师的安排	
5	着装是否符合标准	
6	能否正确地理解他人提出的问题	
7	能否按照安全和规范的规程操作	
8	能否保持工作环境的干净整洁	

✑ 笔记

序号	评 价 项 目	评 价 情 况
9	是否遵守工作场所的规章制度	
10	是否有工作岗位的责任心	
11	是否全勤	
12	能否正确对待肯定和否定的意见	
13	团队工作中的表现如何	
14	是否达到任务目标	
15	存在的问题和建议	

3. 教师评价

课程	工业机器人工作站的集成	工作名称	工作站的集成基础	完成地点	
姓名		小组成员			
序号	项 目		分 值	得 分	
1	简答题		20		
2	正确安装工业机器人本体		20		
3	正确安装工业机器人控制柜		20		
4	正确进行电气连接		20		
5	正确完成通信		20		

自 学 报 告

自学任务	ABB工业机器人与三菱Q系列PLC的CCLink通信
自学内容	
收获	
存在问题	
改进措施	
总结	

模块二

搬运类工业机器人工作站的集成

任务一 认识工业机器人工作站

任务导入

工业机器人工作站是指使用一台(如图 2-1 所示)或多台机器人(如图 2-2 所示)，配以相应的周边设备，用于完成某一特定工序作业的独立生产系统，也可称为机器人工作单元。它主要由工业机器人及其控制系统、辅助设备以及其他周边设备所构成。

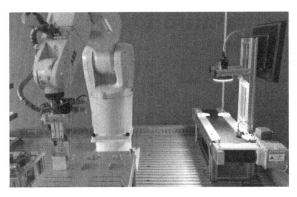

图 2-1 一台机器人

一台机器人

多台机器人

课程思政

五位一体
政治建设
经济建设
文化建设
社会建设
生态文明建设

图 2-2 多台机器人

📹 任务目标

知 识 目 标	能 力 目 标
1. 掌握工业机器人工作站的组成	1. 识别工业机器人外围设备的种类
2. 掌握工业机器人工作站设计注意事项	2. 能根据要求设计工业机器人典型工作站
3. 了解工业机器人工作站的特点	

📹 任务准备

教师讲解

由教师进行理论介绍。

工业机器人工作站是以工业机器人作为加工主体的作业系统。由于工业机器人具有可再编程的特点，因此当加工产品更换时，可以对机器人的作业程序进行重新编程，从而达到系统柔性要求。然而，工业机器人只是整个作业系统的一部分，作业系统还包括工装、变位器、辅助设备等周边设备，对它们进行系统集成，使之构成一个有机整体，作业系统才能完成各种任务，满足生产需求。

工业机器人工作站系统集成一般包括硬件集成和软件集成。硬件集成需要根据需求对各个设备接口进行统一定义，以满足通信要求；软件集成则需要对整个系统的信息流进行综合，然后再控制各个设备使之按流程运转。

一、工业机器人工作站的特点

1. 技术先进

工业机器人是集精密化、柔性化、智能化、软件应用开发等先进制造技术于一体的产物，通过对生产过程实施检测、控制、优化、调度、管理和决策，实现了增加产量、提高质量、降低成本、减少资源消耗和环境污染的目的，是工业自动化水平的最高体现。

2. 技术升级

工业机器人与自动化成套装备具有精细制造、精细加工以及柔性生产等技术特点，是继动力机械、计算机之后出现的全面延伸人的体力和智力的新一代生产工具，是实现生产数字化、自动化、网络化以及智能化的重要手段。

3. 应用领域广泛

工业机器人与自动化成套装备是生产过程的关键设备，可用于制造、安装、检测、物流等生产环节，并广泛应用于汽车整车及汽车零部件、工程机械、轨道交通、低压电器、电力、IC 装备、军工、烟草、金融、医药、冶金及印刷出版等行业，应用领域非常广泛。

4. 技术综合性强

工业机器人与自动化成套技术融合了多种学科，涉及多项技术领域，包括工业机器人控制技术、机器人动力学及仿真、机器人构建有限元分析、激光加工技术、模块化程序设计、智能测量、建模加工一体化、工厂自动化以及精细物流等先进制造技术，技术综合性强。

二、工业机器人工作站的组成

图 2-3 所示是某弧焊工业机器人工作站的组成。

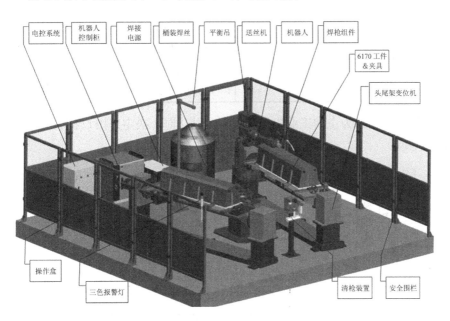

图 2-3 某弧焊工业机器人工作站的组成

三、外围设备的种类及注意事项

工业机器人工作站必须根据自动化的规模来决定工业机器人与外围设备的规格。因作业对象的不同，其规格也多种多样。从表 2-1 可以看出，机器人的作业内容大致可分为装卸、搬运作业和喷涂、焊接作业两种基本类型。后者持有喷枪、焊枪或焊炬。当工业机器人进行作业时，喷涂设备、焊接设备等作业装置都是很重要的外围设备。这些作业装置一般都是手工操作的，当采用工业机器人操作时，这些装置必须进行改造。

表 2-1 工业机器人的作业和外围设备的种类

作业内容	工业机器人的种类	主要外围设备
压力机上的装卸作业	固定程序式	传送带、滑槽、供料装置、送料器、提升装置、定位装置、取件装置、真空装置、修边压力装置
切削加工的装卸作业	可变程序式、示教再现式、数字控制式	传送带、上下料装置、定位装置、反转装置、随行夹具

续表

作业内容	工业机器人的种类	主要外围设备
压铸加工的装卸作业	固定程序式、示教再现式	浇铸装置、冷却装置、修边压力机、脱膜剂喷涂装置、工件检测
喷涂作业	示教再现式(CP的动作)	传送带、工件探测、喷涂装置、喷枪
点焊作业	示教再现式	焊接电源、时间继电器、次级电缆、焊枪、异常电流检测装置，工具修整装置、焊透性检验、车型判别、焊接夹具、传送带、夹紧装置
电弧焊作业	示教再现式(CP的动作)	弧焊装置、焊丝进给装置、焊炬、气体检测、焊丝检测、焊炬修整、焊接夹具、位置控制器

当对以装卸为主的工业机器人实现自动化时，决定外围设备的过程如图2-4 所示。

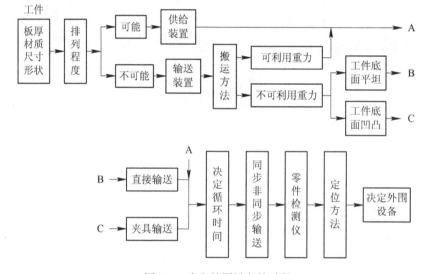

图 2-4　决定外围设备的过程

通过计算机软件进行仿真实践。

📹 **任务实施**

工业机器人工作站的设计

一、制造与试运行

制造与试运行是根据设计阶段确定的施工图纸、说明书进行布置、工艺分析、制作、采购，然后进行安装、测试、调速，使之达到预期的技术要求，同时对管理人员、操作人员进行培训。

(1) 制作准备。

制作准备包括制作估价，拟定事后服务及保证事项，签订制造合同，选定培训人员及实施培训等内容。

(2) 制作与采购。

制作与采购包括设计加工零件的制造工艺、零件加工、采购标准件、检查机器人性能、采购件的验收检查以及故障处理等内容。

(3) 安装与试运转。

安装指安装总体设备，试运转包括检查、高速运转、连续运转、实施预期的机器人系统的工作循环、生产试车、维护维修培训等内容。

(4) 连续运转。

连续运转包括按规划中的要求进行系统的连续运转和记录、发现和解决异常问题、实地改造、接受用户检查、写出验收总结报告等内容。

二、交付使用

交付使用后为达到预期的性能和目标，需对系统进行维护和改进，并进行综合评价。

(1) 运转率检查。

运转率检查包括正常运转概率测定、周期循环时间和产量的测定、停车现象分析、故障原因分析等内容。

(2) 改进。

改进包括正常生产时，选定及实施必须改进的事项，研讨和规划今后改进的事项等内容。

(3) 评估。

评估包括技术评估、经济评估、对现实效果和将来效果的评估、再研究课题的确定以及写出总结报告等内容。

由此看出，在工业生产中引入工业机器人系统是一项相当细致复杂的系统工程，它涉及机、电、液、气、信等诸多技术领域，不仅要求人们从技术上，而且从经济效益、社会效益、企业发展多方面进行可行性研究，只有立项正确、投资准、选型好、设备经久耐用，才能做到最大限度地发挥机器人的优越性，提高生产效率。

▶ 任务扩展

工作站设计注意事项

(1) 工作站应设计足够大的安全防护空间，在此空间的周围设置可靠的安全围栏，在机器人工作时，所有人员不能进入围栏；同时工作站应设有安

笔记

全连锁门，当该门开启时，工作站中的所有设备不能启动工作。

(2) 工作站必须设置各种装置，包括光屏、电磁场、压敏装置、超声和红外装置及摄像装置等。当人员无故进入防护区时，利用这些装置能立即使工作站中的各种运动设备停止工作。

(3) 当人员必须在设备运行条件下进入防护区工作时，机器人及其周边设备必须在降速条件下运转。工作者附近的地方应设急停开关，围栏外应有监护人员，并随时可操纵急停开关。

(4) 有害介质或有害光环境下的工作站，应设置遮光板、罩或其他专用安全防护装置。机器人的所有周边设备，必须分别符合各自的安全规范。

任务巩固

一、填空题

(1) 工业机器人工作站主要由_____及其控制系统_____、_____以及其他_____所构成。

(2) 工业机器人工作站是以工业机器人作为加工主体的_____，_____只是整个作业系统的一部分。

(3) 工业机器人工作站系统集成一般包括_____集成和_____集成。

二、判断题

( ) (1) 工业机器人工作站系统集成一般包括硬件集成和软件集成。

( ) (2) 自由度越多，机器人的机械结构与控制就越复杂。

( ) (3) 为了方便进出，工作站中在工作时，应把防护栏门打开。

三、简答题

工业机器人工作站的特点是什么？

任务二　搬运工业机器人工作站的集成

任务导入

在建筑工地、海港码头，总能看到大吊车的身影，应当说吊车装运比起早期工人肩扛手抬已经进步多了，但这只是机械代替了人力，或者说吊车只是机器人的雏形，它还得完全依靠人员操作和控制定位等，不能自主作业。而图 2-5 所示的搬运机器人可进行自主搬运。当然，有时也可应用机械手进行搬运，如图 2-6 所示。

图2-5 搬运机器人

搬运机器人

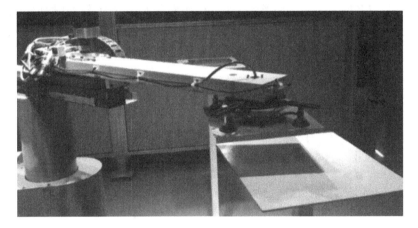

图2-6 机械手进行搬运

课程思政

四个意识
政治意识
大局意识
核心意识
看齐意识

机械手搬运

任务目标

知 识 目 标	能 力 目 标
1. 掌握搬运工业机器人的分类 2. 了解 AGV 小车的分类 3. 掌握 AGV 小车的导航方式	1. 能进行 PLC简单逻辑编程 2. 能根据常见品牌的 PLC 结合不同应用需求,进行集成方案适配 3. 能编制典型工艺任务的 PLC 控制程序(如搬运码垛)的程序编写 4. 能识读电气原理图、电气装配图、电气接线图 5. 能根据电气装配图及工艺指导文件,准备电气装配的工装工具 6. 能根据电气装配图及工艺指导文件,准备需要装配的电气元件、导线及电缆线

🎥 任务准备

由教师进行理论介绍。

搬运作业是指用一种设备握持工件，使之从一个加工位置移到另一个加工位置的过程。如果采用工业机器人来完成这个任务，整个搬运系统就构成了搬运工业机器人工作站。搬运机器人安装不同类型的末端执行器，可以完成不同形态和状态的工件搬运工作。

教师可上网查询或自己制作多媒体。

一、搬运机器人的分类

如图 2-7 所示，从结构形式上看，搬运机器人可分为龙门式搬运机器人、悬臂式搬运机器人、侧壁式搬运机器人、摆臂式搬运机器人和关节式搬运机器人。

龙门式搬运机器人

悬臂式搬运机器人

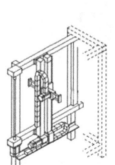

侧壁式搬运机器人

摆臂式搬运机器人

关节式搬运机器人

图 2-7　搬运机器人分类

1. 龙门式搬运机器人

如图 2-8 所示，龙门式搬运机器人的坐标系主要由 X 轴、Y 轴和 Z 轴组成。龙门式搬运机器人多采用模块化结构形式，可依据负载位置、大小等选择对应直线运动单元及组合结构形式(机器人在移动轴上添加旋转轴便可成

✍ **笔记**

为四轴或五轴机器人)。龙门式搬运机器人结构形式决定其负载能力,可实现实现大物料、重吨位搬运。它采用直角坐标系,编程方便快捷,广泛运用于生产线转运及机床上下料等大批量生产过程。

2. 悬臂式搬运机器人

如图 2-9 所示,悬臂式搬运机器人的坐标系主要由 X 轴、Y 轴和 Z 轴组成。悬臂式搬运机器人可随不同的应用采取相应的结构形式(在 Z 轴的下端添加旋转或摆动就可以延伸成为四轴或五轴机器人)。此类机器人,多数结构为 Z 轴随 Y 轴移动,但有时针对特定的场合,Y 轴也可在 Z 轴下方,方便机器人进入设备内部进行搬运作业。此类机器人广泛运用于卧式机床、立式机床及特定机床内部和冲压机热处理机床自动上下料。

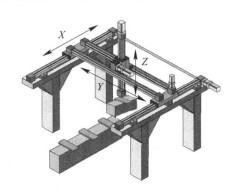

图 2-8 龙门式搬运机器人   图 2-9 悬臂式搬运工业机器人

3. 侧壁式搬运机器人

侧壁式搬运机器人的坐标系主要由 X 轴、Y 轴和 Z 轴组成。侧壁式搬运机器人可随不同的应用采取相应的结构形式(在 Z 轴的下端添加旋转或摆动就可以延伸成为四轴或五轴机器人)。其专用性强,主要运用于立体库类,如档案自动存取、全自动银行保管箱存取系统等。图 2-10 所示为侧壁式搬运机器人在档案自动存储馆工作。

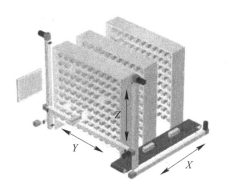

图 2-10 侧壁式搬运机器人

4. 摆臂式搬运机器人

摆臂式搬运机器人的坐标系主要由 X 轴、Y 轴和 Z 轴组成。Z 轴主要是升降,也称为主轴。Y 轴的移动主要通过外加滑轨实现。实现 X 轴末端连接控制器,该控制器绕 X 轴转动,实现了 4 轴联动。此类机器人具有较高的强度或稳定性,广泛应用于国内外生产厂家,是关节式机器人的理想替代品,但其负载程度比关节式机器人小。图 2-11 所示为摆臂式搬运机器人在进行箱

✍ **笔记** 体搬运工作。

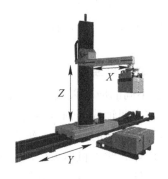

图 2-11 摆臂式搬运机器人

5. 关节式搬运机器人

关节式搬运机器人是当今工业产业中常见的机型之一，拥有 5～6 个轴，行为动作类似于人的手臂，具有结构紧凑、占地空间小、相对工作空间大、自由度高等特点，适用于几乎任何轨迹或角度的工作。标准关节式搬运机器人配合供料装置，就可以组成一个自动化加工单元。一个机器人可以服务于多种类型加工设备的上下料，从而节省自动化的成本。采用关节式搬运机器人，自动化单元的设计制造周期短、柔性大，产品换型方便，甚至可以满足较大变化的产品形状的换型要求。有的关节式搬运机器人可内置视觉系统，对于一些特殊的产品还可通过增加视觉识别装置对工件的放置位置、相位、正反面等进行自动识别和判断，并根据结果进行相应的动作操作，实现智能化的自动化生产，同时让机器人在装卡工件之余，进行工件的清洗、吹干、检验和去毛刺等作业，大大提高了机器人的利用率。关节式搬运机器人可以落地安装、天吊安装或者在轨道上安装以服务更多的加工设备。例如 FANUCR-1000iA、R-2000iB 等机器人可用于冲压薄板材的搬运，而 ABB IRBl40、IRB6660 等多用于热锻机床之间的搬运，图 2-12 展示了关节式搬运机器人进行钣金件搬运作业。

图 2-12 关节式搬运机器人

笔记

一般来讲，一个机器人单元包括一台机器人和一个带有示教器的控制单元手持设备，该手持设备能够远程监控(收集信号并提供信息的智能显示)机器人。传统的点对点模式，由于受线缆方式的限制，导致费用昂贵并且示教器只能用于单台机器人。COMAU 公司的无线示教器 WiTP(见图 2-13)与机器人控制单元之间采用了该公司的专利技术——"配对—解配对"安全连接程序，多个控制器可由一个示教器控制。同时，它可与其他 Wi-Fi 资源实现数据传送与接收，有效范围达 100 m，且各系统间无干扰。

图 2-13　COMAU 无线示教器 WiTP

二、AGV 搬运车

1. AGV 搬运车的种类

AGV(Automated Guided Vehicle)是自动导引车的英文缩写，是指装备有电磁或光学等自动导引装置，能够沿规定的导引路径行驶，具有安全保护以及各种移载功能，在工业应用中无需驾驶员的搬运车。它通常可通过电脑程序或电磁轨道信息控制自身移动，属于轮式移动搬运机器人范畴。AGV 搬运车广泛应用于汽车底盘合装，汽车零部件装配、烟草、电力、医药、化工等的生产物料运输、柔性装配线、加工线等领域，具有行动快捷，工作效率高，结构简单，有效摆脱场地、道路、空间限制等优势，充分体现出其自动性和柔性，可实现高效、经济、灵活的无人化生产。如表 2-2 所示，AGV 搬运车通常可分为列车型、平板车型、带移载装置型、货叉型、带升降工作台型及带工业机器人型。

表 2-2　AGV 搬运车的种类

序号	名称	图　示	说　明
1	列车型		列车型 AGV 是最早开发的产品，由牵引车和拖车组成，一辆牵引车可带若干节拖车。它适合成批量小件物品长距离运输，在仓库离生产车间较远时应用广泛

续表一

序号	名称	图 示	说 明
2	平板车型		平板车型 AGV 多需人工卸载，它是载重量为 500 kg 以下的轻型车，主要用于小件物品搬运。它适用于电子行业、家电行业、食品行业等场所
3	带移载装置型		带移载装置型 AGV 装有传送带或辊子输送机等类型移载装置，通常和地面板式输送机或辊子机配合使用，以实现无人化自动搬运作业
4	货叉型		货叉型 AGV 类似于人工驾驶的叉车起重机，本身具有自动装卸能力，主要用于物料自动搬运作业以及在组装线上作为组装移动工作台使用
5	带升降工作台型	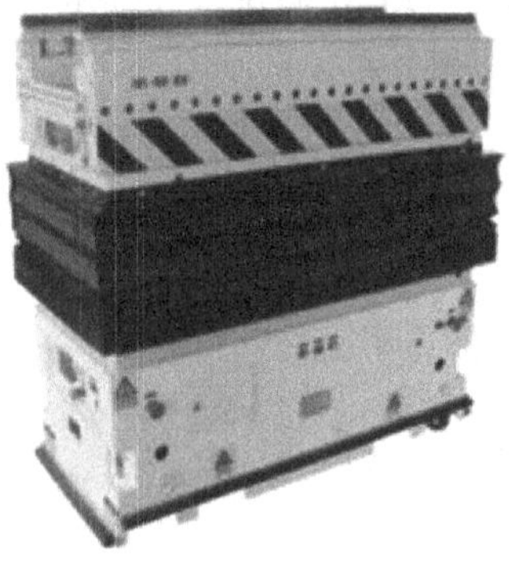	带升降工作台型 AGV 主要应用于机器制造业和汽车制造业的组装作业，因带有升降工作台可使操作者在最佳高度下作业，提高工作质量和效率

续表二   ✎ 笔记

序号	名称	图 示	说 明
6	带工业机器人型	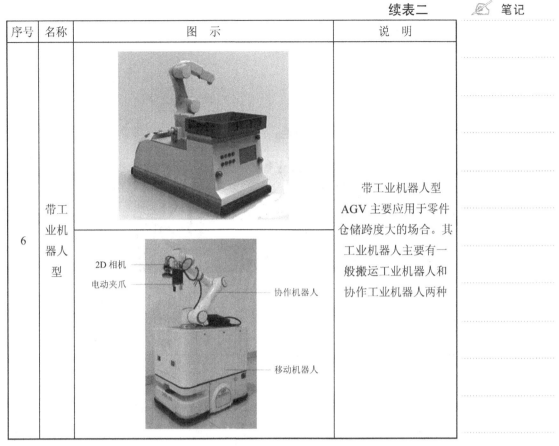 2D 相机 电动夹爪 协作机器人 移动机器人	带工业机器人型 AGV 主要应用于零件仓储跨度大的场合。其工业机器人主要有一般搬运工业机器人和协作工业机器人两种

看一看：当地 AGV 搬运车的应用。

2. 常见的 AGV 导航导引方式(见表 2-3)

表 2-3 常见的 AGV 导航导引方式

序号	名称	图 示	说 明
1	磁钉导航	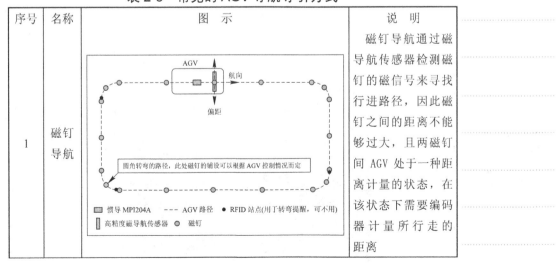 AGV 航向 偏距 圆角转弯的路径，此处磁钉的铺设可以根据 AGV 控制情况而定 ■ 惯导 MPI204A --- AGV 路径 ● RFID 站点(用于转弯提醒，可不用) ■ 高精度磁导航传感器 ● 磁钉	磁钉导航通过磁导航传感器检测磁钉的磁信号来寻找行进路径，因此磁钉之间的距离不能够过大，且两磁钉间 AGV 处于一种距离计量的状态，在该状态下需要编码器计量所行走的距离

续表一

序号	名称	图　示	说　明
2	磁条导航		磁条导航主要通过测量路径上的磁场信号来获取车辆自身相对于目标跟踪路径之间的位置偏差，从而实现车辆的控制及导航。磁条导航具有很高的测量精度及良好的重复性。磁条导航不易受光线变化等的影响，在运行过程中，磁传感系统具有很高的可靠性和经济性
3	激光导航		激光导航是在AGV行驶路径的周围安装激光反射板，AGV通过发射激光束，同时采集由反射板反射的激光束，来确定其当前的位置和方向，并通过连续的三角几何运算来实现导航
4	电磁导航		电磁导航是在AGV的行驶路径上埋设金属线，并在金属线加载导引频率，通过对导引频率的识别来实现导航

磁导航 AGV

✍ 笔记

序号	名称	图　　示	说　　明
5	测距导航	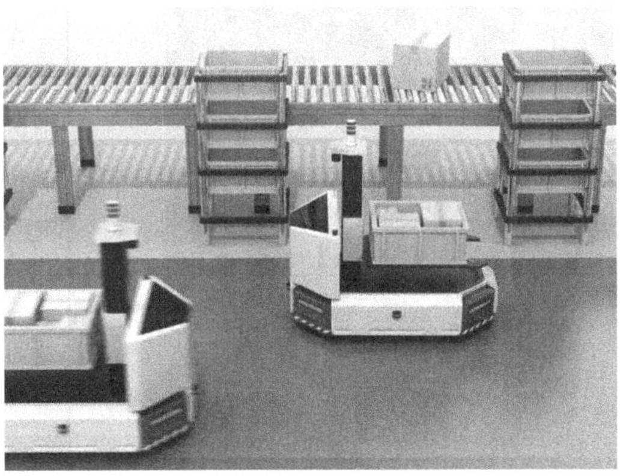	测距导航主要应用激光二维扫描仪对其周围环境进行扫描测量，获取测量数据然后结合导航算法实现导航。 采用测距导航技术的 AGV 可进入集装箱内部进行自动取货送货
6	轮廓导航	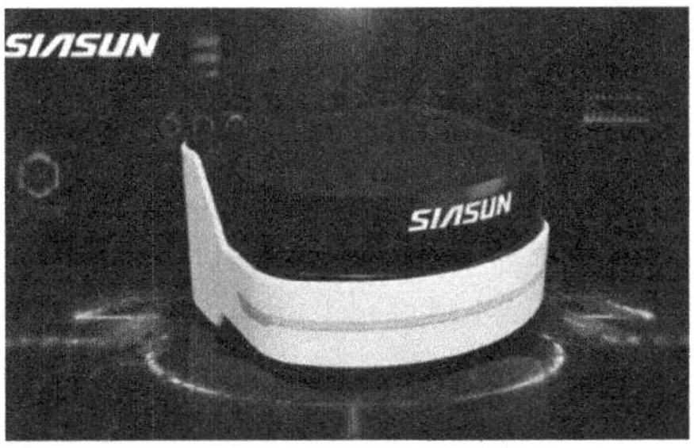	轮廓导航是目前 AGV 最为先进的导航技术，该技术利用二维激光扫描仪对现场环境进行测量、学习，并绘制导航环境，然后进行多次测量学习，修正地图进而实现轮廓导航功能。利用自然环境(墙壁、柱子以及其他固定物体)进行自由测距导航可根据环境测量结果更新位置
7	混合导航		混合导航是多种导航的集合体，该导航方式是根据现场环境的变化应运而生的。现场环境的变化导致某种导航暂时无法满足要求，进而切换到另一种导航方式继续使 AGV 连续运行

序号	名称	图　示	说　明
8	光学导航		光学导航是利用工业摄像机进行识别的。该导航分为色带跟踪导航、二维码识别等功能
9	二维码导引	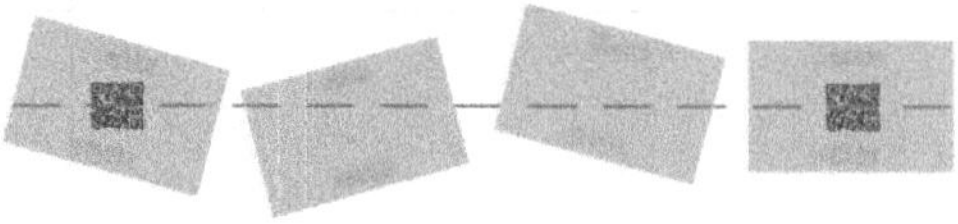	二维码导引方式是通过离散铺设 QR 二维码，通过 AGV 车载摄像头扫描解析二维码获取实时坐标。二维码导引方式也是目前市面上最常见的 AGV 导引方式，二维码导引加惯性导航的复合导航形式也被广泛应用
10	惯性导航		惯性导航是在 AGV 上安装陀螺仪，利用陀螺仪获取 AGV 的三轴角速度和加速度，通过积分运算对 AGV 进行导航定位。惯性导航通常作为其他导航方式的辅助导航
11	SLAM 激光导航（自然导航）		SLAM 激光导航则是一种无需使用反射板的自然导航方式，它不再需要通过辅助导航标志(二维码、反射板等)，而是通过工作场景中的自然环境作为定位参照物以实现定位导航

续表四

序号	名称	图　示	说　明
12	视觉导航		视觉导航是通过车载视觉摄像头采集运行区域的图像信息，通过图像信息的处理来进行定位和导航。

 笔记

 工匠精神

> 工匠精神的价值在于精益求精，对匠心、精品的坚持和追求，专业、专注、一丝不苟且孜孜不倦。

🎥 **任务实施**

搬运工业机器人工作站的集成

教师可上网查询或自己制作多媒体。

搬运工业机器人工作站的任务是由机器人完成工件的搬运，也就是将输送线输送过来的工件搬运到平面仓库中，并进行码垛。

多媒体教学

一、搬运工业机器人的周边设备

用机器人完成一项搬运工作，除需要搬运工业机器人(机器人和搬运设备)以外，还需要一些辅助的周边设备。目前，常见的搬运工业机器人辅助的周边设备有增加移动范围的滑移平台、合适的辅助系统装置、输送线系统、仓储装置、PLC控制柜和安全保护装置等。

1. 滑移平台

对于某些搬运场合，由于搬运空间大，搬运工业机器人的末端工具无法到达指定的搬运位置或姿态，此时可通过增加外部轴的办法来增加机器人的自由度。增加滑移平台是搬运工业机器人增加自由度最常用的方法，它可安装在地面上或龙门框架上，如图2-14所示。

地面安装　　　　　　　　　　龙门框架安装

图2-14 滑移平台安装方式

查一查：还用哪些滑移平台？

2. 辅助系统装置

辅助系统装置主要包括真空发生装置(如图 2-15 所示)、气体发生装置、液压发生装置等，它们均为标准件。一般的真空发生装置和气体发生装置均可提供满足吸盘和气动夹钳所需的动力。企业常用空气控压站对整个车间提供压缩空气和抽真空。液压发生装置的动力元件(电动机、液压泵等)布置在搬运工业机器人周围。

图 2-15　大型真空负压站

3. 输送线系统

输送线系统的主要功能是把上料位置处的工件传送到输送线的末端落料台上，以便机器人搬运。输送线系统如图 2-16 所示。上料位置处装有光电传感器，用于检测是否有工件，若有工件，将启动输送线，输送工件。输送线的末端落料台也装有光电传感器，用于检测落料台上是否有工件，若有工件，将启动机器人来搬运。输送线由三相交流电动机驱动，由变频器调速控制。

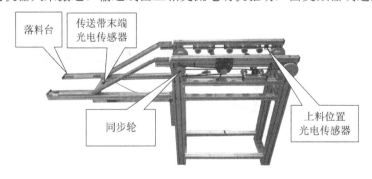

落料台　　传送带末端光电传感器

同步轮

上料位置光电传感器

图 2-16　输送线系统

4. 仓储装置

1) 平面仓储

图 2-17 所示的平面仓储有一个反射式光纤传感器用于检测仓库是否已满，若仓库已满，将不允许机器人向仓库中搬运工件。

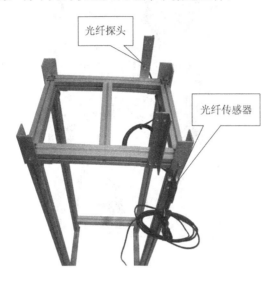

图 2-17　平面仓储

2) 立体仓储

图 2-18 所示的立体仓储由传输带、搬运工业机器人与立式仓库组成。

图 2-18　立式仓储

5. PLC 控制柜

PLC 控制柜用来安装断路器、PLC、变频器、中间继电器和变压器等元器件，其中 PLC 是搬运工业机器人工作站的控制核心。搬运机器人的启动与停止、输送线的运行等，均由 PLC 控制。PLC 控制柜内部图如图 2-19 所示。

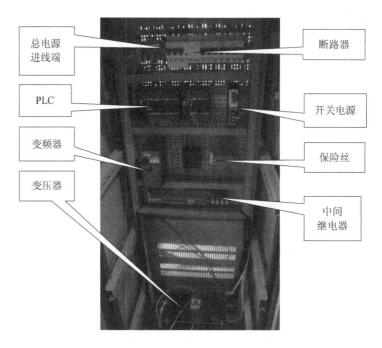

图 2-19　PLC 控制柜内部图

6. 安全保护装置

安全围栏如图 2-20 所示，其材料可选用 3030 工业型铝材，上层为软质遮弧光板，下层选用镀锌钢板，中立柱采用 3060 工业性铝材，拐角及门洞采用 6060 工业型铝材。正面设置常开式防护门，门口设有安全光栅。

图 2-20　安全围栏

二、末端执行器

末端执行器(如液压缸)与夹钳形成一体，需安装在搬运工业机器人末端法兰上。末端执行器有手爪、吸盘等类型。

1. 手爪

1) 夹钳式手爪

夹钳式手爪是装配过程中最常用的一类手爪，多采用气动或伺服电动机驱动。闭环控制配备传感器可准确控制手爪启动、停止及其转速，并对外部信号做出准确反应。夹钳式装配手爪具有重量轻、出力大、速度高、惯性小、灵敏度高、转动平滑、力矩稳定等特点，其结构类似于搬运作业夹钳式手爪，但又比搬运作业夹钳式手爪精度高、柔性高，如图 2-21 所示。

2) 专用式手爪

专用式手爪是在装配中针对某一类装配场合单独设计的末端执行器，且部分带有磁力，常见的主要是螺钉、螺栓的装配，同样亦多采用气动或伺服电动机驱动，如图 2-22 所示。

3) 组合式手爪

组合式手爪是在装配作业中通过组合获得各单种手爪优势的一类手爪，其灵活性较大，多用于机器人需要相互配合装配的场合，可节约时间、提高效率，如图 2-23 所示。

图 2-21　夹钳式手爪　　图 2-22　专用式手爪　　图 2-23　组合式手爪

2. 吸盘

常用的几种普通型吸盘的结构如图 2-24 所示。图 2-24(a)所示为普通型直进气吸盘，它依靠头部的螺纹可直接与真空发生器的吸气口相连，从而与真空发生器成为一体，结构非常紧凑。图 2-24(b)所示为普通型侧向进气吸盘，其中弹簧用来缓冲吸盘部件的运动惯性，减小对工件的撞击力。图 2-24(c)所示为带支撑楔的吸盘，这种吸盘结构稳定，变形量小，并能在竖直吸吊物体时产生更大的摩擦力。图 2-24(d)所示为采用金属骨架，且由橡胶压制而成的碟盘形大直径吸盘，吸盘作用面采用双重密封结构面，大径面为轻吮吸启动面，小径面为吸牢有效作用面。柔软的轻吮吸启动使得吸附动作特别轻柔，不伤工件，且易于吸附。图 2-24(e)所示为波纹型吸盘，它可利用波纹的变形来补偿高度的变化，往往用于吸附工件高度变化的场合。图 2-24(f)所示为球铰

笔记　式吸盘，吸盘可自由转动，以适应工件吸附表面的倾斜，转动范围可达30°～50°，吸盘体上的抽吸孔通过贯穿球节的孔，与安装在球节端部的吸盘相通。

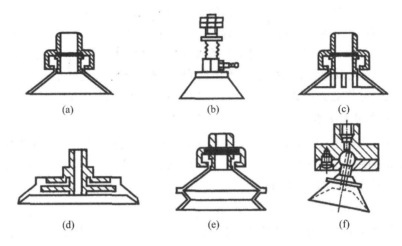

(a)　　　　　　(b)　　　　　　(c)

(d)　　　　　　(e)　　　　　　(f)

图2-24　几种普通型吸盘的结构

讨论总结：上网查询、工厂调研、参考资料、在教师的带领下学生与工厂技术人员讨论总结一下还有哪些执行元件在搬运工业机器人工业站上应用。

让学生进行操作。

技能训练

三、搬运工业机器人工作站的组成

搬运机器人是一个完整的系统，如关节式搬运机器人主要由操作机、控制系统、搬运系统(气体发生装置、真空发生装置和手爪等)和安全保护装置等组成，如图2-25所示。

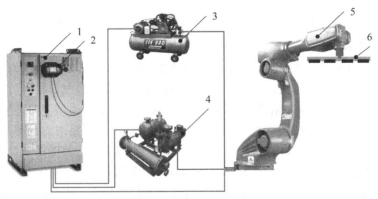

1—机器人控制系统；2—示教器；3—气体发生装置；
4—真空发生装置；5—操作机；6—手爪(端拾器)

图2-25　关节式搬运机器人系统组成

四、搬运工业机器人工作站的集成

下文以安徽美博空调自动搬运工业机器人工作站的集成为例进行介绍，其工作站示意图如图 2-26 所示，工作站实物图如图 2-27 所示。

图 2-26　工作站示意图

图 2-27　工作站实物图

1. 硬件连接

硬件连接包括以下几个电路连接：

(1) 主电源电路(见图 2-28)连接。

(2) 控制电源电路(见图 2-29)连接。

(3) 主电柜散热及照明电路(见图 2-30)连接。

✎ 笔记

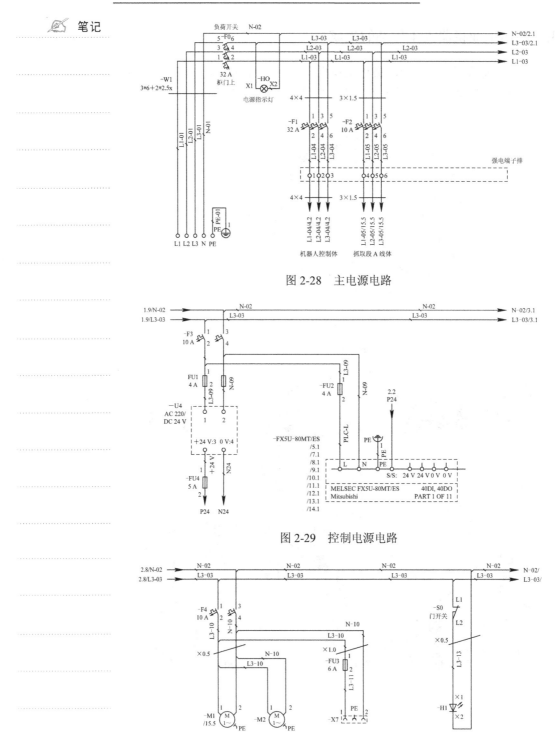

图 2-28 主电源电路

图 2-29 控制电源电路

图 2-30 主电柜散热及照明电路

(4) PLC 部分输入点电路(见图 2-31)连接。

✐ 笔记

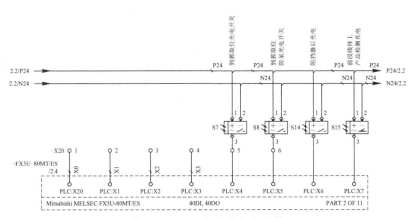

图 2-31 PLC 部分输入点电路

(5) PLC 部分输出点电路(见图 2-32)连接。

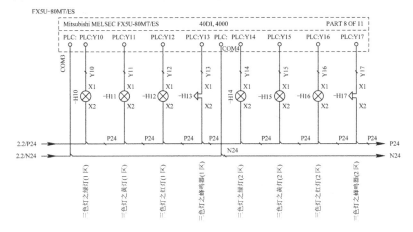

图 2-32 PLC 部分输出点电路

(6) 线体变频器电路(见图 2-33)连接。

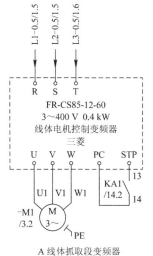

图 2-33 线体变频器电路

✍ 笔记

(7) 气缸阀控制电路(见图 2-34)连接。

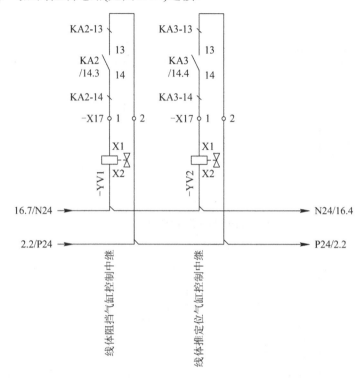

图 2-34　气缸阀控制电路

(8) 安全光栅电路(见图 2-35)连接。

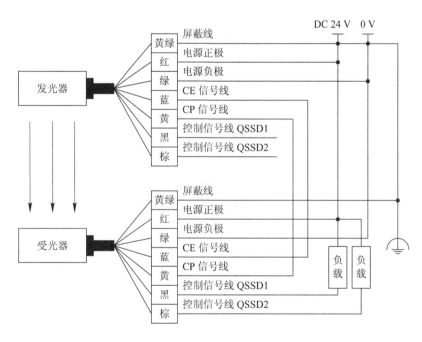

图 2-35　安全光栅电路

(9) 机器人夹具上的传感器输入电路(见图 2-36)连接。

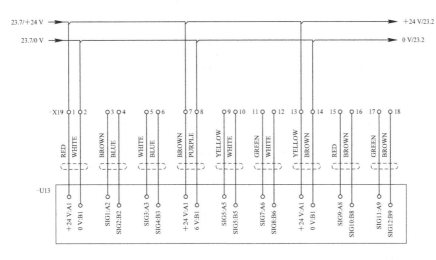

图 2-36　机器人夹具上的传感器输入电路

(10) 机器人夹具上的输出电磁阀电路(见图 2-37)连接。

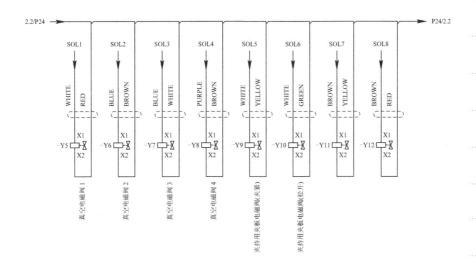

图 2-37　机器人夹具上的输出电磁阀电路

2. 参数设置

不同机器人控制系统的工业机器人,其参数设置是有差异的,现以 ABB 搬运工业机器人参数设置为例进行介绍。

(1) 标准 I/O 板设置。

ABB 标准 I/O 板挂在 DeviceNet 总线上面,常用型号有 DSQC651(8 个数字输入,8 个数字输出和 2 个模拟输出)和 DSOC652(16 个数字输入,16 个数字输出)。在系统中设置标准 I/O 板,至少需要设置 4 项参数(见表 2-4)。表 2-5 是某搬运工业机器人工作站的具体信号设置。

表2-4　参　数　项

参数名称	参数注释
Name	I/O单元名称
Type of Unit	I/O单元类型
Connected to Bus	I/O单元所在总线
DeviceNet Address	I/O单元所占用总线地址

表2-5　具体信号设置

Name	Type of Signal	Assigned to Unit	Unit Mapping	I/O信号注解
di00_Buffer Ready	Digitial Input	Board10	0	暂存装置到位信号
di01_Panel In Pick Pos	Digitial Input	Board10	1	产品到位信号
di02_VacuumOK	Digitial Input	Board10	2	真空反馈信号
di03_Start	Digitial Input	Board10	3	外接"开始"
di04_Stop	Digitial Input	Board10	4	外接"停止"
di05_StartAtMain	Digitial Input	Board10	5	外接"从主程序开始"
di06_EstopReset	Digitial Input	Board10	6	外接"急停复位"
di07_MotorOn	Digitial Input	Board10	7	外接"电动机上电"
d032_VacuumOpen	Digitial Output	Board10	32	打开真空
d033_AutoOn	Digitial Output	Board10	33	自动状态输出信号
d034_Buffer Full	Digitial Output	Board10	34	暂存装置满载

(2) 数字I/O设置。

在I/O单元上创建一个数字I/O信号，至少需要设置4项参数(见表2-6)。表2-7是I/O单元各参数的具体含义。

表2-6　数字I/O参数

参数名称	参数注释
Name	I/O信号名称
Type of Signal	I/O信号类型
Assigned to Unit	I/O信号所在I/O单元
Unit Mapping	I/O信号所占用单元地址

表 2-7　具体含义　　　　　　　　　　　　　　　　

参数名称	参数说明
Name	信号名称(必设)
Type Of Signal	信号类型(必设)
Assigned to Unit	连接到的I/O单元(必设)
Signal Identification Lable	信号标签,为信号添加标签,便于查看。可将信号标签与接线端子上标签设为一致,如Corm.X4、Pin 1
Unit Mapping	I/O单元占用的地址(必设)
Category	信号类别,为信号设置分类标签,当信号数量较多时,通过类别过滤,便于分类查看信号
Access Level	写入权限 Read Only:各客户端均无写入权限,只读状态。 Default:可通过指令写入或本地客户端(如示教器)在手动模式下写入。 All:各客户端在各模式下均有写入权限
Default Value	默认值,系统启动时信号默认值
Filter Time Passive	失效过滤时间(ms),防止信号干扰,如设置为1000,则信号置为0,持续1 s后才视为该信号已置为0(限于输入信号)
Filter Time Active	激活过滤时间(ms),防止信号干扰,如设置为1000,则信号置为1,持续1 s后才视为该信号已置为1(限于输入信号)
Signal Value at System Failure and Power Fail	断电保持,当系统错误或断电时是否保持当前信号状态(限于输出信号)
Store signal Value at Power Fail	当重启时是否将该信号恢复为断电前的状态(限于输出信号)
Invert Physical Value	信号置反

(3) 系统 I/O 设置。

系统输入:当数字输入信号与机器人系统的控制信号关联起来,就可以通过输入信号对系统进行控制(如电动机上电、程序启动等)。

系统输出:机器人系统的状态信号也可以与数字输出信号关联起来,系统的状态输出信号可给外围设备作控制用(如系统运行模式、程序执行错误等)。

系统 I/O 设置如表 2-8 所示,具体设置说明如表 2-9、表 2-10 所示。

✎ 笔记

表 2-8　系统 I/O 设置

Name	Signal Name	Action/Status	Argument1	注释
System Input	di03_Start	Start	Continuous	程序启动
System Input	di04_Stop	Stop	—	程序停止
System Input	di05_StartAtMain	Start Main	Continuous	从主程序启动
System Input	di06_EstopReset	Reset Estop	—	急停状态恢复
System Input	di07_MotorOn	Motor On	—	电动机上电
System Output	do33_AutoOn	Auto On	—	自动状态输出

表 2-9　系 统 输 入

系统输入	说　明
Motor On	电动机上电
Motor On and Start	电动机上电并启动运行
Motor Off	电动机下电
Load and Start	加载程序并启动运行
Interrupt	中断触发
Start	启动运行
Start at Main	从主程序启动运行
Stop	暂停
Quick Stop	快速停止
Soft Stop	软停止
Stop at End fo Cycle	在循环结束后停止
Stop attend Of Instruction	在指令运行结束后停止
Reset Execution Error Signal	报警复位
Reset Emergency Stop	急停复位
System Restart	重启系统
Load	加载程序文件，适用后，之前适用Load加载的程序文件将被清除
Backup	系统备份

表 2-10　系 统 输 出

系统输出	说　明
Auto On	自动运行状态
Backup Error	备份错误报警
Backup in Progress	系统备份进行中状态，当备份结束或错误时信号复位
Cycle On	程序运行状态
Emergency Stop	紧急停止
Execution Error	运行错误报警
Mechanical Unit Active	激活机械单元
Mechanical Unit Not Moving	机械单元没有运行
Motor Off	电动机下电

🎥 任务扩展

AGV 物流的实现

一、移动操作臂组成

移动操作臂由移动机器人(AGV)、协作机器人、电动夹爪和 2D 相机组成，见表 2-2 中带工业机器人型的 AGV 搬运车，移动机器人如图 2-38 所示。

🐝 企业文化

三管
管自己
管权力
管文化

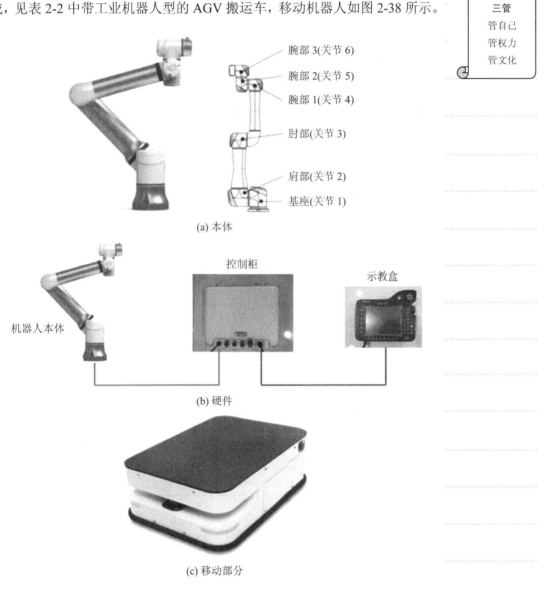

腕部 3(关节 6)
腕部 2(关节 5)
腕部 1(关节 4)
肘部(关节 3)
肩部(关节 2)
基座(关节 1)

(a) 本体

控制柜

示教盒

机器人本体

(b) 硬件

(c) 移动部分

图 2-38　移动机器人

二、AGV 通信协议

1. AGV 通信协议

AGV 使用标准的 ModbusTCP 工业通信协议，在协议中用户作为用户端主动连接到 AGV 进行查询，AGV 作为服务端对查询指令进行处理和响应。根据 Modbus TCP 协议，数据以寄存器的形式进行传送。AGV 通信协议中将传送的数据类型分为 4 类，分别对应于 4 种不同的寄存器，如表 2-11 所示。

表 2-11　AGV 传送数据类型

寄存器类型	地址范围	读写属性	数据类型	举例
离散量输入寄存器	10001～10100	只读	简单的开关量状态	是否处于急停
输入寄存器	30001～30100	只读	数值类型状态	系统状态、电量
线圈寄存器	00001～00100	只写	简单的开关量控制	暂停运动
保持寄存器	40001～40100	只写	数值类型的控制指令	移动到站点

2. AGV 运行流程

AGV 运行流程如下：

(1) 首先判断 AGV 的当前状态，如图 2-39 所示。

图 2-39　判断 AGV 的当前状态

(2) 目标站点转存并更改 AGV 储存导航站点寄存器的值，如图 2-40 所示。

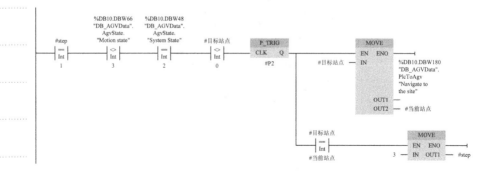

图 2-40　目标站点转存

(3) AGV 运行时，储存导航站点寄存器清零，如图 2-41 所示。通过 AGV 的当前站点与系统状态判断 AGV 是否到达目标站点，如图 2-42 所示。 ✍ 笔记

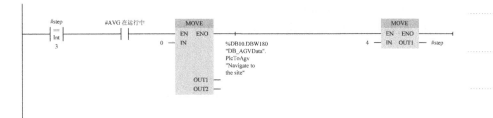

图 2-41　储存导航站点寄存器清零

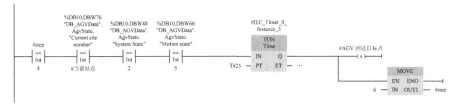

图 2-42　判断 AGV 是否到达目标站点

(4) 等待完成响应，如图 2-43 所示。

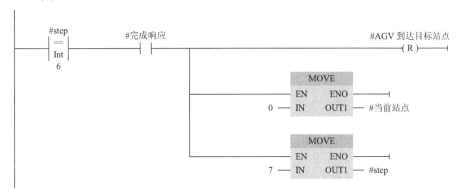

图 2-43　等待完成响应

(5) 流程初始化，如图 2-44 所示。

图 2-44　流程初始化

3. 协作机器人编程调试

协作机器人可使用 ModbusTCP 通信协议与 PLC 进行通信。由于协作机

✍ 笔记　器人端是以 BYTE 为单位接收发送数据，PLC 端以 WORD 为单位接收发送数据，所以 PLC 端接收发送的字节数据需要进行高低字节交换处理。PLC 端对应的通信设置步骤如下：

(1) 机器人启动，给机器人示教号，如图 2-45 所示。

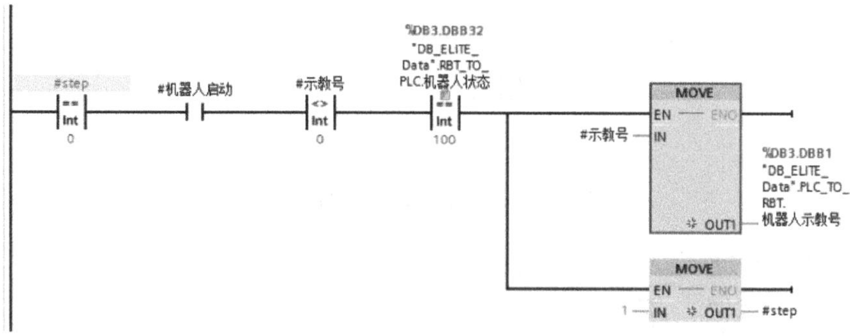

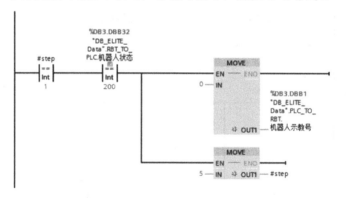

图 2-45　机器人启动

(2) 等待机器人运行中信号，示教号清零，如图 2-46 所示。

图 2-46　示教号清零

(3) 等待机器人运行完成信号，如图 2-47 所示。

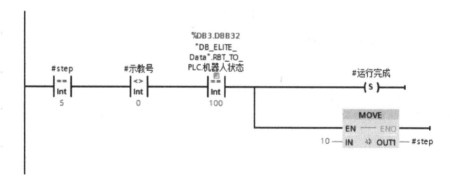

图 2-47　等待

(4) 完成响应，系统初始化，如图 2-48 所示。

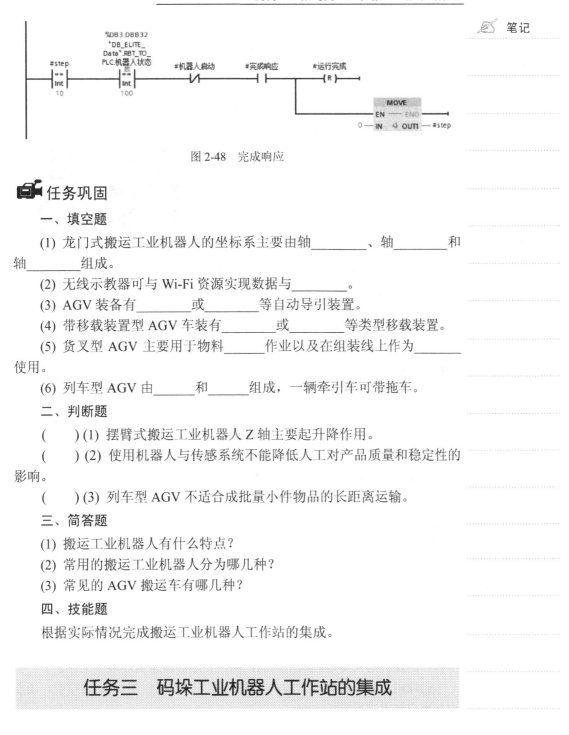

图 2-48 完成响应

任务巩固

一、填空题

(1) 龙门式搬运工业机器人的坐标系主要由轴_____、轴_____和轴_____组成。

(2) 无线示教器可与 Wi-Fi 资源实现数据与_____。

(3) AGV 装备有_____或_____等自动导引装置。

(4) 带移载装置型 AGV 车装有_____或_____等类型移载装置。

(5) 货叉型 AGV 主要用于物料_____作业以及在组装线上作为_____使用。

(6) 列车型 AGV 由_____和_____组成，一辆牵引车可带拖车。

二、判断题

(   ) (1) 摆臂式搬运工业机器人 Z 轴主要起升降作用。

(   ) (2) 使用机器人与传感系统不能降低人工对产品质量和稳定性的影响。

(   ) (3) 列车型 AGV 不适合成批量小件物品的长距离运输。

三、简答题

(1) 搬运工业机器人有什么特点？

(2) 常用的搬运工业机器人分为哪几种？

(3) 常见的 AGV 搬运车有哪几种？

四、技能题

根据实际情况完成搬运工业机器人工作站的集成。

任务三 码垛工业机器人工作站的集成

任务导入

码垛机器人作为一种新兴智能码垛设备，具有作业高效、码垛稳定等优点，可解放工人的繁重体力劳动，已经在各行业包装物流产线中发挥重要作用，如图 2-49 所示。码垛机器人是在人工码垛、码垛机码垛两个阶段之后而

✍ 笔记

🚜 **课程思政**

八个统一

坚持政治性和学理性相统一，价值性和知识性相统一，建设性和批判性相统一，理论性和实践性相统一，统一性和多样性相统一，主导性和主体性相统一，灌输性和启发性相统一，显性教育和隐性教育相统一。

出现的自动化智能码垛设备。码垛机器人的出现，不仅可改善劳动环境，而且对减轻劳动强度，保证人身安全，降低能耗，减少辅助设备资源，提高劳动生产率等都具有重要意义。码垛机器人可使运输工业加快码垛效率，提升物流速度，获得整齐统一的物垛，减少物料破损与浪费。因此，码垛机器人将逐步取代传统码垛机以实现生产制造"新自动化、新无人化"，码垛行业亦因码垛机器人的出现而步入"新起点"。

(a) 箱体搬运　　　　　　　　　(b) 散料搬运

图 2-49　码垛工业机器人

📹 **任务准备**

知　识　目　标	能　力　目　标
1. 了解码垛工业机器人的适用范围 2. 了解码垛工业机器人的特点 3. 掌握码垛工业机器人的分类	1. 能选择合适的码垛工业机器人的末端执行器 2. 能根据要求选择码垛工业机器人辅助的周边设备并对码垛工业机器人工作站进行工位布局 3. 能根据实际情况对码垛工业机器人工作站进行参数配置

📹 **任务准备**

教师讲解

由教师进行理论介绍。

码垛机器人是将不同外形尺寸的包装货物，整齐、自动地码(或拆)在托盘上的机器人，所以也称为托盘码垛机器人。为充分利用托盘的面积并保证码堆物料的稳定性，机器人具有物料码垛顺序、排列设定器。通过自动更换工具，码垛机器人可以码垛不同的产品，并能够在恶劣环境下工作。

码垛机器人对各种形状的产品(箱、罐、包或板材类等)均可作业，还能根据用户要求进行拆垛作业。

教师可上网查询或自己制作多媒体。

一、码垛机器人的分类

码垛机器人同样作为工业机器人当中的一员，其结构形式和其他类型机

多媒体教学

器人相似(尤其是搬运机器人)。码垛机器人与搬运机器人本体在结构上没有过多区别，通常认为码垛机器人本体比搬运机器人本体大。在实际生产当中，码垛机器人多为四轴且带有辅助连杆的机器人，连杆主要起增加力矩和维持平衡的作用。码垛机器人多不能进行横向或纵向移动。它可安装在物流线末端，故常见的码垛机器人多为关节式码垛机器人、摆臂式码垛机器人和龙门式码垛机器人，如图 2-50 所示。

关节式码垛机器人　　　　龙门式码垛机器人　　　　摆臂式码垛机器人

图 2-50　码垛机器人分类

关节式码垛机器人常见本体多为四轴，亦有五轴、六轴码垛机器人，但在实际包装码垛物流线中五轴、六轴码垛机器人相对较少。码垛主要在物流线末端进行。码垛机器人安装在底座(或固定座)上，其位置的高低由生产线高度、托盘高度及码垛层数共同决定。多数情况下，码垛精度的要求没有机床上下料搬运精度高，故为节约成本、降低投入资金、提高效益，日常码垛常采用四轴码垛机器人。图 2-51 所示为 KUKA、FANUC、ABB、YASKAWA 四类相应的码垛机器人本体。

KUKA KR 700 PA　　　FANUC M-410iB　　　ABB IRB 660　　　YASKAWA MPL80

图 2-51　四类码垛机器人本体

瑞典 ABB 公司推出了全球最快码垛机器人 IRB-460(见图 2-52)。在码垛应用方面，IRB-460 拥有目前各种机器人无法超越的码垛速度，其操作节拍可达 2190 次/小时，运行速度比常规机器人提升了 15%，作业覆盖范围达到 2.4 m，占地面积比一般码垛机器人的小 20%；德国 KUKA 公司推出的精细化工堆垛机器人 KR 180-2PA Arctic,可在 −30℃ 条件下以 180 kg 的全负荷进行工作，且无防护罩和额外加热装置，创造了码垛机器人在寒冷条件下的极限，如图 2-53 所示。

✍ 笔记

图 2-52　ABB IRB-460　　　　图 2-53　KR 180-2PA ARCTIC

二、码垛机器人的末端执行器

码垛机器人的末端执行器是夹持物品移动的一种装置，其原理结构与搬运工业机器人类似，常见有吸附式手部、夹板式手爪、抓取式手爪、组合式手爪。

1. 吸附式手部

吸附式手部靠吸附力取料，根据吸附力的不同有气吸附和磁吸附两种。吸附式手部适合吸附大平面(单面接触无法抓取，如图 2-54 所示)、易碎(玻璃、磁盘)或微小(不易抓取)的物体，因此适用面也较广。它广泛应用于医药、食品、烟酒等行业。对于易碎件，一般采用弹性吸附式手部，如图 2-55 所示。

图 2-54　吸附式手部　　　　图 2-55　弹性吸附式手部

🔍 **查一查**：还有哪些吸附式末端执行器？

2. 夹板式手爪

夹板式手爪是码垛过程中最常用的一类手爪，常见的夹板式手爪有单板式和双板式，如图 2-56 所示。夹板式手爪主要用于整箱或规则盒码垛，可用于各行各业。夹板式手爪夹持力度比吸附式手部大，可一次码一箱(盒)或多箱(盒)，并且两侧板光滑不会损伤码垛产品外观质量。单板式与双板式的侧板一般都会有可旋转爪钩，该爪钩需单独机构控制。工作状态下爪钩与侧板呈 90°，起到支撑物件的作用，防止物料在高速运动中脱落。

(a) 单板式　　　　　　　　　　(b) 双板式

图 2-56　夹板式手爪

3. 抓取式手爪

抓取式手爪可灵活适用于形状不同和内部物体不同(如大米、砂砾、塑料、水泥、化肥等)的物料袋的码垛。图 2-57 所示为 ABB 公司 IRB 460 和 IRB 660 码垛机器人配套专用的即插即用 FlexGripper 抓取式手爪。它采用不锈钢制作，可在极端条件下作业。

图 2-57　抓取式手爪

4. 组合式手爪

组合式手爪是通过组合方式以获得各单组手爪的优势一种手爪，灵活性较大。各单组手爪之间既可单独使用又可配合使用，可同时满足多个工位的码垛。图 2-58 所示为 ABB 公司 IRB 460 和 IRB 660 码垛机器人配套专用的即插即用 FlexGripper 组合式手爪。

码垛机器人手爪的动作需单独外力进行驱动，同搬运工业机器人一样，码垛机器人需要连接相应外部信号控制装置及传感系统。为控制码垛机器人手爪实时的动作状态及力的大小，其手爪驱动方式多为气动和液压驱动。通常在保证相同夹紧力的情况下，气动比液压驱动负载轻、卫生、成本低、易获取，故实际码垛中以压缩空气为驱动力的居多。

爪钩　　　　　　　　　　　　　　　　　　吸盘

真空吸取式＋抓取式组合机械手爪

图 2-58　组合式手爪

看一看：当地码垛工业机器人手爪采用的是哪种？

✎ 笔记

📷 **任务实施**

码垛工业机器人工作站的集成

让学生到工业机器人边，由教师或上一届的学生进行介绍，但应注意安全。

码垛机器人同搬运机器人一样需要相应的辅助设备组成一个柔性化系统，才能进行码垛作业。以关节式码垛机器人为例，常见的码垛机器人系统主要由操作机、机器人控制系统、码垛系统(气体发生装置、真空发生装置)和安全保护装置等组成，如图2-59所示。操作者可通过示教器和操作面板对码垛机器人运动位置和动作程序进行示教，如设定运动速度、码垛参数等。

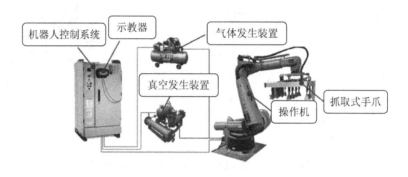

图 2-59　码垛机器人系统组成

一、码垛机器人的周边设备与工位布局

码垛工业机器人工作站是一种集成化系统，可与生产系统相连接形成一个完整的集成化码垛生产线。码垛机器人完成一项码垛工作，除需要码垛机器人(机器人和码垛设备)外，还需要一些辅助的周边设备。同时，为节约生产空间，合理的机器人工位布局尤为重要。

1. 周边设备

目前，常见的码垛机器人辅助的周边设备有金属检测机、重量复检机、自动剔除机、倒袋机、整形机、待码输送机、传送带、码垛系统等装置。

1) 金属检测机(见图2-60)

对于有些码垛场合，如食品、医药、化妆品、纺织品的码垛场合，为防止在生产制造过程中混入金属等异物，需要金属检测机进行流水线检测。

2) 重量复检机(见图2-61)

重量复检机在自动化码垛流水作业中起重要作用，它可以检测出前工序是否漏装、多装，以及对合格品、欠重品、超重品进行统计，进而控制产品质量。

图 2-60　金属检测机

图 2-61　重量复检机

3) 自动剔除机(见图2-62)

自动剔除机是安装在金属检测机和重量复检机之后的，主要用于剔除含金属异物及重量不合格的产品。

4) 倒袋机(见图2-63)

倒袋机将输送过来的袋装码垛物按照预定程序进行输送、倒袋、转位等操作，使码垛物按流程进入后续工序。

图 2-62　自动剔除机

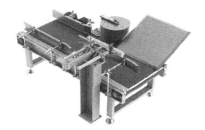

图 2-63　倒袋机

5) 整形机(见图2-64)

整形机主要针对袋装码垛物的外形进行整形，经整形机整形后的袋装码垛物内可能存在的积聚物会均匀分散，袋装码垛物外形整齐之后进入后续工序。

6) 待码输送机(见图2-65)

待码输送机是码垛机器人生产线的专用输送设备，码垛物聚集于此，便于码垛机器人末端执行器抓取，可提高码垛机器人的灵活性。

图 2-64　整形机

图 2-65　待码输送机

✎ 笔记

7) 传送带(见图2-66)

传送带是自动化码垛生产线上必不可少的一个设备,针对不同的厂地条件传送带可选择不同的形式。

组合式传送带   转弯式传送带

图 2-66 传送带

2. 工位布局

码垛工业机器人工作站的布局是以提高生产效率、节约场地、实现最佳物流码垛为目的的。在实际生产中,常见的码垛工业机器人工作站布局主要有全面式码垛和集中式码垛两种。

1) 全面式码垛(见图2-67)

码垛机器人安装在生产线末端,可针对一条或两条生产线作业。全面式码垛具有较小的输送线成本与占地面积,较大的灵活性,并能增加生产量等优点。

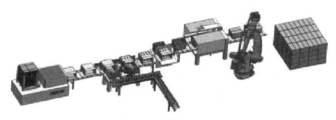

图 2-67 全面式码垛

2) 集中式码垛(见图2-68)

码垛机器人被集中安装在某一区域,可将所有生产线集中在一起作业。集中式码垛具有较小的输送线成本,节省生产区域资源,节约人员维护成本(一人便可操作全部机器人)等优点。

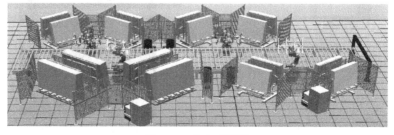

图 2-68 集中式码垛

在实际生产码垛中，依据码垛进出情况，码垛形式常规划有一进一出、一进两出、两进两出和四进四出等形式。

1) 一进一出

一进一出形式常出现在厂地相对较小、码垛线生产比较繁忙的情况下。此形式码垛速度较快，托盘分布在机器人左侧或右侧，如图 2-69 所示。该形式缺点是需人工换托盘，浪费时间。

2) 一进两出

在一进一出的基础上添加输出托盘，当一侧满盘信号输入后，机器人不会停止等待，直接码垛另一侧，码垛效率明显提高。如图 2-70 所示。

图 2-69　一进一出　　　　　　　图 2-70　一进两出

3) 两进两出

两进两出指两条输送链输入，两条码垛输出。多数两进两出系统无需人工干预，码垛机器人自动定位摆放托盘，是目前应用最多的一种码垛形式。也是性价比最高的一种形式，如图 2-71 所示。

4) 四进四出

四进四出系统多配有自动更换托盘功能，主要应用于多条生产线的中等产量或低等产量的码垛。如图 2-72 所示。

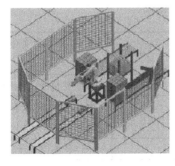 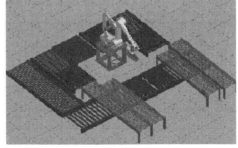

图 2-71　两进两出　　　　　　　图 2-72　四进四出

✍ **看一看**：当地码垛工业机器人工作站采用的是哪种工位布局？

让学生进行操作。

二、参数设置

不同的工业机器人，其信号设置有所不同，现以 ABB 工业机器人的信号设置为例来进行介绍。

1. I/O 信号

ABB 码垛 I/O 信号参数设置如表 2-12 所示。

表 2-12　I/O 信号参数设置

Name	Type of Signal	Assigned to Unit	Unit Mapping	I/O信号注释
di00_BoxInPos_L	Digital Input	Board10	0	左侧输入线产品到位信号
di01_BoxlnPos_R	Digital Input	Board10	1	右侧输入线产品到位信号
di02_PalletInPos_L	Digital Input	Board10	2	左侧码盘到位信号
di03_PalletlnPos_R	Digital Input	Board10	3	右侧码盘到位信号
do00_ClampAct	Digital Output	Board10	0	控制夹板
do01_HookAct	Digital Output	Board10	1	控制爪钩
do02_PalletFull_L	Digital Output	Board10	2	左侧码盘满载信号
do03_PalletFull_R	Digital Output	Board10	3	右侧码盘满载信号
di07_MotorOn	Digital Input	Board10	7	电动机上电(系统输入)
di08_Start	Digital Input	Board10	8	程序开始执行(系统输入)
di09_Stop	Digital Input	Board10	9	程序停止执行(系统输入)
di10_StartAtMain	Digital Input	Board10	10	从主程序开始执行(系统输入)
di11_EstopReset	Digital Input	Board10	11	急停复位(系统输入)
do05_AutoOn	Digital Output	Board10	5	电动机上电状态(系统输出)
do06_Estop	Digital Output	Board10	6	急停状态(系统输出)
do07_CyclcOn	Digital Output	Board10	7	程序正在运行(系统输出)
do08_Error	Digital Output	Board10	8	程序报错(系统输出)

2. 系统输入/输出

系统输入/输出参数设置见表 2-13。

表 2-13　系统输入/输出参数设置

Type	Signal Name	Action/Status	Argument	注释
系统输入	di07_MotorOn	Motors On	—	电动机上电
系统输入	di08_Start	Start	Continuous	程序开始执行
系统输入	di09_Stop	Stop	—	程序停止执行
系统输入	di10_StartAtMain	Start at Main	Continuous	从主程序开始执行
系统输入	di11_EstopReset	Reset Emergency Stop	—	急停复位
系统输出	do05_AutoOn	AutoOn	—	电动机上电状态
系统输出	do06_Estop	Emergency Stop	—	急停状态
系统输出	do07_CyclcOn	Cycle On	—	程序正在运行
系统输出	do08_Error	Execution Error	T_ROB1	程序报错

▣ 任务扩展

磁吸式手部

　　磁吸式手部比气吸式手部优越的方面是：磁吸式手部有较大的单位面积吸力，对工件表面粗糙度及通孔、沟槽等无特殊要求。磁吸式手部的不足之处是：被吸工件存在剩磁，吸附头上常吸附磁性屑(如铁屑等)，影响正常工作。因此对那些不允许有剩磁的零件要禁止使用磁吸式手部，如钟表零件及仪表零件不能选用磁吸式手部，可用真空吸盘。磁吸式手部只能吸住铁磁材料制成的工件，如钢铁等黑色金属工件，吸不住有色金属和非金属材料的工件。钢、铁等材料制品，温度超过 723℃就会失去磁性，故在高温下也无法使用磁吸式手部。磁吸式手部要求工件表面清洁、平整、干燥，以保证工件可靠地被吸附。

　　几种电磁式吸盘吸料的示意图如图 2-73 所示。其中，图 2-73(a)所示为吸附滚动轴承座圈的电磁式吸盘；图 2-73(b)所示为吸附钢板用的电磁式吸盘；图 2-73(c)所示为吸附齿轮用的电磁式吸盘；图 2-73(d)所示为吸附多孔钢板用的电磁式吸盘。

　　图 2-74 所示为一种具有磁粉袋的吸附式手部，用于吸附具有光滑曲面的工件。

企业文化

人力资源管理
三个标准
一是利润
二是成本
三是时间

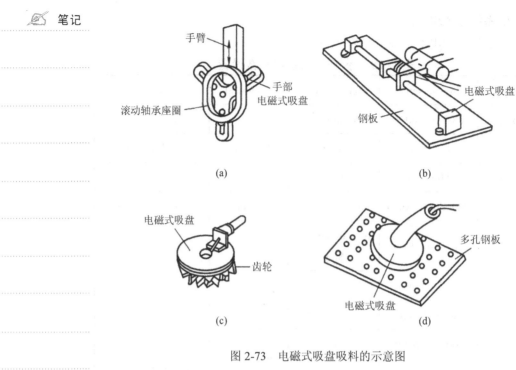

图 2-73　电磁式吸盘吸料的示意图

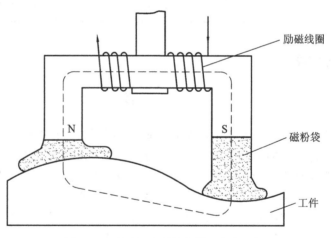

图 2-74　一种具有磁粉袋的吸附式手部

任务巩固

一、填空题

(1) 吸附式手部靠吸附力取料。根据吸附力的不同有＿＿＿和＿＿＿两种。

(2) 常见的夹板式手爪有＿＿＿＿和＿＿＿＿。

(3) 常见的码垛工业机器人工作站布局主要有＿＿＿＿码垛和＿＿＿＿码垛两种。

二、判断题

(　　)(1) 吸附式手部适合吸附大平面的物体。

（　　）(2) 夹板式手爪可灵活适应于形状不同和内部物体不同的物料袋的码垛。

笔记

（　　）(3) 抓取式手爪主要用于整箱或规则盒码垛。

三、简答题

(1) 码垛机器人的特点有哪些？

(2) 码垛机器人的末端执行器有哪几种？

(3) 码垛机器人辅助的周边设备有哪些？

四、技能题

根据实际情况完成码垛工业机器人工作站的集成。

操作与应用

工　作　单

姓名		工作名称	搬运类工业机器人工作站系统集成
班级		小组成员	
指导教师		分工内容	
计划用时		实施地点	
完成日期		备注	

工作准备		
资　料	工　具	设　备
工业机器人控制系统电气连接图	电气连接工具	1. 工业机器人本体(已经安装好)
1. 外围设备电气连接图 2. 通信资料	1. PLC手持编程器 2. 电脑(装有相关软件)	2. 工业机器人控制系统(已经安装好) 3. 外围设备

工作内容与实施	
工作内容	实　施
1. 举例说明工业机器人工作站的组成	
2. 举例说明搬运工业机器人工作站的集成方法	
3. 举例说明码垛工业机器人工作站的集成方法	

✎ 笔记

工作内容与实施	
工作内容	实　施
4. 检查右图所示工作站的工业机器人本体与控制系统的安装 5. 完成右图所示工作站的电气连接 6. 完成右图所示工业机器人的通信 注：1. 可根据实际情况选用不同的工业机器人。 2. 本工作站控制系统与本体已经安装到位	 搬运码垛工业机器人工作站

工 作 评 价

	评价内容				
	完成的质量 (60 分)	技能提升能力 (20 分)	知识掌握能力 (10 分)	团队合作 (10 分)	备注
自我评价					
小组评价					
教师评价					

1. 自我评价

序号	评 价 项 目	是	否
1	是否明确人员的职责		
2	能否按时完成工作任务的准备部分		
3	工作着装是否规范		
4	是否主动参与工作现场的清洁和整理工作		
5	是否主动帮助同学		
6	是否正确检查了工作站的安装		
7	是否正确完成了工业机器人工作站的电气连接		
8	是否正确完成了工业机器人的通信		
9	是否完成了清洁工具和维护工具的摆放		
10	是否执行6S规定		
评价人		分数		时间		年　月　日

2. 小组评价

笔记

序号	评 价 项 目	评 价 情 况
1	与其他同学的沟通是否顺畅	
2	是否尊重他人	
3	工作态度是否积极主动	
4	是否服从教师的安排	
5	着装是否符合标准	
6	能否正确地理解他人提出的问题	
7	能否按照安全和规范的规程操作	
8	能否保持工作环境的干净整洁	
9	是否遵守工作场所的规章制度	
10	是否有工作岗位的责任心	
11	是否全勤	
12	是否能正确对待肯定和否定的意见	
13	团队工作中的表现如何	
14	是否达到任务目标	
15	存在的问题和建议	

3. 教师评价

课程	工业机器人工作站的集成	工作名称	搬运类工业机器人工作站的集成	完成地点	
姓名		小组成员			
序号	项 目		分值	得分	
1	简答题		20		
2	正确检查工业机器人工作站的安装		20		
3	正确进行电气连接		40		
4	正确完成通信		20		

笔记

自 学 报 告

自学任务	多台搬运或码垛的工业机器人工作站设计
自学内容	
收获	
存在问题	
改进措施	
总结	

模块三

具有视觉系统的工业机器人工作站的集成

任务一 工业机器人视觉系统的安装与调试

任务导入

图 3-1 所示为具有智能视觉检测系统的工业机器人。一般来说，工业机器人视觉系统包括照明系统、镜头、摄像系统和图像处理系统。从功能上来看，典型的工业机器人视觉系统可以分为：图像采集部分、图像处理部分和运动控制部分。

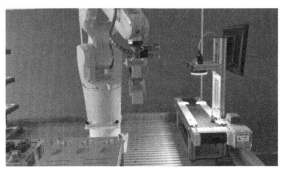

串联机器人的
视觉系统

(a) 串联机器人的视觉系统

课程思政

两个维护
　坚决维护习近平总书记党中央的核心、全党的核心地位，坚决维护党中央权威和集中统一领导。

并联机器人的
视觉系统

(b) 并联机器人的视觉系统

图 3-1 具有智能视觉检测系统的工业机器人

任务目标

知 识 目 标	能 力 目 标
1. 掌握工业机器人视觉系统的组成 2. 了解工业相机、镜头和光源，以及视觉检测系统 3. 掌握典型应用工作站中视觉系统的调试	1. 能完成视觉系统的硬件连接及软件安装 2. 能完成视觉系统中相机的网络设置与连接 3. 能完成视觉识别的软件设置 4. 能熟练地切换视觉系统的应用场景，完成视觉检测程序的调用 5. 能完成视觉传感器焦距、光圈等参数的调试

现场教学　　让学生到工业机器人旁边，由教师或上一届的学生边操作边介绍，但应注意安全。

任务准备

工业机器人视觉系统的组成

工业机器人视觉系统的组成如图 3-2 所示，其框图如图 3-3 所示。

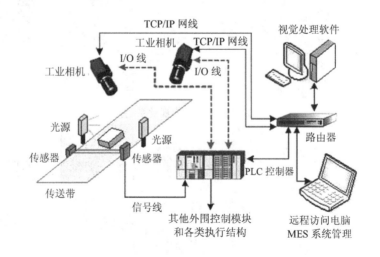

图 3-2　工业机器人视觉系统的组成

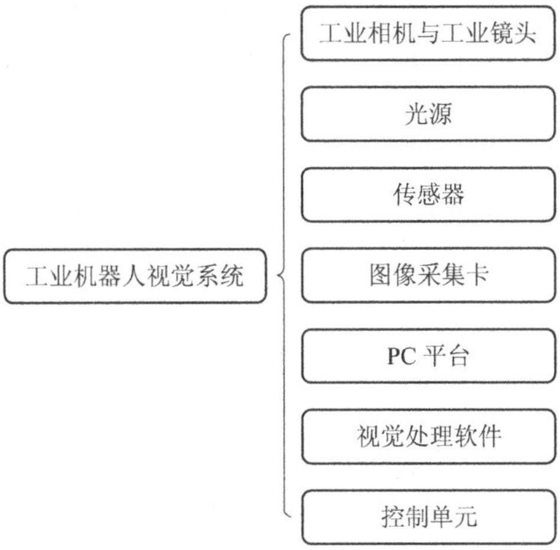

```
                        ┌─────────────────┐
                        │  工业相机与工业镜头  │
                        └─────────────────┘
                        ┌─────────────────┐
                        │      光源        │
                        └─────────────────┘
                        ┌─────────────────┐
                        │     传感器       │
                        └─────────────────┘
┌─────────────────┐    ┌─────────────────┐
│  工业机器人视觉系统  │┤   图像采集卡      │
└─────────────────┘    └─────────────────┘
                        ┌─────────────────┐
                        │     PC 平台      │
                        └─────────────────┘
                        ┌─────────────────┐
                        │    视觉处理软件    │
                        └─────────────────┘
                        ┌─────────────────┐
                        │     控制单元      │
                        └─────────────────┘
```

图 3-3　工业机器人视觉系统的组成框图

一、工业相机与工业镜头

工业相机(下文简称相机)与工业镜头(下文简称镜头)属于成像器件,通常的视觉系统都是由一套或者多套这样的成像器件组成。如果有多路相机,可由图像卡切换来获取图像数据,也可由同步控制同时获取多路相机通道的数据。根据应用的需要相机可能输出标准的单色视频(RS-170/CCIR)、复合信号(Y/C)、RGB 信号,也可能是非标准的逐行扫描信号、线扫描信号、高分辨率信号等。

1. 工业相机

工业相机如图 3-4 所示,根据采集图片的芯片类型可分为 CCD(Charge Coupled Device)和 CMOS(Complementary Metal Oxide Semiconductor)。

图 3-4　工业相机

✍ **笔记**　　　CCD 是电荷耦合器件图像传感器。它由一种高感光度的半导体材料制成，能把光线转变成电荷，通过模数转换器转换成数字信号，数字信号经过压缩后由相机内部的闪速存储器或内置硬盘卡保存。

CMOS 的芯片主要是由硅和锗两种元素制成的半导体，通过 CMOS 上带负电和带正电的晶体管来实现处理的功能。这两个互补效应所产生的电流即可被处理芯片记录和解读成影像。

CMOS 容易出现噪点，容易产生过热的现象；而 CCD 抑噪能力强、图像还原性高，但制造工艺复杂导致相对耗电量高、成本高。

2. 工业镜头

工业镜头是工业机器人视觉系统中的重要组件，对成像质量有着关键性的作用，它对成像质量的几个最主要指标都有影响，包括分辨率、对比度、景深及各种像差。可以说，工业镜头在工业机器人视觉系统中起关键性的作用。

工业镜头的选择一定要慎重，因为镜头的分辨率直接影响成像的质量。选购镜头首先要了解镜头的相关参数包括分辨率、焦距、光圈大小、明锐度、景深、有效像场、接口形式等。工业视觉检测系统中常用的 6 种比较典型的工业镜头如表 3-1 所示。

表 3-1　6 种比较典型的工业镜头

镜头规格	百万像素(Megapixel)低畸变镜头	微距(Macro)镜头	广角(Wide-Angle)镜头
镜头照片			
特点及应用	百万像素低畸变镜头是工业镜头里最普通，种类最齐全的。它图像畸变较小，价格比较低，所以应用也最为广泛，几乎适用于任何工业场合	微距镜头一般是指成像比例在 1∶4～2∶1 的范围内的特殊设计的镜头。在对图像质量要求不是很高的情况下，一般可采用在镜头和摄像机之间加近摄接圈的方式或在镜头前加近拍镜的方式达到成像放大的效果	广角镜头焦距很短，视角较宽，而景深却很深，图形有畸变，成像质量介于鱼眼镜头与普通镜头之间。主要用于对检测视角要求较宽，对图形畸变要求较低的检测场合

镜头规格	鱼眼(Fisheye)镜头	远心(Telecentric)镜头	显微(Micro)镜头
镜头照片			
特点及应用	鱼眼镜头的焦距范围为 6～16 mm(标准镜头是 50 mm 左右)，鱼眼镜头有着跟鱼眼相似的形状与作用，视场角等于或大于180°，有的甚至可达230°，图像有桶形畸变，画面景深特别大。鱼眼镜头可用于管道或容器的内部检测	远心镜头主要是为纠正传统镜头的视差而特殊设计的镜头，它可以在一定的物距范围内，使得到的图像放大倍率不会随物距的变化而变化，这对被测物不在同一物面上的情况是非常有用的	显微镜头一般为成像比例大于10∶1的拍摄系统所用，但由于现在的摄像机的像元尺寸已经做到3微米以内，所以一般成像比例大于2∶1时也会选用显微镜头

二、光源

光源作为辅助成像的器件。光源选择相似颜色(或色系)，混合视场变亮；光源选择相反颜色，混合视场变暗。如果采用单色 LED 照明，可使用滤光片隔绝环境干扰，并采用几何学原理来考虑样品、光源和相机位置，进一步考虑光源形状和颜色以提高测量物体和背景的对比度。光源的三基色为：红、绿、蓝。其互补色有：黄和蓝、红和青、绿和品红。常见的工业机器人视觉系统专用光源如表 3-2 所示。

表 3-2　常见工业机器人视觉系统专用光源分类

名称	图　片	类型特点	应用领域
环形光源		环形光源提供不同照射角度、不同颜色组合，更能突出物体的三维信息。它具有高密度 LED 阵列、高亮度多种紧凑设计，能节省安装空间，能解决对角照射阴影问题，可选配漫射板导光，光线均匀扩散等特点	PCB 基板检测、IC 元件检测、显微镜照明、液晶校正、塑胶容器检测、集成电路印字检查

续表一

名称	图　片	类型特点	应用领域
背光源		用高密度 LED 阵列面提供高强度背光照明，能突出物体的外形轮廓特征，尤其适合于显微镜的载物台。红白两用背光源，红蓝多用背光源，能调配出不同颜色，可满足不同被测物多色要求	机械零件尺寸的测量，电子元件、IC 的外形检测，胶片污点检测，透明物体划痕检测等
同轴光源		同轴光源可以消除物体表面不平整引起的阴影，从而减少干扰。它采用分光镜设计，可减少光损失，提高成像清晰度，能均匀照射物体表面	此种光源最适宜用于反射度极高的物体，如金属、玻璃、胶片、晶片等表面的划伤检测，芯片和硅晶片的破损检测，Mark 点定位，包装条码识别
条形光		条形光源是较大方形结构被测物的首选光源，其颜色可根据需求自由组合，照射角度与安装随意可调	金属表面检查、图像扫描、表面裂缝检测、LCD 面板检测等
线形光源		线无光源具有超高亮度，它采用柱面透镜聚光，适用于各种流水线连续监测场合	线阵相机照明、自动光学检测(AOI)

📝 笔记

名称	图 片	类型特点	应用领域
RGB 光源		RGB 光源适用于不同角度的三色光照明。它照射能凸显焊锡三维信息,外加漫散射板导光,可减少反光。它与 RIM 有不同角度组合	电路板焊锡检测
球积分光源		球积分光源具有积分效果的半球面内壁,能均匀反射从底部 360 度发射出的光线,使整个图像的照度十分均匀	曲面、表面凹凸、弧面表面检测,金属、玻璃表面反光较强的物体表面检测
条形组合光源	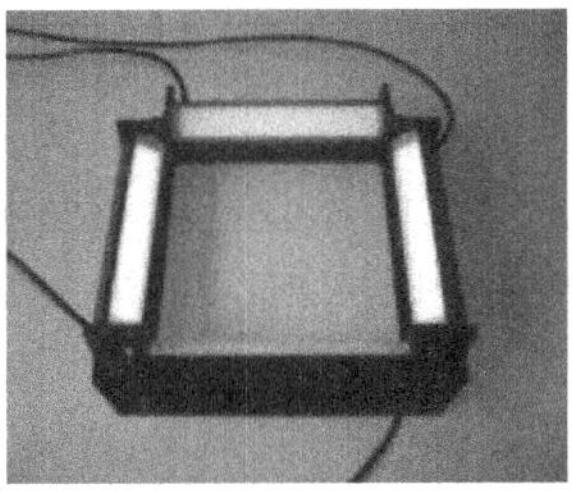	条形组合光源四边设置条形光,每边照明独立可控,可根据被测物要求调整所需照明角度,适用性广	PCB 基板检测、焊锡检查、Mark 点定位、显微镜照明、包装条码照明、IC 元件检测
对位光源		对位光源的对位速度快,视场大,精度高,体积小,亮度高	全自动电路板印刷机对位
点光源		点光源采用大功率 LED,其体积小,发光强度高,是光纤卤素灯的替代品,尤其适合作为镜头的同轴光源。它具有高效散热装置,大大提高了光源的使用寿命	可配合远心镜头使用。用于芯片检测,Mark 点定位,晶片及液晶玻璃底基校正

看一看：你们单位的工作站采用的是哪种光源与镜头？

三、传感器

传感器通常以光纤开关、接近开关等的形式出现，用于判断被测对象的位置和状态，并告知图像采集卡进行正确的图像采集。

四、图像采集卡

图像采集卡通常以插入卡的形式安装在 PC 中，图像采集卡的主要工作是把相机输出的图像输送给电脑主机。它将来自相机的模拟或数字信号转换成一定格式的图像数据流，同时它还可以控制相机的一些参数，比如触发信号、曝光/积分时间、快门速度等。图像采集卡通常有不同的硬件结构以匹配不同类型的相机，同时也有不同的总线形式，比如 PCI、PCI64、Compact PCI、PC104、ISA 等。

五、PC 平台

电脑是一个 PC 式工业机器人视觉系统的核心，在这里完成图像数据的处理和绝大部分的控制逻辑。对于检测类型的应用，PC 平台通常都需要较高频率的 CPU，以减少处理的时间。同时，为了减少工业现场电磁、振动、灰尘、温度等的干扰，电脑必须选择工业级的。

六、视觉处理软件

视觉处理软件用来处理输入的图像数据，然后通过一定的运算输出结果，这个输出的结果可能是 PASS/FAIL 信号、坐标位置、字符串等。常见的视觉处理软件以 C/C++图像库、ActiveX 控件、图形式编程环境等形式出现，可以是专用功能的(比如仅仅用于 LCD 检测、BGA 检测、模版对准等)，也可以是通用目的的(包括定位、测量、条码/字符识别、斑点检测等)。

七、控制单元

控制单元包含 I/O、运动控制、电平转化单元等，一旦视觉处理软件完成图像分析(除非仅用于监控)，紧接着需要和外部单元进行通信以完成对生产过程的控制。简单的控制可以直接利用部分图像采集卡自带的 I/O 来实现，相对复杂的逻辑/运动控制则必须依靠附加的可编程逻辑控制单元/运动控制卡来实现。

任务实施

让学生进行操作

一、硬件连接

1. 连接原理

图 3-5 所示为某工业机器人视觉系统的电路连接图，图 3-6 所示为该视觉系统的信号连接图。

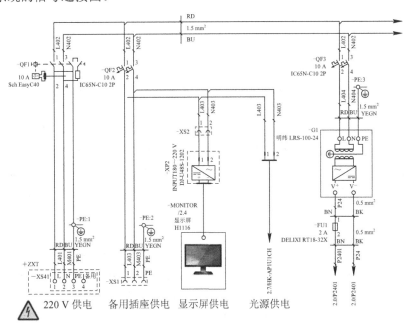

(a) 视觉供电(220 V)

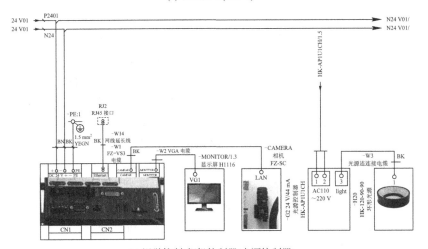

(b) 视觉控制(相机控制器/光源控制器)

图 3-5　某工业机器人视觉系统的电路连接图

135

图 3-6　视觉系统的信号连接图

2. 信号说明

(1) CCD_RUN (对应机器人程序中数字输入信号 CCD_Running)。

相机在静态运行模式下 CDD_Running 为 1，在动态运行模式下 CDD_Running 为 0。相机在动态运行模式下是不可以进行正常拍照和检测工作的。因此正确的使用方法为，当编辑流程时将"图像模式"调整为动态；当需要运行程序时，手动将"图像模式"调整为静态。即当 CCD_Running 为 1 的状态下，CCD_Finish 信号和 CCD_OK 信号才可以正常工作，否则全部判断结果为 NG。

(2) CCD_FINISH (对应机器人程序中的数字输入信号 CCD_Finish)。

CCD_Finish 为 CCD 中的 GATE 信号，信号是检测流程后综合判定的输出信号，早于拍照结果信号(CCD_OK)发出。在实际运用中，如果 CCD_Finish 为 0 的话，就意味着场景的综合判定不正常，那么输出的拍照结果信号(CCD_OK)的值便不能作为检测依据使用。只有当 CCD_Finish 为 1 的时候，表明综合判定正常，输出的拍照结果信号(CCD_OK)才是可用的。所以程序内必须确认 CCD_Finish 为 1 时，才能对 CCD_OK 的判定结果做处理。需要注意的是，只有当 CCD 检测流程中的"并行数据"输出添加了 TJG 的表达式，CCD_Finish 才会正常输出，否则该信号的值永远为 0。

(3) CCD_OK(对应机器人程序中的数字输入信号 CCD_OK)。

CDD_OK 信号是判定检测产品 NG 或 OK 后的一个输出信号，当产品检测合格时，CCD_OK 输出结果为 1，反之为 0。但该信号为脉冲信号，只有拍照执行信号(对应机器人输出信号 allowphoto)触发，判定 OK 后才会输出一个 1000 毫秒的高电平，此时 CCD_OK 值为 1。

综上所述，3 个信号都是常用的 CCD 输出信号，程序逻辑顺序为：场景调用→场景确认→等待 CCD_Running 为 1→拍照→等待 CCD_Finish 为 1→CCD_OK 结果输出→IF 指令对 CCD_OK 的结果进行处理。

3. 视觉模块安装

视觉模块的安装包括图 3-7 所示的内容，其安装步骤如下：

笔记

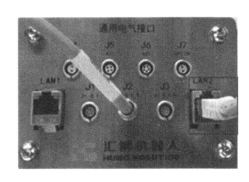

图 3-7　安装视觉模块

图 3-8　安装位置

视觉模块安装

（1）视觉模块安装。将视觉模块安装到如图 3-8 所示位置。

（2）通信线连接。将通信线一端连接到通用电气接口板上的 LAN2 端口，另一端连接到相机通信接口，如图 3-9 所示。

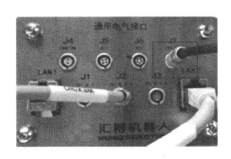

图 3-9　通信线连接

（3）电源线连接。将电源线一端连接到通用电气接口板上的 J7 接口，另一端连接到相机电源接口，如图 3-10 所示。

图 3-10　电源线连接

（4）局域网连接。将电脑和相机连接到同一局域网，网线一端连接到电

✍ **笔记** 脑的网口，另一端连接到通用电气接口板上的 LAN1 端口，如图 3-11 所示。

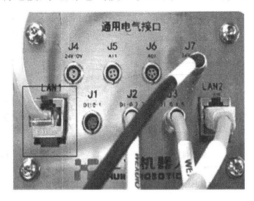

图 3-11 局域网连接

🦾 **做一做：** 有条件的单位对工业机器人视觉系统进行安装。

二、视觉系统的调试

调整视觉参数

1. 视觉参数调试

视觉参数的调试是为了得到高清画质的图像，获取更加准确的图像数据。视觉参数调试的主要内容包括：图像亮度、曝光、光源强度、相机焦距等参数的调试。这些参数的调试需要在视觉编程软件中进行，具体调试步骤如图 3-12 所示。

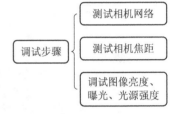

图 3-12 视觉参数调试步骤

1) 测试相机网络

(1) 手动将电脑的 IP 地址设为 192.168.101.88，子网掩码设为 255.255.255.0，单击"确定"按钮，完成 IP 地址设置，如图 3-13 所示。

图 3-13 设置电脑 IP 地址

(2) 打开视觉编程软件(In-Sight 浏览器)，点击菜单栏中"系统"下的"将
传感器/设备添加到网络"，输入相机的 IP 地址，如 192.168.101.50，点击"应
用"按钮，如图 3-14 所示。

图 3-14 设置相机 IP 地址

(3) 在开始运行中打开命令提示符窗口，输入"ping 192.168.101.50"，测
试电脑与相机之间的通信。若能收发数据包，说明网络正常通信，如图 3-15
所示。

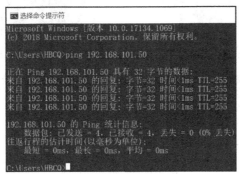

图 3-15 测试电脑与相机之间的通信

2) 调试相机焦距

(1) 打开视觉编程软件，如图 3-16 所示。

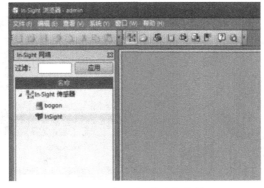

图 3-16 打开视觉编程软件

(2) 双击"In-Sight 网络"下的"insight",自动加载相机中已保存的数据,如图 3-17 所示。

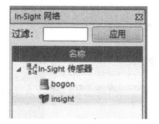

图 3-17　加载相机数据

(3) 将相机模式设为实况视频模式,即相机进行连续拍照,如图 3-18 所示。

图 3-18　设置相机模式

(4) 相机实况视频拍照如图 3-19 所示,如当前焦点为 4.12。

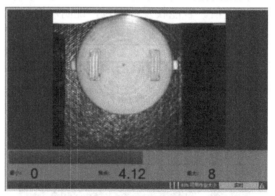

图 3-19　相机实况拍照

(5) 使用一字螺丝刀,逆时针旋转相机焦距调节器,直到相机拍照获得的图像清晰为止,如图 3-20 所示。

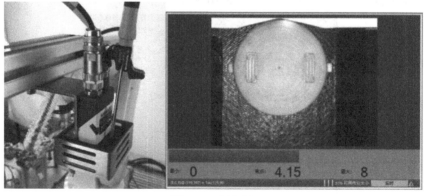

图 3-20　调焦距

3) 调试图像亮度、曝光和光源强度

(1) 单击"应用程序步骤"下的"设置图像"图标，如图 3-21 所示。

(2) 选择"灯光"下的"手动曝光"，然后调试"目标图像亮度""曝光""光源强度"参数，如图 3-22 所示。

图 3-21 设置图像

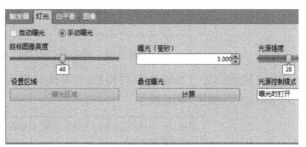

图 3-22 调试参数

(3) 多次重复调试步骤(2)中的参数，直到图像颜色和形状的清晰度满足要求为止，如图 3-23 所示。

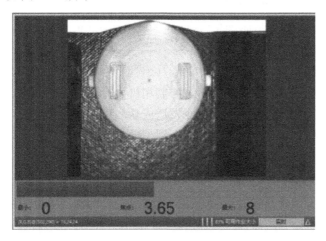

图 3-23 调清晰度

2. 视觉数据测试

下载 sscom 串口调试助手软件，测试相机通信数据，操作步骤如下：

(1) 在视觉编程软件中，单击"联机"按钮，将工业机器人视觉系统切换到联机模式，如图 3-24 所示。

图 3-24 切换到联机模式

(2) 打开通信调试助手软件，选择"TCP Client"模式。当相机进行 TCP_IP 通信时，相机为服务器，工业机器人或其他设备为客户端。输入相机的 IP 地址：192.168.101.50，端口号：3010，建立通信连接，如图 3-25 所示。

笔记

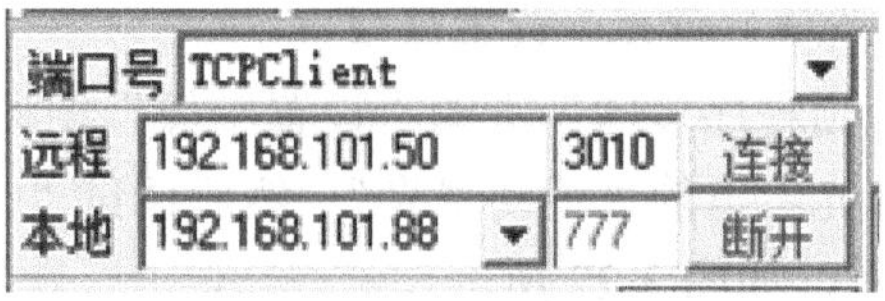

图 3-25　建立通信连接

(3) 发送指令"admin"到相机。调试助手软件收到相机返回的数据"Password"，如图 3-26 所示。

Welcome to In-Sight(tm) 2000-139C Session 0
User: Passerword

图 3-26　收到相机返回的数据"Password"

(4) 发送空格指令到相机，调试助手软件收到相机返回的数据"User Logged In"，如图 3-27 所示。

Welcome to In-Sight(tm) 2000-139C Session 0
User: Passerword: User Logged

图 3-27　收到相机返回的数据"User Logged In"

(5) 发送指令"se8"到相机，控制相机执行一次拍照，调试助手软件收到相机返回的数据"1"，代表指令发送成功。

(6) 发送"GVFlange.Fixture.X"到相机，调试助手软件收到相机返回的数据"1 156.105"。"1"代表指令发送成功，"156.105"代表工件在 X 方向的位置，如图 3-28 所示。

Welcome to In-Sight(tm) 2000-139C Session 0
User: Passerword: User Logged
1
1
156.105

图 3-28　收到相机返回的数据"1 156.105"

任务扩展

工业机器人视觉系统典型应用

工业机器人视觉系统主要有图像识别、图像检测、视觉定位、物体测量和物体分拣五大典型应用，这五大典型应用也基本可以概括工业视觉技术在工业生产中起到的作用。

一、图像识别应用

图像识别是利用工业机器人视觉系统对图像进行处理、分析和理解，以识别各种不同模式下的目标和对象。如图 3-29 所示。

图 3-29 字符识别

二、图像检测应用

图像检测是工业机器人视觉系统最主要的应用之一，几乎所有产品都需要检测。如图 3-30 所示。

图 3-30 焊缝检测

三、视觉定位应用

视觉定位要求工业机器人视觉系统能够快速准确地找到被测零件并确认其位置，如图 3-31 所示。

图 3-31 视觉定位

四、物体测量应用

工业机器人视觉系统在工业应用最大的特点就是其非接触测量，且具有高精度和高速度的性能，如图 3-32 所示。非接触测量无磨损，消除了接触测量可能造成的二次损伤隐患。

五、物体分拣应用

物体分拣应用是建立在识别、检测之后的一个环节，工业机器人视觉系统将图像进行处理，实现分拣，如图 3-33 所示。

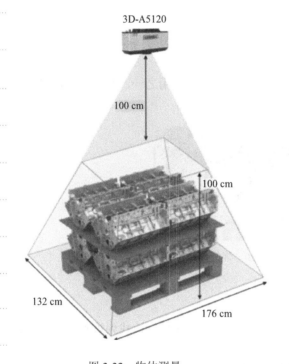

图 3-32　物体测量

图 3-33　物体分拣

🎥 **任务巩固**

一、填空题

(1) 工业相机根据采集图片的芯片可以分为＿＿＿＿与＿＿＿＿。

(2) 光源的互补色为＿＿＿＿和蓝、红和＿＿＿＿、＿＿＿＿和品红。

(3) 信号 CCD_RUN 是相机在静态运行模式下为 ＿＿＿＿，在动态运行模式下为 ＿＿＿＿。

二、判断题

( ) (1) 智能相机的通信接口有以太网通信与 RS485 串行接口两种。

( ) (2) 三基色为红、绿、蓝。

( ) (3) 工业机器人与相机的通信采用前台任务执行的方式。

三、简答题

(1) 简述六种典型的工业镜头。

(2) 举例说明工业机器人与工业相机的通信流程。

四、技能题

根据图 3-34 说明具有视觉系统的工业机器人工作站的工作原理，有条件的单位可根据实际情况进行视觉系统安装与调试。

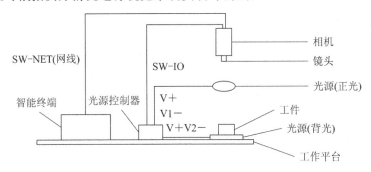

图 3-34 具有视觉系统的工业机器人工作站

任务二 触摸屏的安装与调试

任务导入

现在工业机器人的工作站一般都具有视觉检测系统与触摸屏，如图 3-35 所示。

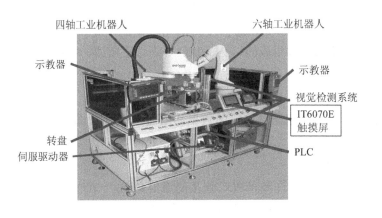

图 3-35 工业机器人的工作站

课程思政

三严三实
严以修身
严以用权
严以律己
谋事要实
创业要实
做人要实

📷 任务目标

知 识 目 标	能 力 目 标
1. 掌握触摸屏的组成 2. 掌握触摸屏的设计原则	1. 能使用触摸屏编程软件的功能菜单 2. 能编写典型应用工作站中触摸屏控制程序 3. 能进行触摸屏编程

📷 任务准备

带领学生到工业机器人旁边介绍，但应注意安全。

一、触摸屏的组成

以 PLC 为核心的控制系统中，绝大多数情况都具有触摸屏或上位机，因为用 PLC 控制时，PLC 主要处理的是一些模拟量，例如压力、温度、流量等，PLC 通过检测到的数值，根据相应条件控制设备上的元件，如电动阀、风机、水泵等。但这些数值不能从 PLC 上直接看到，人们想要看到这些数值，就要使用触摸屏或电脑，如图 3-36 所示。

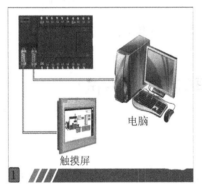
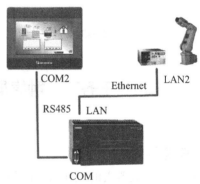

图 3-36　触摸屏的应用

一个基本的触摸屏是由通信接口单元、驱动单元、内存变量单元、显示单元四个主要组件组成的。在与 PLC 等终端连接后，可组成一个完整的监控系统。

1. 通信接口单元

通信接口单元把驱动单元的数据，通过触摸屏背面的通信接口发送给 PLC。

2. 驱动单元

驱动单元里具有许多和 PLC 连接的通信文件，一个文件对应一种通信协议，比如西门子 S7-200PLC 使用 PPI 通信协议。

3. 内存变量单元

内存变量单元就是一块存储区，可以存放各种各样的数据，存放的数据类型大致可分为数值型、开关型、字符型、特殊型。

4. 显示单元

显示单元就是通过触摸屏画面显示各种信息。如要显示"锅炉水温"，只要在触摸屏的显示单元上，画一个显示框的部件，然后把这个部件和"锅炉水温"变量连接起来即可。

二、触摸屏的设计原则

1. 主画面的设计

一般情况，可用欢迎画面或被控系统的主系统画面作为触摸屏的主画面，该主画面可进入到各分画面，各分画面均能一步返回主画面，如图 3-37 所示。若是将被控主系统画面作为主画面，则应在主画面中显示被控系统的一些主要参数，以便在主画面上对整个被控系统有大致的了解。在主画面中，可以使用按钮、图形、文本框、切换画面等控件，以实现信息提示、画面切换等功能。

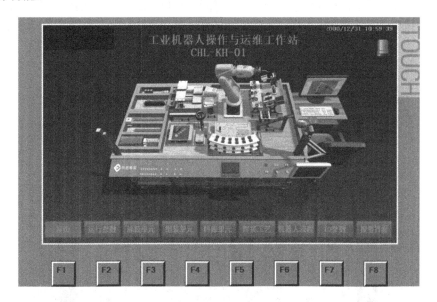

图 3-37　主画面的设计

2. 控制画面的设计

控制画面主要用来控制被控设备的启停及显示 PLC 内部的参数，也可将 PLC 参数的设定设计在画面中。该种画面的数量在触摸屏画面中占得最多，其具体画面数量由实际被控设备决定。控制画面中，可通过图形控件、按钮控件采用连接变量的方式改变图形的显示形式，从而反映出被控对象的状态变化，如图 3-38 所示。

✎ 笔记

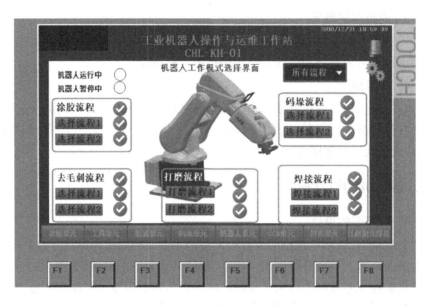

图 3-38　控制画面的设计

3. 参数设置画面的设计

参数设置画面主要是对 PLC 的内部参数进行设定,同时还显示参数设定完成的情况。实际制作时还应考虑加密的问题,限制闲散人员随意改动参数,以免对生产造成不必要的损失。参数设置画面中,可通过使用文本框、输入框等控件,方便快捷地监控和修改设备的参数,如图 3-39 所示。

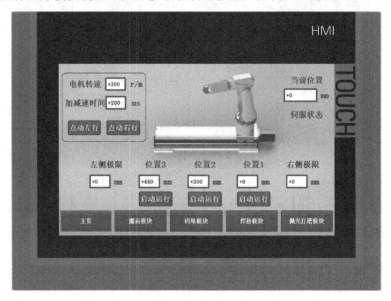

图 3-39　参数设置画面的设计

4. 实时趋势画面的设计

实时趋势画面主要是以曲线记录的形式来显示被控值、PLC 模拟量的主要工作参数(如输出变频器频率、温度曲线值)等的实时状态。该画面中常常使用趋势图或柱形图控件，将被测变量数值图形化，方便直观地观察待测参数的变化量，如图 3-40 所示。

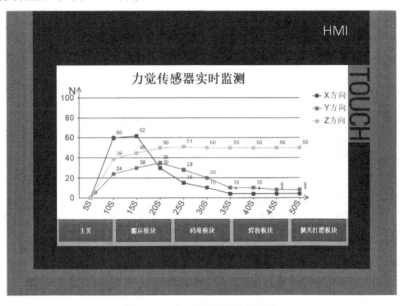

图 3-40 实时趋势画面的设计

▶ 任务实施

让学生进行操作。

一、硬件连接

1. 触摸屏的命名

现以西门子触摸屏为例进行介绍，西门子触摸屏命名规则如图 3-41 所示。

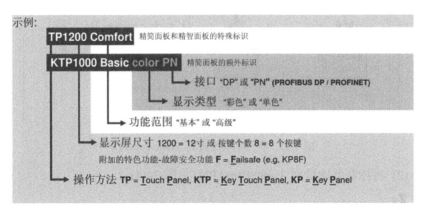

图 3-41 西门子触摸屏命名规则

笔记

技能训练

工匠精神

严谨精细
职业素养
职业精神
团队合作

2. 硬件连接

触摸屏的硬件连接较为简单,现以 KTP700 BASIC 触摸屏为例介绍其硬件连接。

1) 电缆

RS 232/PPI 电缆如图 3-42(a)所示,USB/PPI 电缆如图 3-42(b)所示。

(a) RS232/PPI 电缆　　　　　　　　(b) USB/PPI 电缆

图 3-42　电缆图

2) 连接

(1) 将控制器连接到 Basic Panel DP (见图 3-43)。

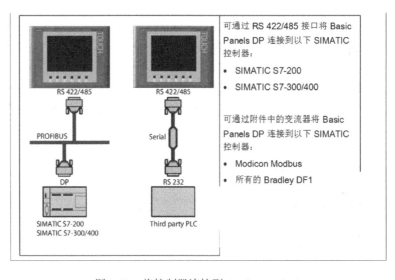

图 3-43　将控制器连接到 Basic Panel DP

(2) 将控制器连接到 Basic Panel PN (见图 3-44)。

🔧 **做一做**:根据实际情况,在技术人员的指导下,对不同的触摸屏进行硬件拆装。

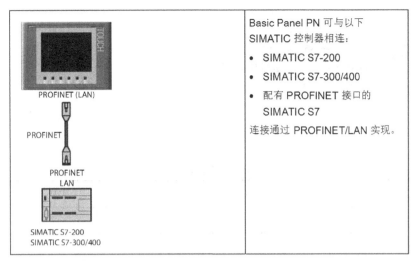

Basic Panel PN 可与以下 SIMATIC 控制器相连：

- SIMATIC S7-200
- SIMATIC S7-300/400
- 配有 PROFINET 接口的 SIMATIC S7

连接通过 PROFINET/LAN 实现。

图 3-44　将控制器连接到 Basic Panel PN

二、软件设置

触摸屏和 PLC、计算机的通信连接有 4 种方式，分别为 PPI 下载、MPI 下载、DP 下载和以太网下载。PPI 下载在西门子的精简面板中，只适用于一代，即 KTP600。而 MPI 下载、DP 下载、以太网下载，在西门子的精简面板中，一代和二代(KTP700)都适用。

1. PPI 下载

1) 控制面板设置

控制面板设置如图 3-45 所示，电缆适配器的 8 个拨码开关的设置如图 3-46 所示，比特率设置见表 3-3。

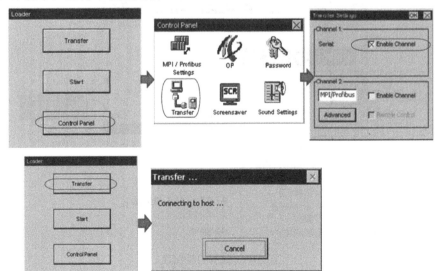

图 3-45　控制面板设置

笔记

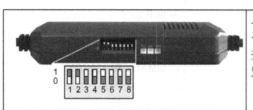

与在 WinCC 中一样,将 DIL 开关 1 至 3 灵活设置为相同的值。DIL 开关 4 至 8 必须位于 "0"。图中设置的比特率为 115.2 kb/s。

图 3-46　电缆适配器的 8 个拨码开关的设置

表 3-3　比特率设置

比特率/(kb/s)	DIL 开关 1	DIL 开关 2	DIL 开关 3
115.2	1	1	0
57.6	1	1	1
38.4	0	0	0
19.2	0	0	1
9.6	0	1	0
4.8	0	1	1
2.4	1	0	0
1.2	1	0	1

2) WinCC(TIA博途)软件设置

(1) 如图 3-47 所示,在弹出来的对话框中选择协议、接口或项目的目标路径。

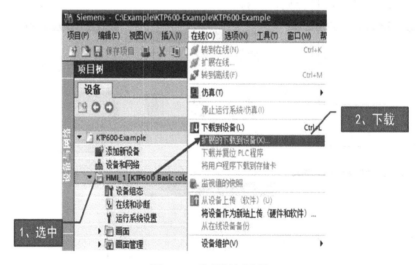

图 3-47　选择目标路径

(2) 按图 3-48 所示,进行接口与通信设置。

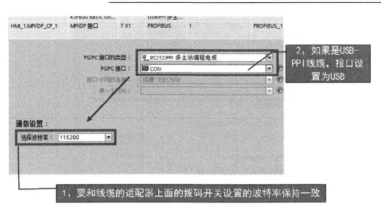

图 3-48　接口与通信设置

2. MPI 下载

1) 控制面板设置

(1) 下载：触摸屏上电，控制面板进入 Windows CE 操作系统，选择 Setting，双击"Transfer Setting"。

(2) 设置：返回控制面板→双击"Network Interface"→设置参数→关闭控制面板→点击 Transfer，界面显示"Waiting for transfer…"。

2) 电脑设置

相应的参数如表 3-4 所示。依次点击开始菜单→控制菜单，双击打开"Set PG/PC Interface"，设置参数(见图 3-49)。点击 Properties…，如图 3-50 所示，继续进行参数设置。

表 3-4　PC 设置

序号	CP
1	CP5512
2	CP5611
3	CP5611 A2
4	CP5613
5	CP5613 A2
6	CP5613 FO
7	CP5614
8	CP5614 A2
9	CP5614 FO
10	CP5621
11	CP5623
12	CP5624
13	CP5711
14	PC Adapter
15	PC Adapter USB A2

✐ 笔记

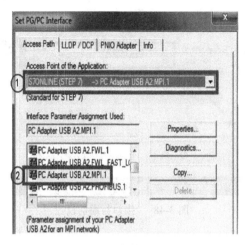

图 3-49　参数设置一

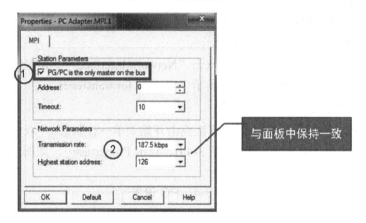

图 3-50　参数设置二

3) WinCC(TIA博途)软件设置

依次进行如下操作：

点击项目树→双击设备组态→选中 KT700 MPI/DP 接口→在属性窗口中设置属性的参数(见图 3-51)→点击 Properties→添加新子网→双击项目树"网络和设备"→选中 KTP 700 的 MPI 连线→设置 MPI 参数(见图 3-52)→选中项目树中的 KTP 700 DP→菜单在线→下载到设备→设置设备参数(见图 3-53)→编译→下载。

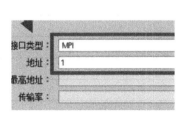

图 3-51　设置属性

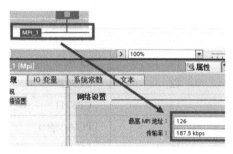

图 3-52　设置 MPI 参数

笔记

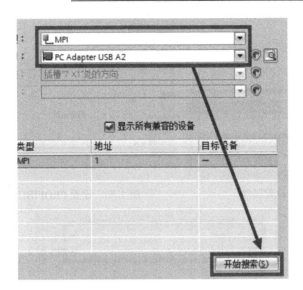

图 3-53 设置设备参数

3. DP 下载

1) 控制面板和电脑设置(以 PC Adapter USB A2适配器为例)

与 MPI 下载方式比较，不同的部分如下：

(1) 在触摸屏控制面板的"Network Interface"参数设置中，将 Profile 选为 DP；

(2) 组态电脑 PG/PC Interface 的参数设置如图 3-54 所示。

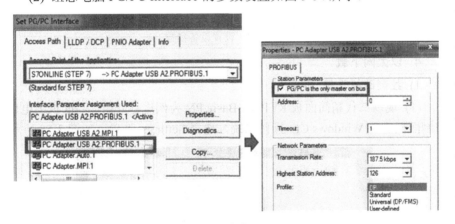

图 3-54 参数设置

2) WinCC(TIA博途)软件设置

与 MPI 下载方式比较，不同的部分如下：

在属性窗口中设置属性参数(见图 3-55)→点击 Properties→添加新子网→双击项目树"网络和设备"→选中 KTP 700 的 PROFIBUS 连线→设置 PROFIBUS 参数(见图 3-56)→选中项目树中的 KTP 700 DP→菜单在线→下载到设备→设置设备参数(见图 3-57)→编译→下载。

✎ 笔记

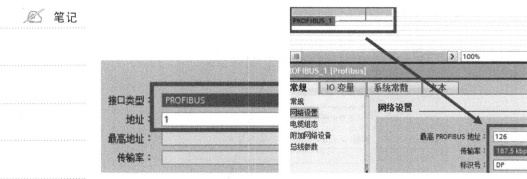

图 3-55 设置属性　　　　　　　　图 3-56 设置 PROFIBUS 参数

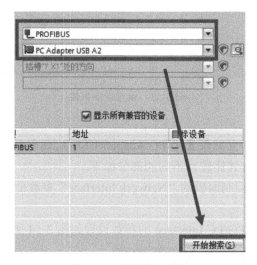

图 3-57 设置设备参数

4. 以太网下载

1) 控制面板设置

(1) 现以二代精简面板 KTP700 Basic PN 为例进行介绍，当面板上电后，控制面板进入 Windows CE 操作系统，选择 Settings 选项，如图 3-58 所示。

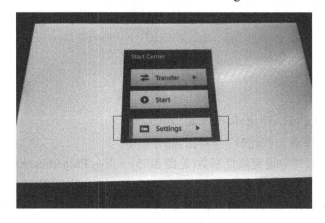

图 3-58 Settings 选项

(2) 双击"Transfer Settings"，打开传输设置，如图 3-59 所示。

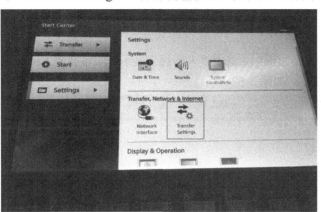

图 3-59 双击"Transfer Settings"

(3) 进行传输设置。将 Enable Transfer 设为 ON，使以太网 DP 下载可用，如果 Automatic 设置为 ON，可以实现在面板运行过程中下载程序，可根据实际需求进行设置，如图 3-60 所示。

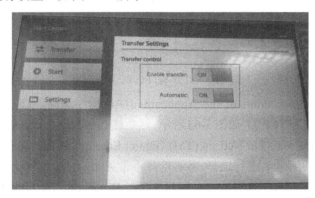

图 3-60 传输设置

(4) 以太网参数设置。返回控制面板，点击"Network Interface"，将 DHCP 设置为 OFF，在 IP Address 和 Subnet Mask 中输入此面板的 IP 地址(该地址同下载计算机的 IP 地址须在同一网段)，如图 3-61 所示，其他参数不用指定。

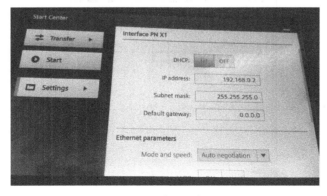

图 3-61 以太网参数设置

✍ 笔记　　　　　(5) 关闭控制面板进行传输。点击 Transfer，画面将显示 Waiting for transfer…，表明面板进入传送模式，控制面板设置完毕。

2) 电脑设置

(1) 在控制面板中，选中"大图标"显示，即可找到 Set PG/PC Interface，双击将其打开，如图 3-62 所示。

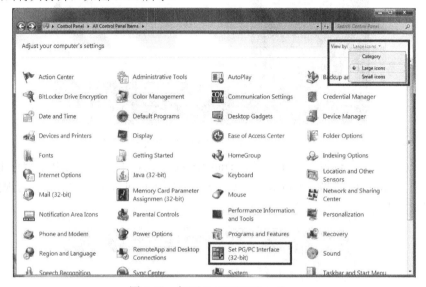

图 3-62　打开 Set PG/PC Interface

(2) 在 Access Point of the Application(应用程序访问点)的下拉列表中选择 S7ONLINE (STEP 7)，如图 3-63 所示。然后在 Interface Parameter Assignment Used 中选择 Broadcom NetLink(TM) Gigabit Ethernet.TCPIP.11(注意：应根据与面板相连的网卡名进行选择，务必选择不带 Auto 的)，当 Access Point of the Application 中显示 S7ONLINE (STEP 7)→Broadcom NetLink(TM) Gigabit Ethernet.TCPIP.1 即可。

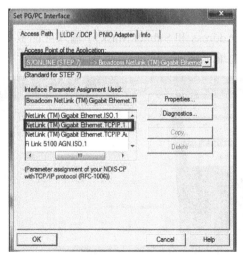

图 3-63　选择 S7ONLINE (STEP 7)

(3) 在控制面板中，双击 Network and Sharing Center 图标，然后双击　　　　✍️ 笔记
Change adapter settings 图标进入以太网列表，如图 3-64 所示。

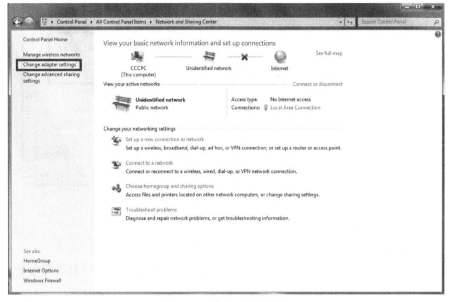

图 3-64　进入以太网列表

(4) 双击连接西门子面板的以太网卡图标。点击 Properties 按钮，系统弹出 Local Area Connection Status 的属性对话框，如图 3-65 所示。

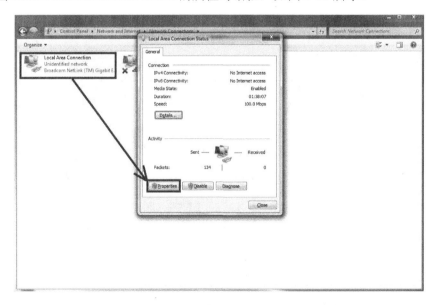

图 3-65　点击 Properties 按钮

(5) 双击 Internet Protocol Version4(TCP/IPv4)，在弹出的对话框中设定 IP 地址和子网掩码，该 IP 地址必须和面板的 IP 地址在一个网段，如图 3-66 所示。

✍ 笔记

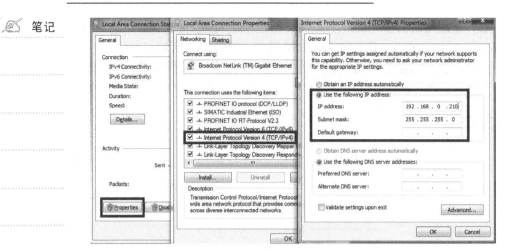

图 3-66　设定 IP 地址和子网掩码

3) WinCC(TIA博途)软件设置

与 MPI 下载方式比较, 不同的部分如下:

(1) 选中 KTP700 basic color PN 的以太网口→在属性窗口中设置参数, 如图 3-67 所示。

(2) KTP600 和 KTP700 的网卡名设置如图 3-68、图 3-69 所示。

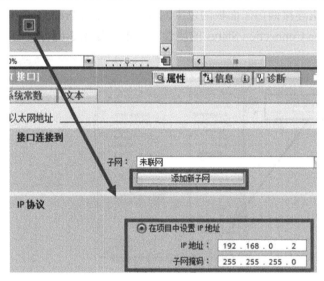

图 3-67　设置参数

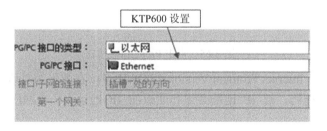

图 3-68　设置 KTP600 的网卡名

PG/PC 接口的类型：　🖳 PN/IE

PG/PC 接口：　🖳 Broadcom NetLink (TM) Gigabit Ethernet

接口/子网的连接：　插槽 "5 1" 处的方向

第一个网关：

KTP700 设置，接口请选择
和西门子面板相连的网卡名

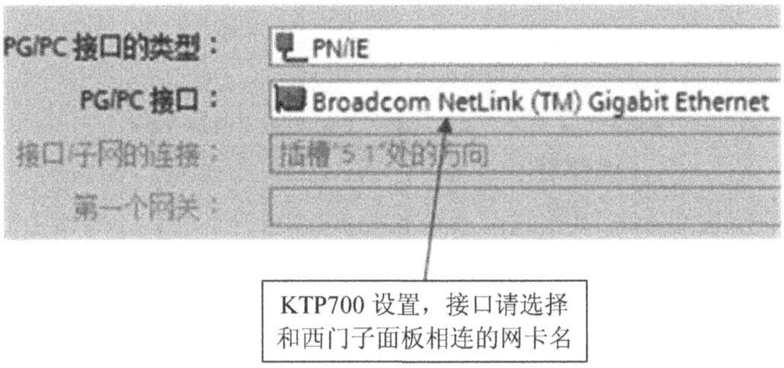

图 3-69　设置 KTP 700 的网卡名

4) 以太网连接检测

依次操作以下步骤：

点击开始菜单→搜索框中输入 cmd→DOS 界面输入命令 Ping 192.168.0.2
→按回车键，如图 3-70 所示。

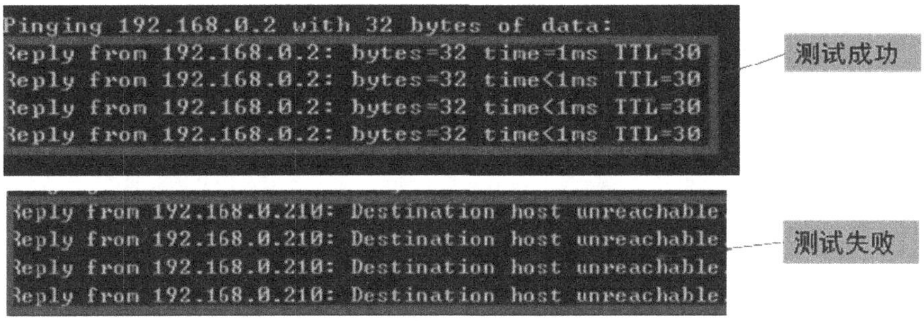

测试成功

测试失败

图 3-70　以太网连接检测

做一做：根据实际情况及不同的连接方式进行操作。

📹 **任务扩展**

以太网通信与多台触摸屏联机

一、两台触摸屏间的通信

触摸屏之间通信可在"系统参数设置"中新增一个远程 HMI 设备即可。
以两台触摸屏(触摸屏 A 与触摸屏 B)的通信为例，假设触摸屏 A 欲使用位状
态设置元件控制触摸屏 B 的"LB-0"地址的内容，那么触摸屏 A 工程文件的
设置步骤如下：

(1) 设置各台触摸屏的 IP 地址。假设触摸屏 A 的 IP 地址为 192.168.1.1，
HMI B 的 IP 地址为 192.168.1.2，如图 3-71 所示。

(2) 在"系统参数设置"→"设备列表"中新增一台远端 HMI，作为触摸
屏 B，其 IP 地址为 192.168.1.2，如图 3-71 所示。

笔记

图 3-71 IP 地址设置

(3) 新增一个位状态设置元件。在"PLC 名称"中选择"HMI B",即可控制远端触摸屏 B 的地址,如图 3-72 所示。

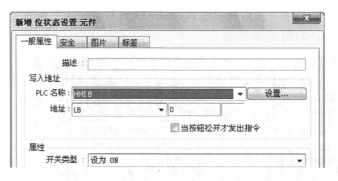

图 3-72 新增一个位状态设置元件

注意:一台 HMI 最多可同时处理来自 64 个不同触摸屏的访问要求。一台 cMT-SVR 最多可同时处理来自 32 个不同触摸屏的访问要求。

二、PC 与触摸屏间的通信

通过在线模拟功能,PC 可以由以太网获取触摸屏上的数据,并保存在电脑上。假设和电脑通信的设备为两台触摸屏(触摸屏 A 与触摸屏 B),那么电脑端所使用工程文件的设置步骤如下:

(1) 设置各台触摸屏的 IP 地址。假设触摸屏 A 的 IP 地址为 192.168.1.1,触摸屏 B 的 IP 地址为 192.168.1.2,如图 3-73 所示。

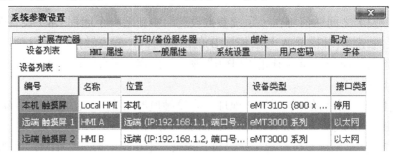

图 3-73 系统参数设置

(2) 在"系统参数设置"→"设备列表"中新增两台远端 HMI, 分别作
为触摸屏 A(IP:192.168.1.1)与触摸屏 B(IP:192.168.1.2), 如图 3-73 所示。

(3) 新增一个位状态设置元件。在"PLC 名称"中选择"HMI A", 即可
控制远端触摸屏 A 的地址。同样的方式也可控制 HMI B, 如图 3-74 所示。

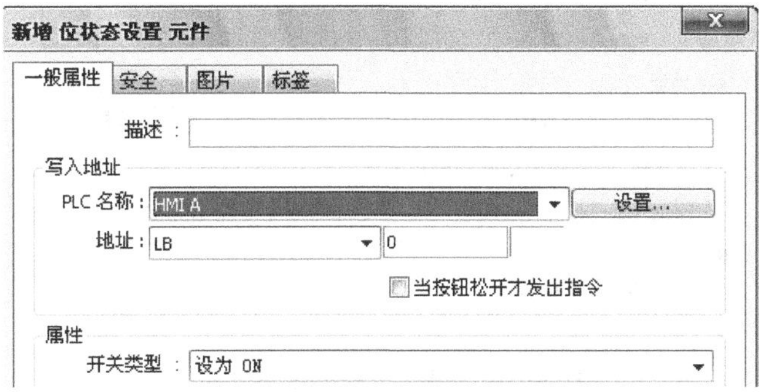

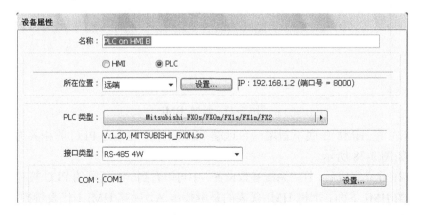

图 3-74　新增一个位状态设置元件

注意：一台电脑最多可同时控制 64 台远程 HMI。

三、控制连接在其他触摸屏上的 PLC

通过以太网联机, PC 或触摸屏可以操作连接在其他触摸屏上的远程
PLC。假设现在一台 PLC 连接到触摸屏 B 的 COM 1, 当电脑或触摸屏 A 欲
读取此台 PLC 上的数据, 那么电脑端或触摸屏 A 上所使用工程文件设置步
骤如下。

1. eMT / cMT-HD 系列的设定方法

(1) 设置触摸屏 B 的 IP 地址, 假设触摸屏 B 的 IP 地址为 192.168.1.2。

(2) 在"系统参数设置"→"设备列表"中新增一台远端 PLC, 将名称
设为"PLC on HMI B"并正确设定 PLC 的相关通信参数。因为此台 PLC 是
连接在远端触摸屏 B 上的, 所以该远端 IP 地址指向触摸屏 B 的 IP 地址
(IP:192.168.1.2) , 如图 3-75 所示。

图 3-75　新增一台远程 PLC

笔记

✎ 笔记

(3) 新增一个位状态设置元件。在"PLC 名称"中选择"PLC on HMI B"，即可控制远端连接到触摸屏 B 上的 PLC ，如图 3-76 所示。

图 3-76　新增一个位状态设置元件

2. cMT-SVR 系列的设定方法

(1) 设置触摸屏 B 的 IP 地址，假设触摸屏 B 的 IP 地址为 192.168.1.2。

(2) 在"系统参数设置"中，新增 HMI 并设定 HMI B 的 IP 地址为 192.168.1.2，如图 3-77 所示。

图 3-77　新增 HMI

(3) 在 HMI B 底下新增一台远端 PLC，并正确设定 PLC 的相关通信参数，如图 3-78 所示。

(4) 建立完成后，在"系统参数设置"中可以看到一台远端的 PLC 被建立在远端的 HMI 下面，本机 HMI 代表的是触摸屏 A，远端 HMI 1 代表触摸屏 B，远端 PLC 1 则是触摸屏 B 所连接的 PLC，如图 3-79 所示。

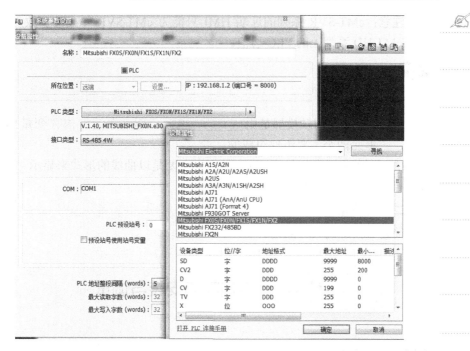

图 3-78　新增一台远程 PLC

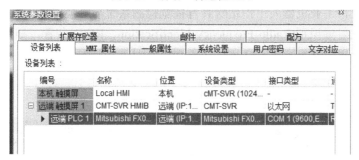

图 3-79　设备列表

(5) 新增一个位状态设定元件。选择"PLC 名称"并将开关设置为 ON，即可控制远端连接到触摸屏 B 上的 PLC，如图 3-80 所示。

图 3-80　新增一个位状态设置元件

✍ **笔记**

注意：cMT-SVR 系列的远端 HMI 只能为 cMT-SVR 系列的，故无法与 eMT/cMT-HD 系列上的 PLC 通信。

📹 **任务巩固**

一、填空题

(1) 一个基本的触摸屏是由_____单元、驱动单元、内存变量单元、_____单元四个主要组件组成的。

(2) 触摸屏实时趋势画面设计的内容主要是以曲线的形式来显示_____、PLC 模拟量的主要工作参数等的_____。

二、简答题

简述触摸屏的设计原则。

任务三　RFID 的安装与调试

📹 **任务导入**

现在，工业机器人工作站除具有视觉检测系统与触摸屏外，大部分的还具有无线射频识别(Radio Frequency Identification，RFID)装置，如图 3-81 所示的综合工作站。

课程思政

四个自信

中国特色道路自信、理论自信、制度自信、文化自信。

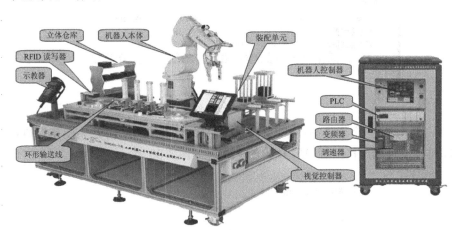

图 3-81　综合工作站

📹 **任务目标**

知　识　目　标	能　力　目　标
1. 掌握 RFID 的概念	1. 能根据典型应用场景进行 RFID 信息设置
2. 掌握 RFID 的基本组成	2. 能编写典型应用工作站中 RFID 的控制程序

由教师进行理论介绍。

任务准备

一、认识无线射频识别

无线射频识别是自动识别技术的一种，它通过无线射频方式进行非接触双向数据通信，对记录媒体(或射频卡)进行读写，从而达到识别目标和交换数据的目的。RFID 检测系统可以准确地读取工件内的标签信息，如编号、颜色、材质等信息，该信息可以进行传输。如图 3-82 所示，RFID 技术被广泛地应用到各行各业中，其特点是抗干扰性强、数据容量庞大、可以动态修改、使用寿命长、防冲突、安全性高、识别速度快。

图 3-82　RFID 技术的应用

二、RFID 的基本组成

如图 3-83 所示，RFID 的基本组成包括电子标签、阅读器和天线三部分。

1. 电子标签(Tag)

电子标签由耦合元件及芯片组成。每个电子标签具有唯一的电子编码，它附着在物体上标识目标对象。

2. 阅读器(Reader)

阅读器是读取(有时还可以写入)电子标签信息的设备，可设计为手持式 RFID 读写器(如：C5000W)或固定式读写器。

3. 天线(Antenna)

天线在电子标签和阅读器间传递射频信号。

笔记

工匠精神

工匠之行，在行动中体悟修行的乐趣。工匠精神不是口号，它存在于每一个人身上、心中。

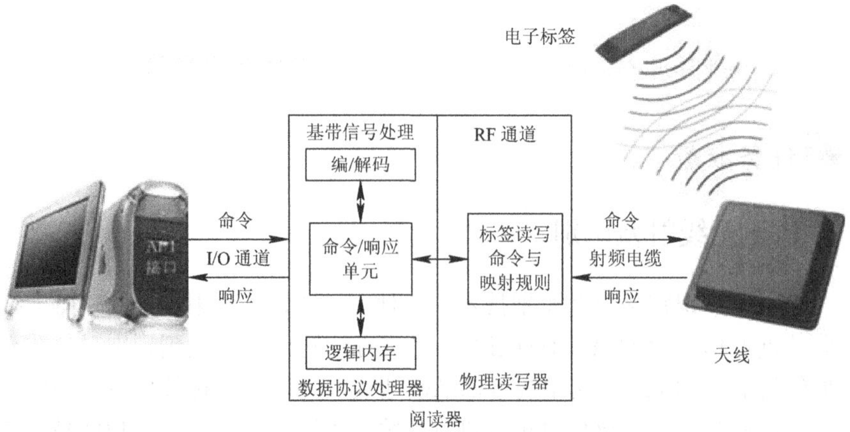

图 3-83　RFID 的基本组成

根据实际情况，不同工作站可以采用不同的 RFID，图 3-81 所示综合工作站主要采用西门子 RFID，它由 RF260R 读写器(见图 3-84)、电子标签、232 转 422 转接模块、通信电缆组成。

西门子 RF260R 是带有集成天线的读写器。它设计紧凑，非常好装配。其技术规范包括：工作频率为 13.56 MHz，电气数据最大范围为 135 mm，通信接口标准为 RS232，额定电压为 DC 24 V，电缆长度为 30 m。该读写器带有 3964 传送程序(用于连接到 PC 系统或 PLC)。

图 3-84　RF260R 读写器

看一看：你单位所用的读写器是哪种型号。

任务实施

一、硬件连接

1. 模块

RFID 所用读写器及芯片如图 3-85 所示。

(a) 读写器　　　　　　　　　　(b) 芯片

图 3-85　读写器及芯片

读写器：读写均为全区操作，即 112 Byte 全部读取或写入，无分区操作。如需分区，需额外编制程序对缓存区进行相应操作。

芯片：可读可写，用户存储容量为 112 Byte。

2. 硬件连接

工业机器人与 RFID 的硬件连接如图 3-86 所示，其通信方式如图 3-87 所示，硬件信息见表 3-5。RFID 与计算机的硬件连接如图 3-88 所示。

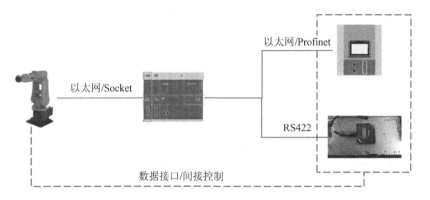

图 3-86　工业机器人与 RFID 的硬件连接

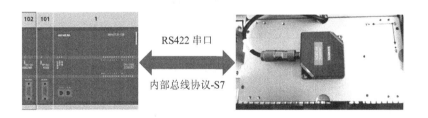

图 3-87　通信方式

表 3-5　硬　件　信　息

硬件地址	285
通道数	1
起始地址	10

✍ 笔记

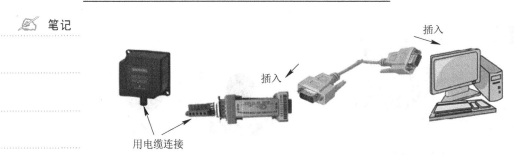

图 3-88　RFID 与计算机的硬件连接

3. 引脚说明

RFID 的复位模块、写模块与读模块引脚分别如图 3-89～图 3-91 所示，对应模块的引脚说明分别见表 3-6～表 3-8。用于描述设备连接参数的变量或接口的数据块为 IID_HW_CONNECT，连接参数(见表 3-9)需手动输入。PLC 可根据需要选用，比如可选用表 3-10 所示参数的 PLC，其数据接口参数见表 3-11。

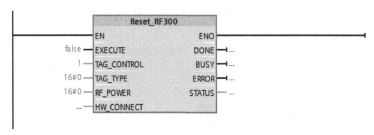

图 3-89　RFID 的复位模块

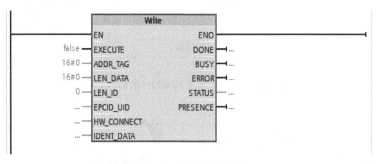

图 3-90　RFID 的写模块

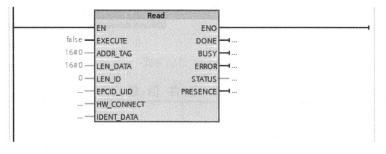

图 3-91　RFID 的读模块

表 3-6　RFID 的复位模块引脚说明

序号	功能块	Reset_RF300		
	参数	数据类型	说　明	备注
1	EXECUTE	Bool	启用 Reset 功能	上升沿触发
2	TAG_CONTROL	Byte	存在性检查，0：关；1：开	1
3	TAG_TYPE	Byte	发送应答器类型： 1=每个 ISO 发送应答器； 0 = RF300 发送应答器	1
4	RF_POWER		输出功率，0：1.25 W	0
5	DONE	Bool	复位完成	—
6	BUSY	Bool	复位中	—
7	ERROR	Bool	状态参数，0：无错误；1：出现错误	—

表 3-7　RFID 的写模块引脚说明

序号	功能块	Write		
	参数	数据类型	说　明	备注
1	EXECUTE	Bool	启用写入功能	上升沿触发
2	ADDR_TAG		启动写入的发送应答器所在的物理地址	地址始终为 0
3	LEN_DATA	Word	待写入的数据长度	1
4	IDENT_DATA	Variant	包含待写入数据的数据缓冲区	1
5	DONE	Bool	写入完成	—
6	BUSY	Bool	写入中	—
7	ERROR	Bool	状态参数，0：无错误；1：出现错误	—
8	PRESENCE	Bool	芯片检测	True：读写区有芯片 False：读写区无芯片

表 3-8　RFID 的读模块引脚说明

序号	功能块	Read			
	参数	数据类型	说　明	备注	
1	EXECUTE	Bool	启用读取功能	上升沿触发	
2	ADDR_TAG		启动读取的发送应答器所在的物理地址	地址始终为 0	
3	LEN_DATA	Word	待读取的数据长度	1	
4	IDENT_DATA	Variant	存储读取数据的数据缓冲区	1	
5	DONE	Bool	读取完成	—	
6	BUSY	Bool	读取中	—	
7	ERROR	Bool	状态参数，0：无错误；1：出现错误	—	
8	PRESENCE	Bool	芯片检测	True：读写区有芯片	
				False：读写区无芯片	

表 3-9　连 接 参 数

参数	说　　　明
HW_ID	硬件地址，见系统常数
CM_CHANNEL	通道数，RF120C 仅有唯一通道
LADDR	起始地址，见属性→常规→I/O 地址
Static	系统通信参数，无需设定

表 3-10　PLC 硬件参数

硬件名称	型号	固件版本	备　注
PLC	1215C DC/DC/DC	4.2	考核环境中为 4.1
RFID	RF120C	1.0	插槽 101
RS485	CM1241	2.1	插槽 102(伺服驱动器通信)

表 3-11 PLC 端数据接口

RFID 模块状态数据接口(DB45)			
数据块：DB_PLC_STATUS	数据类型	数据块：DB_PLC_STATUS	说明
DB_PLC_STATUS.PLC_Send_Data	Struct	DB_PLC_STATUS.PLC_Status	—
DB_PLC_STATUS.PLC_Send_Data.RFID 状态反馈	Int	DB_PLC_STATUS.PLC_Status.RFID 状态反馈	读写器的状态反馈
DB_PLC_STATUS.PLC_Send_Data.RFID_SEARCHNO	Int	DB_PLC_STATUS.PLC_Status.RFID_SEARCHNO	需要查询的工序号(1~4)
DB_PLC_STATUS.PLC_Send_Data.RFID 读取信息	Array[0..27] of Char	DB_PLC_STATUS.PLC_Status.RFID 读取信息	当前查询到的工序信息
RFID 模块控制数据接口(DB46)			
数据块：DB_RB_CMD	数据类型	数据块：DB_RB_CMD	说明
DB_PLC_STATUS.PLC_Send_Data	Struct	DB_PLC_STATUS.PLC_Status	—
DB_RB_CMD.PLC_RCV_Data.RFID 指令	Int	DB_RB_CMD.RB_CMD.RFID 指令	读写器的控制命令
DB_RB_CMD.PLC_RCV_Data.RB_CMD.RFID_STEPNO	Int	DB_RB_CMD.RB_CMD.RFID_STEPNO	需要记录的工序号
DB_RB_CMD.PLC_RCV_Data.RB_CMD.RFID 待写入信息	Array[0..27] of Char	DB_RB_CMD.RB_CMD.RFID 待写入信息	准备写入的工序信息

🐼 看一看：你单位所用的数据接口是哪种？

二、软件调试

1. PLC 端编程

1）RFID 设置

RFID 的变量说明见表 3-12，RFID 设置如图 3-92 所示。

表 3-12　RFID 的变量说明

数据块	RFID [DB1]	
名　称	变量类型	说　明
RFID_RST	Bool	RFID 复位命令
RST_DONE	Bool	RFID 复位完成
RST_BUSY	Bool	RFID 复位运行中
RST_ERROR	Bool	RFID 复位错误
RFID_Write	Bool	RFID 写入命令
Write_DONE	Bool	RFID 写入完成
Write_BUSY	Bool	RFID 写入运行中
Write_ERROR	Bool	RFID 写入错误
RFID_Read	Bool	RFID 读取命令
Read_DONE	Bool	RFID 读取完成
Read_BUSY	Bool	RFID 读取运行中
Read_ERROR	Bool	RFID 读取错误
芯片检测	Bool	用于检测芯片有无，查看芯片是否在读写范围内
Write	Array[0⋯111] of Byte	用于 RFID 写入操作的寄存器
Read	Array[0⋯111] of Byte	用于 RFID 读取操作的寄存器

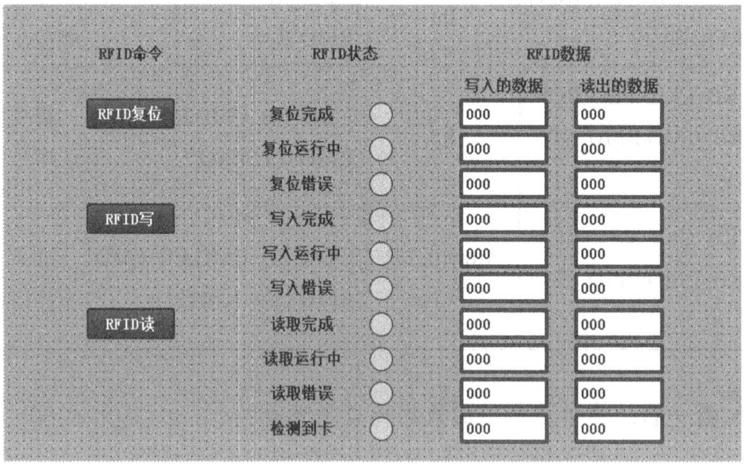

图 3-92　RFID 设置

2) RFID通信

(1) 用 PLC 通信方式控制 RFID 的复位模块。

定义：当 "DB_RB_CMD.RB_CMD.RFID 指令" =30 时，RFID 复位，如图 3-93 所示。

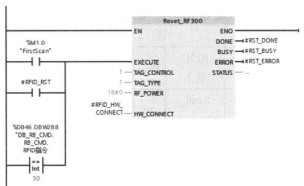

图 3-93　复位模块

(2) 用 PLC 通信方式控制 RFID 的写模块。

定义：当"DB_RB_CMD.RB_CMD.RFID 指令"=10 时，RFID 写入。写入的数据为 RFID 待写入信息赋值给 Write 寄存器的信息，如图 3-94 所示。

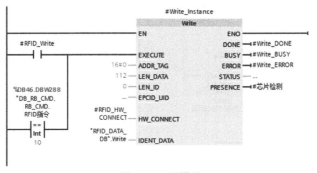

图 3-94　写模块

(3) 用 PLC 通信方式控制 RFID 的读模块。

定义：当"DB_RB_CMD.RB_CMD.RFID 指令"=20 时，RFID 读取。读取的数据为 RFID 写入芯片的寄存器的信息，如图 3-95 所示。

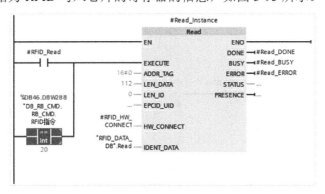

图 3-95　读模块

2. 编写 RFID 的反馈信息

RFID 状态反馈包括"写入""读取""复位"命令的执行状态，它通过"DB_PLC_STATUS.PLC_Status.RFID 状态反馈"寄存器进行反馈，其各参数设置见表 3-13，控制程序如图 3-96 所示。

笔记

表 3-13　参数设置

| 写　入 | | | 读　取 | | | 复　位 | | |
RFID 状态	数值	说明	RFID 状态	数值	说明	RFID 状态	数值	说明
Write_ BUSY	10	写入 运行中	Read_ BUSY	20	读取 运行中	RST_ BUSY	30	复位 运行中
Write_ DONE	11	写入完成	Read_ DONE	21	读取完成	RST_ DONE	31	复位 完成
Write_ ERROR	12	写入错误	Read_ ERROR	22	读取错误	RST_ ERROR	32	复位 错误

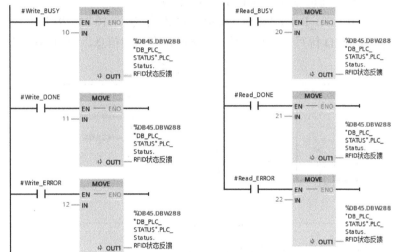

(a) 写入　　　　　　　　　　　(b) 读取

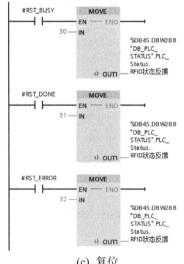

(c) 复位

图 3-96　控制程序

三、应用

不同的 RFID 应用方式虽有差异，但差别不太大。现以某种 RFID 为例介绍其应用。

1. 软件注册

软件注册步骤如下：

(1) 将 Mscomm.reg、Mscomm32.ocx、Mscomm32.dep 三个文件复制到 C:\windows\system32 目录下；

(2) 进入开始菜单，点击运行，输入 RegsVr32 C:\windows\system32\Mscomm32.ocx，点击"确认"，界面会弹出注册成功对话框，如图 3-97 所示。

图 3-97 注册

2. 读写 RFID

读写 RFID 的操作步骤如下：

(1) 进入 RFIDTEST 文件夹，双击"RFIDTest 修改"文件，此时界面进入主界面窗口，如图 3-98 所示。

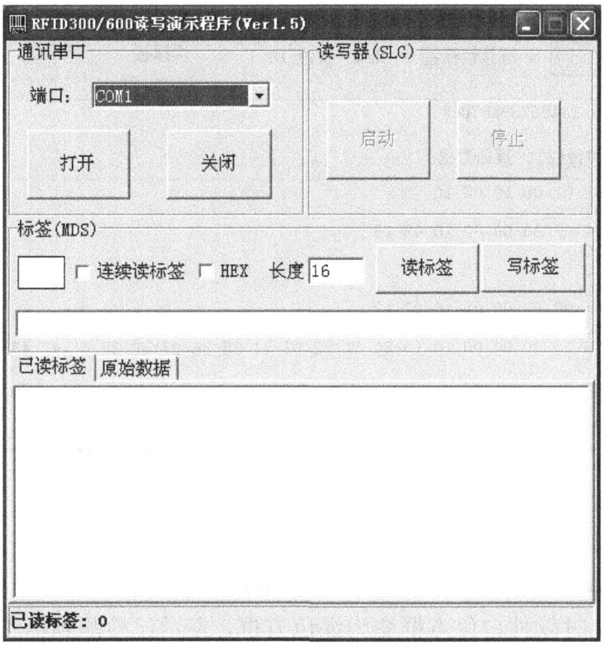

图 3-98 进入主界面

(2) 打开通信端口(COM1 或其他端口)，如图 3-99 所示。

(3) 启动读写器，如图 3-100 所示。读写器启动完成后，读写指示灯常绿。

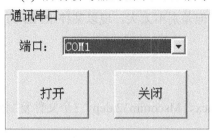

图 3-99　打开通信端口

图 3-100　启动读写器

(4) 读标签。

点击"读标签"按钮，软件可以读取标签信息。如需要连续读标签，将"连续读标签"选中即可，如图 3-101 所示。

将电子标签放到 RFID 读写器上，RFID 指示灯由绿色变为红绿色。此时软件上可以看见读取的数据，同时软件白色方框变为绿色方框。(注：只能在线存储 50 组数据，断电后清除数据)

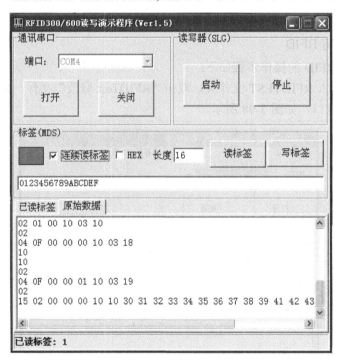

图 3-101　读标签

(5) 写标签信息。

在读写器启动后直接将标签放在 RFID 读写器上，RFID 指示灯由绿色变为红绿色，此时软件白色方框变为绿色方框，表示已检测到标签，如图 3-102 所示。检测到标签后，可以将信息写入对话框中，如图 3-103 所示。信息写入完成后，点击"写标签"即可。

图 3-102 写标签

0123456789ABCDEF

图 3-103 写入对话框

做一做：对本单位的 RFID 进行操作。

任务扩展

典型 RFID 应用系统

一、智慧门店管理系统

智慧门店管理系统如图 3-104 所示。RFID 门店系统是把 EAS(电子商品防窃(盗)系统)和 RFID 技术相结合的一个全新应用。零售商不仅可使用本系统进行货品防盗，还可进行各项管理功能，如商品的登记自动化，盘点时不需要人工检查或扫描条码，使商品登记更加快速准确，并且减少了商品损耗。通过 RFID 解决方案可提供有关库存情况的准确信息，管理人员可由此快速识别并改善低效率运作情况，从而实现快速供货，并最大限度地减少储存成本。

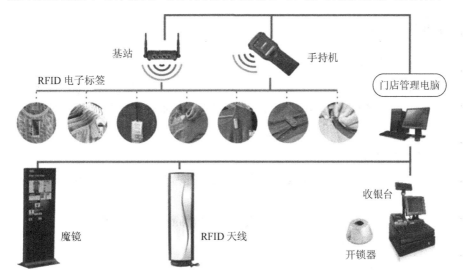

图 3-104 RFID 门店管理系统图

二、智慧仓库系统

智慧仓库系统如图 3-105 所示。RFID 技术的兴起，为企业仓库管理带来

✍ 笔记 了全新的管理方式。RFID 是一种智能识别技术，可将货物信息写入电子标签，识别更准确，大大降低了货品登记的工作量和错误率。在产品出入库、盘点等流程中，用 RFID 的效率比用条形码识别的高 10 倍以上。

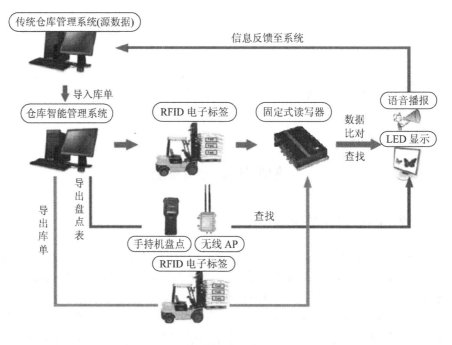

图 3-105　智慧仓库系统

▶ 任务巩固

一、填空题

(1) RFID 的基本组成部分包括＿＿＿＿、＿＿＿＿和＿＿＿＿三部分。

(2) 阅读器(Reader)读取(有时还可以写入)标签信息的设备，可设计为＿＿＿＿读写器(如 C5000W)或＿＿＿＿读写器。

二、判断题

(　　) (1) 电子标签(Tag)由耦合元件及芯片组成，电子标签可以有两个电子编码。

(　　) (2) 在 RFID 的基本组成中，天线(Antenna)的作用是在电子标签和读取器间传递射频信号。

三、简答题

(1) 简述认识无线射频识别的定义。

(2) RFID 技术的特点有哪些？

四、应用题

根据实际情况对本单位具备 RFID 的工作站进行操作。

操作与应用

工 作 单

姓　名		工作名称	具有视觉系统的工业机器人工作站的集成
班级		小组成员	
指导教师		分工内容	
计划用时		实施地点	
完成日期		备　注	

工作准备		
资　料	工　具	设　备
1. 工业机器人视觉系统电路图 2. 工业机器人触摸屏应用说明书 3. RFID应用要求	电气连接工具	1. 工业机器人工作站(已经安装好) 2. 视觉元件 3. RFID应用
1. 外围设备电气连接图 2. 通信资料	1. PLC手持编程器 2. 电脑(装有相关软件)	

工作内容与实施	
工作内容	实　施
1. 举例说明工业机器人视觉系统的功能	
2. 举例说明工业机器人视觉系统的组成	
3. 举例说明触摸屏的组成与设计原则	
4. 举例说明RFID的基本组成	
5. 对右图所示工作站进行基本操作	
5. 完成右图视觉系统的安装与调试	
6. 完成右图触摸屏与RFID的安装与调试	
注：可根据实际情况选用不同的机器人工作站	搬运码垛工业机器人工作站

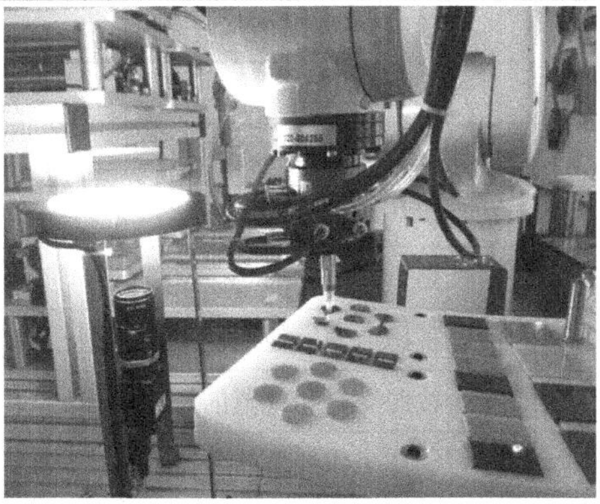

工 作 评 价

	评价内容				
	完成的质量 (60分)	技能提升能力 (20分)	知识掌握能力 (10分)	团队合作 (10分)	备注
自我评价					
小组评价					
教师评价					

1. 自我评价

自我评价表

序号	评价项目	是	否
1	是否明确人员的职责		
2	能否按时完成工作任务的准备部分		
3	工作着装是否规范		
4	是否主动参与工作现场的清洁和整理工作		
5	是否主动帮助同学		
6	是否正确检查了工作站的安装		
7	是否正确完成了工业机器人视觉系统的安装与调试		
8	是否正确完成了工业机器人触摸屏、RFID的安装与调试		
9	是否完成了清洁工具和维护工具的摆放		
10	是否执行6S规定		
评价人		分数	时间 年 月 日

2. 小组评价

序号	评价项目	评价情况
1	与其他同学的沟通是否顺畅	
2	是否尊重他人	
3	工作态度是否积极主动	
4	是否服从教师的安排	
5	着装是否符合标准	
6	能否正确地理解他人提出的问题	
7	能否按照安全和规范的规程操作	
8	能否保持工作环境的干净整洁	
9	是否遵守工作场所的规章制度	

续表

序号	评 价 项 目	评 价 情 况
10	是否有工作岗位的责任心	
11	是否全勤	
12	是否能正确对待肯定和否定的意见	
13	团队工作中的表现如何	
14	是否达到任务目标	
15	存在的问题和建议	

3. 教师评价

课程	工业机器人工作站的集成	工作名称	具有视觉系统的工业机器人工作站的集成	完成地点	
姓名		小组成员			
序号	项 目		分值	得分	
1	简答题		20		
2	正确检查工业机器人视觉系统的安装与调试		40		
3	正确进行触摸屏的安装与调试		20		
4	RFID 的安装与调试		20		

自 学 报 告

自学任务	FAUC、KUKA工业机器人视觉系统的安装与调试
自学内容	
收获	
存在问题	
改进措施	
总结	

✍ 笔记

模块四

焊接工业机器人工业站的集成

任务一　点焊工业机器人工作站的集成

📹 任务导入

点焊工业机器人工作站可根据焊接对象性质及焊接工艺要求，利用点焊机器人完成点焊过程。点焊工业机器人工作站除了点焊机器人外，还包括电阻焊控制系统、焊钳等各种焊接附属装置。

汽车工业是点焊工业机器人工作站一个典型的应用领域，如图4-1所示。在装配每台汽车车体时，大约60%的焊点是由机器人完成的。最初，点焊机器人只用于增强焊作业，后来为了保证拼接精度，又让点焊机器人完成定位焊作业。

课程思政

显著优势

坚持人民当家作主，发展人民民主，密切联系群众，紧紧依靠人民推动国家发展的显著优势。

图 4-1　点焊工业机器人工作站在汽车行业中的应用

📹 任务目标

知 识 目 标	能 力 目 标
1. 能识读电气装配工艺指导文件	1. 能够按照作业指导书安装点焊工业机器人系统等外部设备
2. 掌握点焊工业机器人工作站的组成	
3. 知道点焊机器人、焊钳与电极的种类与功能	2. 能对点焊工业机器人工作站进行安装

车门点焊

📹 任务准备

教师可上网查询或自己制作多媒体。

一、焊接机器人

焊接机器人是从事焊接、切割或热喷涂的工业机器人。根据国际标准化组织(ISO)工业机器人术语标准定义，工业机器人是一种多用途的、可重复编程的自动控制操作机(Manipulator)，具有三个或更多可编程的轴，用于工业自动化领域。为了适应不同的用途，机器人最后一个轴的机械接口通常是一个连接法兰，以便接装不同工具(或称末端执行器)。焊接机器人就是在工业机器人的末轴法兰接装焊钳或焊(割)枪，使之能进行焊接、切割或热喷涂作业。

目前，焊接机器人作为一种广泛使用的自动化设备，具有通用性强、工作稳定且操作简单、功能丰富等优点，日益受到人们重视。

如图4-2所示，工业机器人代替人工焊接，不仅可以减轻焊接工人的劳动强度，也能保证焊接质量、提高生产效率。在焊接生产过程中，采用机器人进行焊接是自动化技术现代化的主要标志。

图 4-2 工业机器人代替人工焊接

受焊接设备或工作场所的限制，并非所有的焊接技术均适用于焊接机器人。适用于焊接机器人的焊接方法如图4-3所示。

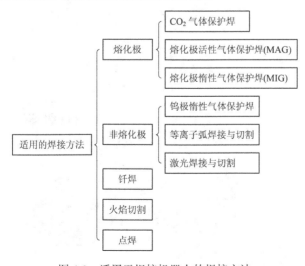

图 4-3 适用于焊接机器人的焊接方法

在图4-3所示的焊接方法中，90%以上的焊接机器人使用熔化极气体保护焊和点焊。近年来，随着激光焊接与切割设备价格降低，焊接机器人在激光焊接与切割领域的应用数量逐年增加。根据焊接原理及应用一般将焊接机器人分为点焊机器人、弧焊机器人和激光焊接机器人三种。

激光焊接是利用高能量密度的激光束作为热源的一种高效精密焊接方法，是激光材料加工技术应用的重要方面之一。其原理是激光辐射加热工件表面，表面热量通过热传导向内部扩散，使工件熔化，形成特定的熔池，进而对工件进行焊接。图4-4所示为激光焊接机器人，其末端持握的工具是激光加工头。依据激光加工头的类型，以激光束作为热源的工业机器人分为激光焊接机器人(如图4-5所示)和激光切割机器人(如图4-6所示)。

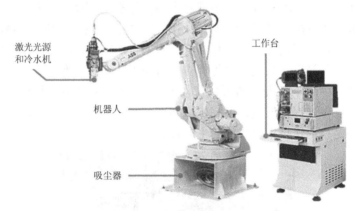

图 4-4　激光焊接机器人

激光焊接机器人

图 4-5　ABB 激光焊接机器人

激光切割机器人

图 4-6　激光切割机器人

查一查：激光焊接工业机器人的应用。

二、认识点焊工业机器人工作站

1. 点焊

电阻点焊的英文缩写为RSW，简称点焊。点焊是焊件装配成搭接接头，并压紧在两电极之间，利用电阻热熔化母材金属，形成焊点的电阻焊，如图4-7所示。根据电极的不同，点焊可分为单点焊及多点焊。多点焊是用两对或两对以上电极，同时或按自控程序焊接两个或两个以上焊点的点焊。根据工件的供电方向，点焊通常分为双面点焊和单面点焊两大类。双面点焊是最常见的点焊方法，电极由工件的两侧向焊接处馈电；单面点焊主要用于电极难以从工件两侧接近工件，或工件一侧要求压痕较浅的场合。典型的双面焊接如图4-7所示。

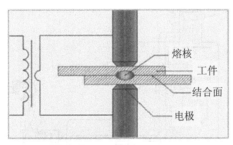

图 4-7　点焊原理

点焊主要用于厚度小于 4 mm 的薄板构件冲压件焊接，特别适合汽车车身和车厢、飞机机身的焊接。

让学生到工业机器人旁边，由教师或上一届的学生进行边操作边介绍，但应注意安全。

2. 点焊工业机器人工作站的组成

点焊工业机器人工作站由机器人系统(包括机器人控制柜、机器人示教器和机器人本体等)、焊钳、冷却水系统、电阻焊接控制装置、焊接工作台等组成。某点焊工业机器人工作站的整体布置如图 4-8 所示，其点焊机器人系统如图 4-9 所示，图 4-9 中给出了点焊工业机器人工作站的完整设置，图中各部分说明见表4-1，各部分的功能见表4-2。

现场教学

✍ 笔记

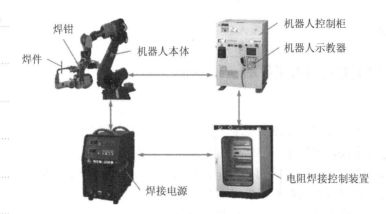

图 4-8　整体布置图

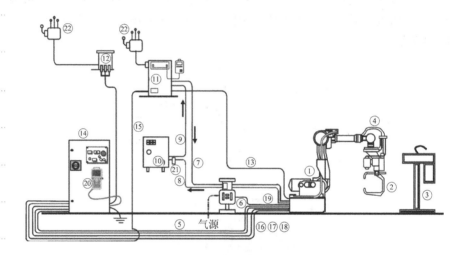

图 4-9　点焊机器人系统图

表 4-1　点焊机器人系统图中各部分说明

设备代号	设备名称	设备代号	设备名称
①	点焊机器人本体(ES165D)	⑫	机器人变压器
②	伺服焊钳	⑬	焊钳供电电缆
③	电极修磨机	⑭	机器人控制柜 DX100
④	手部集合电缆(GISO)	⑮	点焊指令电缆(I/F)
⑤	焊钳伺服控制电缆 S1	⑯	机器人供电电缆 2BC
⑥	气/水管路组合体	⑰	机器人供电电缆 3BC
⑦	焊钳冷水管	⑱	机器人控制电缆 1BC
⑧	焊钳回水管	⑲	焊钳进气管
⑨	点焊控制器冷水管	⑳	机器人示教器(PP)
⑩	冷水阀组	㉑	冷却水流量开关
⑪	点焊控制器	㉒	电源

表4-2　点焊机器人系统各部分功能说明

类型	设备代号	功能及说明
点焊机器人系统	①、④、⑤、⑬、⑭、⑮、⑯、⑰、⑱、⑳	组成焊接机器人系统以及与其他设备联系
点焊系统	②、③、⑪	实施点焊作业
供气系统	⑥、⑲	如果使用气动焊钳时,焊钳加压气缸完成点焊加压,需要供气。当焊钳长时间不用时,须用气吹吹干焊钳管道中残留的水
冷却水系统	⑦、⑧、⑩	用于对设备②、⑪的冷却
供电系统	⑫、㉒	系统动力

下文将简单介绍点焊工业机器人工作站中的部分组成。

1) 点焊电极

点焊电极是保证点焊质量的重要零件,其主要功能有:向工件传导电流;向工件传递压力;迅速散去焊接区的热量。常用的点焊电极形式如图 4-10所示。

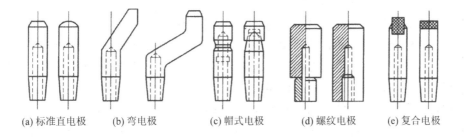

(a) 标准直电极　　(b) 弯电极　　(c) 帽式电极　　(d) 螺纹电极　　(e) 复合电极

图 4-10　常用的点焊电极形式

2) 点焊机器人

点焊机器人是用于点焊自动作业的工业机器人,末端执行器是焊钳。一般来说,装配一台汽车车体大约需要几千个焊点,其中半数以上的焊点由点焊机器人操作完成,如图 4-11 所示。

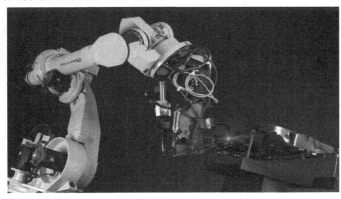

图 4-11　点焊机器人

3) 伺服焊钳

伺服焊钳从用途上可分为C形和X形两种，如图4-12所示。C形焊钳用于点焊垂直及近于垂直伺服位置的焊缝，X形焊钳则主要用于点焊水平及近于水平位置的焊缝。应根据工件的结构形式、材料、焊接规范以及焊点在工件上的位置分布来选用焊钳的形式、电极直径、电极间的压紧力、两电极的最大开口度和焊钳的最大喉深等参数。图4-12所示为常用的C型和X型点焊钳的基本结构形式。

(a) C 形焊钳　　　　　　　　　　　　　(b) X 形焊钳

图 4-12　常用 C 型和 X 型点焊钳的基本结构形式

4) 电阻焊接控制装置

电阻焊接控制装置是合理控制时间、电流和加压力这三大焊接条件的装置，它综合了焊钳的各种动作的控制、时间的控制以及电流调整的功能。用于控制点焊作业的电阻焊接控制装置也称为点焊控制器或点焊机。通常电阻焊接控制装置启动后，点焊机器人就会自动进行一系列的焊接工序。点焊工业机器人工作站所使用的型号为 IWC5-10136C 的电阻焊接控制装置，是采用微电脑控制，同时具备高性能和高稳定性的控制器。IWC5-10136C 电阻焊接控制装置，具有按照指定的直流焊接电流实现定电流控制功能、步增功能、各种监控以及异常检测功能。电阻焊接控制装置外观结构如图 4-13 所示，其内部结构如图 4-14 所示。IWC5-10136C 电阻焊接控制装置配有编程器和复位器，如图 4-15、图 4-16 所示，编程器用于焊接条件的设定。复位器用于异常复位和各种监控。

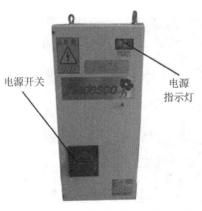 

电源开关　　　　　电源指示灯

图 4-13　电阻焊接控制装置外观结构　　　　图 4-14　电阻焊接控制装置内部结构

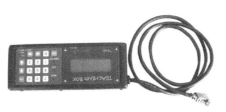

图 4-15　编程器

图 4-16　复位器

5) 供电系统

供电系统主要包括电源(见图 4-17)和机器人变压器(见图 4-18)，其作用是为点焊机器人系统提供动力。

图 4-17　电源

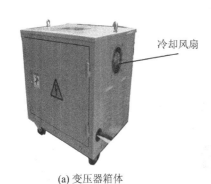

(a) 变压器箱体

(b) 变压器箱内

图 4-18　机器人变压器

6) 冷却水系统

由于点焊是低压大电流焊接，在焊接过程中，导体会产生大量的热量，所以焊钳、焊钳变压器需要水冷，图 4-19 所示为冷却机，冷却水系统图如图 4-20 所示。

笔记

图 4-19　冷却机

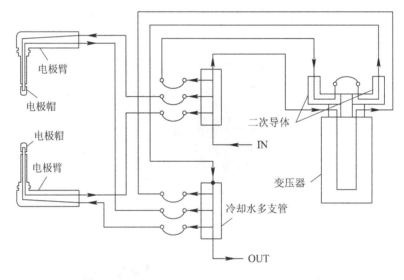

图 4-20　冷却水系统图

7) 辅助设备工具

辅助设备工具主要有高速电机修磨机(CDR)、点焊机压力测试仪(如 SP-236N)、焊机专用电流表(如 MM-315B),如图 4-21 所示。

(a) 高速电机修磨机

(b) 点焊机压力测试仪

(c) 焊机专用电流表

图 4-21　辅助设备工具

看一看：根据实际情况操作一下这些设备。

8) 夹具

点焊工业机器人工作站也要用到夹具，以便装夹零件。夹具根据零件的不同而异，图4-22所示就是一种点焊工业机器人工作站所用夹具。

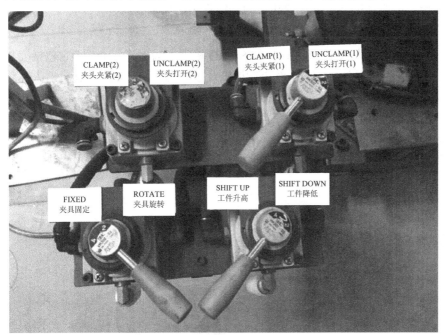

图 4-22　夹具

任务实施

根据实际情况，让学生在教师的指导下进行技能训练。

一、点焊工业机器人工作站的设计

1. 点焊机器人的选择

1) 点焊机器人的选择依据

(1) 点焊机器人实际可达到的工作空间必须大于焊接所需的工作空间。焊接所需的工作空间由焊点位置及焊点数量确定。

(2) 点焊速度与生产线速度必须匹配。由生产线速度及待焊点数确定单点工作时间，机器人的单点焊接时间(含加压、通电、维持、移位等)必须小于此值，即点焊速度应大于或等于生产线的生产速度。

(3) 应选内存容量大，示教功能全，控制精度高的点焊机器人。

(4) 机器人要有足够的负载能力。点焊机器人需要有多大的负载，取决于所用的焊钳形式。对于与变压器分离的焊钳，30～45 kg 负载的机器人就足

工匠精神

在资源日渐
匮乏的后成长
时代，重提工
匠精神、重塑
工匠精神，是
生存、发展的
必经之路。

够了；对于一体式焊钳，这种焊钳连同变压器负载在 70 kg 左右。

(5) 点焊机器人应具有与焊机通信的接口。如果组成由多台点焊机器人构成的柔性点焊焊接生产系统，点焊机器人还应具有网络通信接口。

(6) 需采用多台机器人时，应研究是否采用多种型号，并与多点焊机、简易直角坐标机器人并用等问题。当机器人间隔较小时，应注意动作顺序的安排，可通过机器人群控或相互间联锁作用避免干涉。

2) 点焊机器人选择实例

点焊机器人很多，现以安川 ES165D 机器人为例进行介绍。它包括安川 ES165D 机器人本体、DX100 控制柜以及示教器。安川 ES165D 机器人本体及焊钳如图 4-23 所示。

安川 ES165D 机器人为点焊机器人，由驱动器、传动机构、机械手臂、关节以及内部传感器等组成。它的任务是精确地保证机械手末端执行器(焊钳)达到所要求的位置、姿态和运动轨迹。焊钳与机器人手臂可直接通过法兰连接。

1—机器人本体；2—焊钳；3—机器人底板

图 4-23　安川 ES165D 机器人本体及焊钳

安川 ES165D 机器人基座设有电缆、气管、水管的接入接口，如图 4-24 所示。焊钳连接的气管、水管、I/O 电缆及动力电缆都已经被内置安装于机器人本体的手臂内，可通过接口与外部连接。这样机器人在进行点焊作业时，焊钳移动自由，机器人可以灵活地变动姿态，同时可避免电缆与周边设备的干涉。

在机器人手臂上特别设计机构部位有动力电缆接口、水管接口、气管接口以及电气控制接口。紧凑的电缆结构可以使机器人方便地接近夹具和工件，从而极大地降低对夹具结构的设计要求。图 4-25 所示为安川 ES165D U 臂连接部分接口分布，该接口在机器人内部的连接如图 4-26 所示。其中，CN-PW 为外部轴动力接口；CN-PG 为外部轴信号接口；CN-WE 为焊接动力电缆接口；CN-SE 为装备接口；3BC 为供电缆接口；S1 为装备电缆接口；WES

为焊接动力电缆接口。

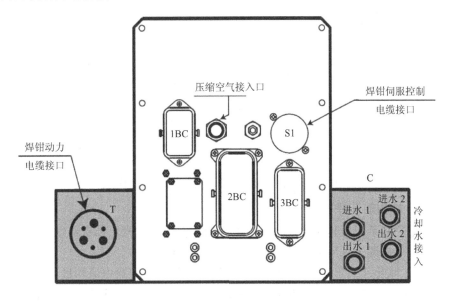

1BC—机器人/焊钳控制信号电缆接口，它与 DX100 的 X21 接口连接，控制焊钳伺服电动机的运行，包括焊钳的开合与加压；2BC—机器人伺服电动机动力电缆接口，它与 DX100 的 X11 接口连接，控制机器人各关节伺服电动机的运行；3BC—焊钳伺服电动机动力电缆接口，与 DX100 的 X22 接口连接，连接焊钳伺服电动机的动力电缆；S1—焊钳变压器控制电缆接口，它与 DX100 的用户 I/O 接口连接；T—焊接变压器动力电缆接口，与点焊控制器接口连接；C—冷却水接入口，为焊钳电极、变压器提供冷却水。

图 4-24　电缆、气管、水管的接入接口

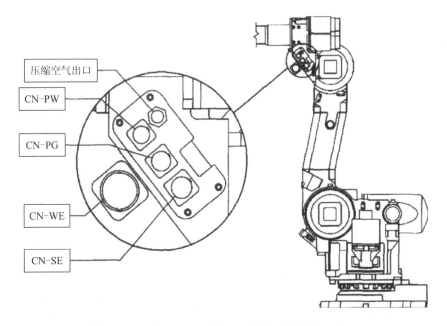

图 4-25　安川 ESI65D 机器人 U 臂连接部分接口分布

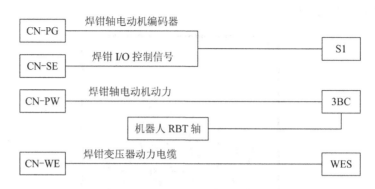

图 4-26 U 臂连接部分接口在机器人内部的连接

2. 焊钳的选择

无论是手工悬挂焊钳还是机器人焊钳，在订货式样上都有特别的要求，它必须与点焊工件所要求的焊接规范相适应，即

(1) 根据工件和材质板厚，确定焊钳电极的最大短路电流和最大加压力。

(2) 根据工件的形状和焊点在工件上的位置，确定焊钳钳体的喉深、喉宽、电极握杆、最大行程、工作行程等。

(3) 根据工件上所有焊点的位置分布情况，确定焊钳的类型。通常有四种焊钳比较普遍，即 C 型单行程焊钳、C 型双行程焊钳、X 型单行程焊钳和 X 型双行程焊钳。

在满足以上条件的情况下，尽可能地减小焊钳的质量。这对悬挂点焊来说，可以减轻操作人员的劳动强度；对机器人点焊来说，可选择低负载的机器人，并提高生产效率。

根据工件的位置尺寸和焊接位置，可选择大开焊钳和小开焊钳，如图 4-27 所示。

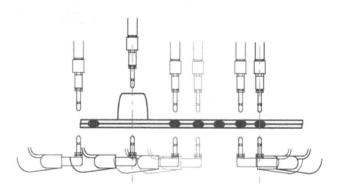

图 4-27 小开→大开→小开切换的示意图

根据工艺要求，可选择单行程气动焊钳和双行程气动焊钳，如图 4-28 所示。

焊钳的通电面积=喉深×喉宽，该面积越大，焊接时产生的电感越强，电流输出越困难。这时，通常要使用较大功率的变压器，或采用逆变变压器进行电流输出。根据电极磨损情况选择焊钳尺寸，如图 4-29 所示。

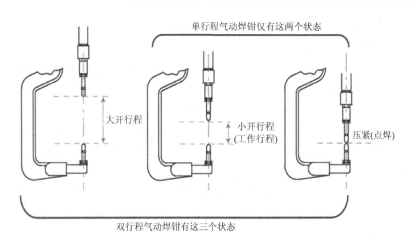

单行程气动焊钳仅有这两个状态

大开行程

小开行程
(工作行程)

压紧(点焊)

双行程气动焊钳有这三个状态

图 4-28　单行程气动焊钳和双行程气动焊钳

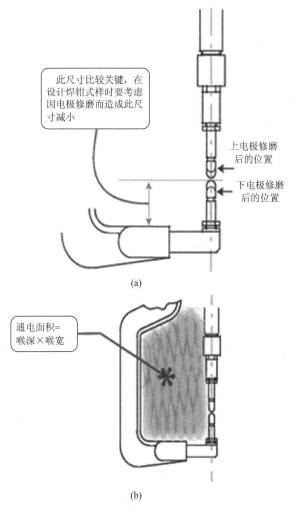

此尺寸比较关键，在设计焊钳式样时要考虑因电极修磨而造成此尺寸减小

上电极修磨后的位置

下电极修磨后的位置

(a)

通电面积=喉深×喉宽

(b)

图 4-29　焊钳尺寸选择相关要点

3. 点焊控制器的选择

1) 按焊接材料选择

(1) 黑色金属工件的焊接一般选用交流点焊控制器。因为交流点焊控制器是采用交流电放电焊接，特别适合电阻值较大的材料，同时交流点焊控制器可通过各项程序控制单脉冲信号、多脉冲信号、周波、时间、电压、电流参数，对被焊工件实施单点、双点连续、自动控制、人为控制焊接，适用于钨、钼、铁、镍、不锈钢等多种金属的片、棒、丝料的焊接。

(2) 有色金属工件的焊接一般选用储能点焊控制器。因为储能点焊控制器是利用储能电容放电焊接，具有对电网冲击小、焊接电流集中、释放速度快、穿透力强、热影响区域小等特点，广泛适合于银、铜、铝、不锈钢等各类金属的片、棒、丝的焊接。

(3) 需要高精度高标准焊接的特殊合金材料可选择中频逆变点焊控制器。

2) 按点焊控制器的技术参数选择

点焊控制器的技术参数如下：

(1) 电源额定电压、电网频率、一次电流、焊接电流、短路电流、连续焊接电流和额定功率。

(2) 最大、最小及额定电极压力或顶锻压力，夹紧力。

(3) 额定最大、最小臂伸和臂间开度。

(4) 短路时的最大功率及最大允许功率，额定级数下的短路功率因数。

(5) 冷却水及压缩空气耗量。

(6) 适用的焊件材料、厚度或断面尺寸。

(7) 额定负载持续率。

(8) 点焊机质量、点焊控制器生产率、可靠性指标、寿命及噪声等。

二、点焊工业机器人工作站的安装

1. 焊钳的安装

1) 焊钳的类别及型号确定

(1) 检查焊钳的标志。

以日本小原焊钳为例，"SRTC-×××"是指一体化 C 型电动焊钳；"SRTX-×××"是指一体化 X 型电动焊钳。

(2) 与设计人员确认系统的焊钳型号。

在安装焊钳之前，务必向设计人员确认该工位的机器人所配备的焊钳型号，设计人员有义务对安装人员进行说明，并进行安装指导。

(3) 确定焊钳相对于机器人法兰的安装方向。

为了确保离线程序导入时，机器人能正常运行程序，且节约调试工期，焊钳的正确安装非常必要。设计人员应该在焊钳 2D 图的法兰上标出机器人原始工具坐标的 X 向、Y 向、Z 向，或从离线编程软件中截图说明焊钳在机

器人法兰上的安装位置关系。机器人法兰部位侧视图如图 4-30(a)所示,机器   ✍ 笔记

人法兰部位主视图(*A* 向),如图 4-30(b)所示。

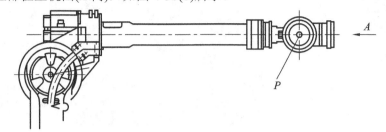

(a) 机器人法兰部位侧视图

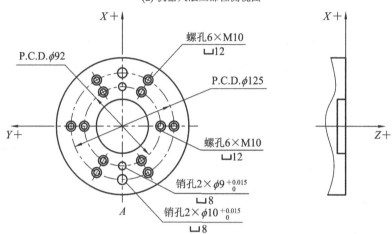

(b) 机器人法兰部位主视图(*A* 向)

注:*X*+/−方向是销孔所在的位置。

图 4-30 机器人法兰部位主视图(*A* 向)

2) 焊钳在法兰上的安装

(1) 准备焊钳安装所使用的绝缘套管、绝缘垫、绝缘销及绝缘板。安全
螺栓使用 12.9 级的。焊钳用 6 条 M10×40 的螺栓进行安装,如图 4-31 所示。

图 4-31 安装图

(2) 使用 48 N·m 扭矩对螺栓进行紧固,紧固完成后在螺栓上进行标记,
如图 4-32 所示。焊钳安装完成后的状态,如图 4-33 所示。

图 4-32　紧固螺栓　　　　　　　图 4-33　安装完成

3) 焊钳管线的连接

(1) 伺服电动机电缆的连接包括伺服电动机的供电电缆和编码器电缆，插头分别为 MS3108820-15S 和 MS3108820-29S。确保插接器拧紧在电动机的电缆的接口上，并做好标识。

注意：伺服电动机电缆插头的外壳为弯头，如果插接器安装后发现插头朝向不利于梳理焊钳的电缆，应调整插头的朝向。

(2) 焊钳焊接动力电缆的连接。电缆插头为 MS3106A36-3S*D190*，确保插接器拧紧在焊钳动力电缆接口上，并做好标识。

(3) 焊钳控制 I/O 电缆的连接。电缆插头为 MS3106A22-19S，确保插接器拧紧在焊钳 I/O 电缆接口上，并做好标识。

(4) 冷却水的连接。

机器人手腕部提供的水管为 $\phi 12$ mm 的难燃性双层 PU 软管，可以直接与焊钳上的快插接头相连接。通常蓝色水管对应进水口，红色水管对应回水口，如图 4-34 所示。

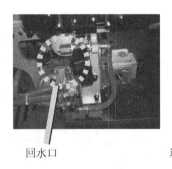 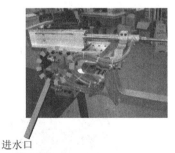

回水口　　　　　　　　　　　进水口

图 4-34　冷却水的连接

4) 机器人与焊钳的连接

在日本安川点焊机器人系列中，应用于点焊用途的机器人主要型号有 ESl65D/ESl65RD 和 ES200D/ES200RD。机器人 U 臂连接部分如图 4-35 所示。

在对点焊机器人手部进行管线连接时，确保接头的位置不影响机器人的动作，在机器人动作时电缆充分自由，不会受到挤压、拉伸及磨蹭等。水管的连接做到不泄漏、不影响焊钳的加压、不与夹具等周围设备发生摩擦。在管线连接完成后，对裸露的电缆及水管进行保护，确保它们不会受到焊接飞溅物的伤害。伺服焊钳的连接如图 4-36 所示。

　　机器人运行过程中，焊钳的姿态转换会非常频繁且速度很快，电缆的扭曲非常严重，为了保证所有连接的可靠性及安全性，一定要采用以下措施：一是所有接头，尤其是焊接变压器动力电缆接头一定要通过固定板与点焊钳紧固在一起，并且保证电缆有足够的活动余量，确保接头不会因焊钳的姿态变换时电缆的扭转造成松动。二是调试人员在示教时，应反复推敲机器人的姿态，力争使焊钳在姿态变换时过渡自然，避免电缆的过分拉伸及扭转。

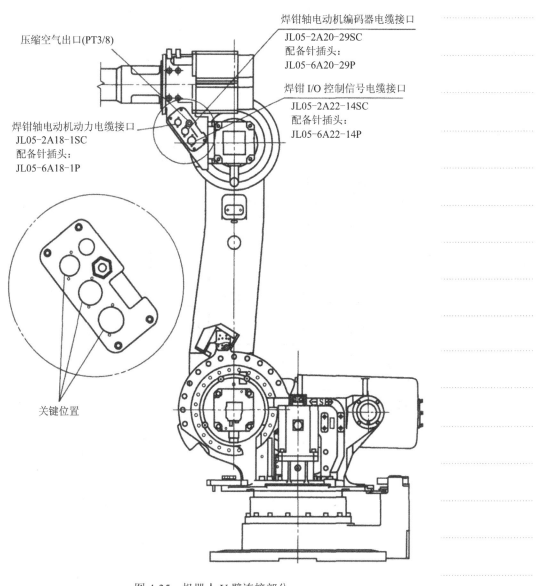

图 4-35　机器人 U 臂连接部分

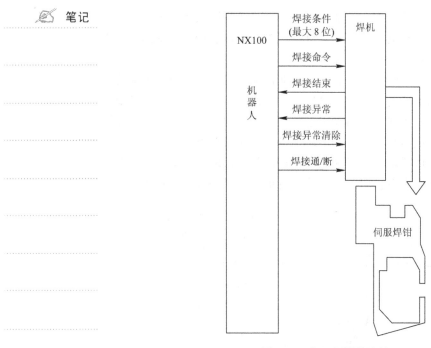

图 4-36　伺服焊钳的连接

(1) 气动焊钳的连接。

机器人与气动焊钳的连接如图 4-37 所示。机器人手腕末端配备的插接器 (气动焊钳)规格见表 4-3。

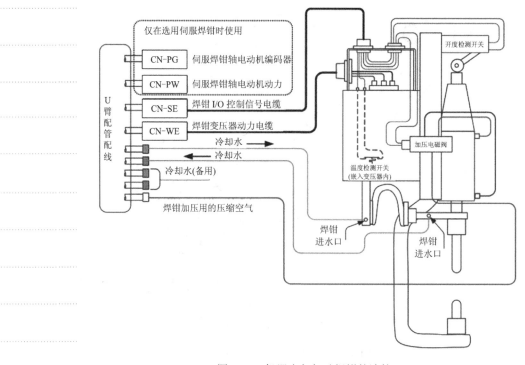

图 4-37　机器人与气动焊钳的连接

表 4-3　机器人手腕末端配备的插接器(气动焊钳)规格

插接器种类	MOTOMAN产品规格	焊钳侧匹配规格
焊钳I/O控制信号电缆 CN-SE(S1)	MS3106A 22-19S	MS3102A 22-19P
焊接变压器动力电缆 WES(CN-WE)	MS3106A 36-3S(D190)	MS3102A 36-3P(D190)
压缩空气管AIR1	ϕ12	接 ϕ12气管的快插接头
冷却水管(进2、出2)	ϕ12	接 ϕ12气管的快插接头(防漏水)

(2) 电动焊钳的连接。

机器人与电动焊钳的连接如图 4-38 所示。机器人手腕末端配备的插接器(电动焊钳)规格见表 4-4。

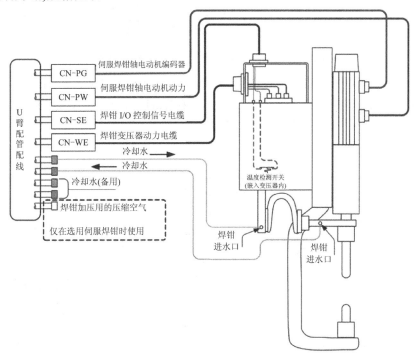

图 4-38　机器人与电动焊钳的连接

表 4-4　机器人手腕末端配备的插接器(电动焊钳)规格

插接器种类	MOTOMAN产品规格	焊钳侧匹配规格
伺服焊钳轴电动机动力CN-PW	MS3108B 20-15S	MS3102A 20-15P
伺服焊钳轴电动机编码器CN-PG	MS3108B 20-29S	MS3102A 20-29P
焊钳I/O控制信号电缆CN-SE(S1)	MS3106A 22-19S	MS3102A 22-19P
焊接变压器动力电缆WES(CN-WE)	MS3106A 36-3S(D190)	MS3102A 36-3P(D190)
压缩空气管AIR1	ϕ12	接 ϕ12气管的快插接头
冷却水管(进2、出2)	ϕ12	接 ϕ12气譬的快插接头(防漏水)

笔记

(3) 焊钳配线圈。

① 用户 I/O(输入/输出)配线如图 4-39 所示。

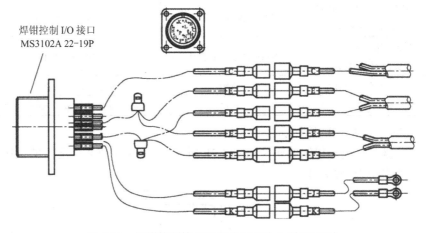

焊钳控制 I/O 接口
MS3102A 22-19P

图 4-39　焊钳控制接口及用户 I/O(输入/输出)配线

焊钳控制接口及 I/O(输入/输出)电缆编号与规格如图 4-40 所示。图 4-40 显示了机器人对气动焊钳的动作控制信号(I/O)的标准分配，在使用气动焊钳时仅需要接入"J/K"(变压器温度检测)即可。

MS3102A 22-19P	电缆编号	电缆规格/mm²	说明	DC 极性
A	4	1.25	阀(加压)	(−)
B	5	1.25	阀(大开)	(−)
C	6	1.25	阀(小开)	(−)
D	7	1.25	阀(COM)	(+)
E	8	1.25	L.S.(大开)	(+)
F	9	1.25	L.S.(小开)	(+)
G	10	1.25	L.S.(COM)	(−)
H	11	—	—	
J	12	1.25	变压器温度检测	
K	13	1.25	变压器温度检测	
L	1	—	—	
M	2	—	—	
N	3	—	—	
P	14	—	—	

SOL1 FOR WELD (DC 24 V)

第 2 电磁阀用于焊钳大开 (DC 24 V) (双行程焊钳时使用)

L.S.2(双行程焊钳时使用)
L.S.1

MS3102A-22-19P

图 4-40　焊钳控制接口及 I/O(输入/输出)电缆编号与规格

② 焊接动力接口线号及标识如图 4-41 所示。

焊接动力接口
MS2102A 36-39P(D190)

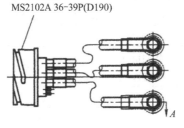

(a) 焊接动力接口的接线示意图

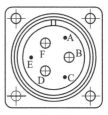

(b) 接口标识

MS3102A 36-3P	电缆颜色	电缆	注解
A			
B	黑色	U 22sq	电源
C			
D	黑色	V 22sq	电源
E			
F	黑色	E 14sq	接地

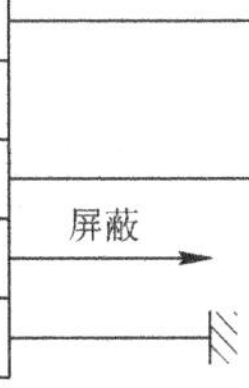

(c) 焊接动力接口的连接

图 4-41　焊接动力接口线号及标识

(4) 电动焊钳的电动机。

电动焊钳的电动机接口如图 4-42 所示。

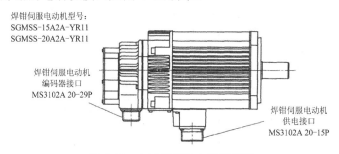

图 4-42　电动焊钳的电动机接口

2. 点焊控制器的连接

现以 IWC5 点焊控制器的连接为例来进行介绍。

1) IWC5点焊控制器的配线

IWC5 点焊控制器的配线如图 4-43 所示。

(a) 正面　　(b) 背面

图 4-43　IWC5 点焊控制器的配线

笔记

课程思政

两学一做

学党章党规，学系列讲话，做合格党员。

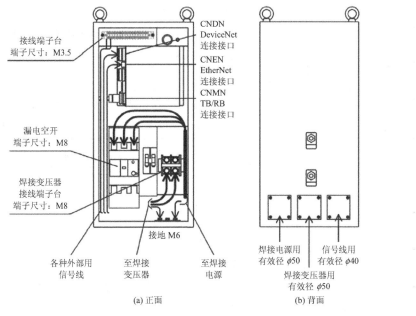

✎ 笔记

2) 离散式输入信号端口的配线

IWC5 点焊控制器共有 14 点离散式输入信号，各信号端的功能见表 4-5。离散式输入信号接线方式如图 4-44 所示。公共端 IC 与 DC24V 电源的 0V 端等电位。

表 4-5　离散式输入信号功能

端子号	名称	功　能	规格
DI2	启动(焊接条件)1	8 个启动(焊接条件)信号，单独有效时，启动相应的焊接程序； 可组合选择 128 个焊接程序，利用多个启动信号时，信号必须同时开启，不能有偏差，否则将接收第一个启动信号，或发生启动输入异常	DC24V 10 mA
DI3	启动(焊接条件)2		
DI4	启动(焊接条件)4		
DI5	启动(焊接条件)8		
DI7	启动(焊接条件)16		
DI8	启动(焊接条件)32		
DI9	启动(焊接条件)64		
DI10	启动(焊接条件)128		
DI12	焊接/试验	ON 时为焊接动作状态，OFF 时为试验动作状态	
DI13	异常复位	收到异常复位信号后，将异常输出关闭，为下一次启动做好准备	
DI14	步增复位	对步增进行复位	
DI15	通电许可输入	用于焊接电源内部的继电器控制输入。输入信号 ON 时，继电器为 ON；输入信号 OFF 时，继电器为 OFF。 继电器为可选择件，无继电器时，信号必须常置为 ON	DC24V 10 mA
IC	输入公共端		
E24N	外接电源–	外部 DC24V 电源连接端。若使用内部电源，不需要接线	
E24P	外接电源+		

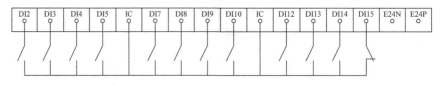

图 4-44　离散式输入信号接线图

3) 离散式输出信号端口的配线

IWC5 点焊控制器共有 7 点离散式输出信号，各信号端的功能见表 4-6。离散式输出信号接线方式如图 4-45 所示。

表 4-6　离散式输出信号功能

笔记

端子号	名称	功　能	规格
DO2	焊接完成	焊接动作完成时处于 ON 状态，启动信号 OFF 时切换到 OFF 状态	
DO3	异常	当发生异常时，该信号切换至 ON 状态。当异常复位输入信号 ON 时，该信号输出 OFF	
DO4	报警	当发生报警时，该信号切换至 ON 状态，但对焊接动作无影响	
DO5	准备完成	以防止试验状态下控制器误识别为正常焊接而进入之后的一次焊接。该信号处于 ON 状态，可以开始焊接需具备以下条件： (1) 未发生异常； (2) 焊接/试验输入信号处于 ON 状态； (3) 连接状态下的编程器处于焊接模式	最大负荷 DC30V 100 mA
DO7	步增完成	步增系列完成时，输出约为 6 个周期的脉冲信号	
DO8	最终步增中	步增系列达到最终步增等级时，输出约为 6 个周期的脉冲信号	
DO9	加压开放	保压时间结束时，切换至 ON 状态；焊接完成信号 OFF 时，切换至 OFF 状态	
DOC	输出公共端		

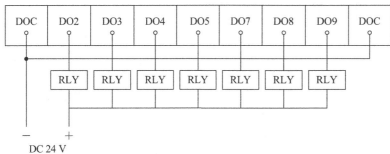

图 4-45　离散式输出信号接线图

查一查：根据本单位的实际情况，查找各连接电缆，并指出其作用。

3. 焊钳上的冷却水回路连接

焊钳、焊钳变压器以及焊接控制装置都需要冷却水冷却。当点焊控制器长时间没焊接工件的时候，管道残留的水要排空。对于点焊机器人系统，冷却水的循环水路要按照图 4-46 所示的串联连接。建议配备水流量检测开关。在冷水机上的回水口处安装水流量检测开关，一旦整个水路的循环发生异常

📝 笔记

（如：电极帽脱离、水管破裂导致漏水等引起水流量减小）时，它可向系统控制中枢发出命令，机器人立即停止点焊作业。根据焊钳所要求的水流量选择适用的水流量检测开关。在布置系统水路时，不要将水管置于易受压的位置，不要将水管过分弯曲，以确保水管水路循环正常。

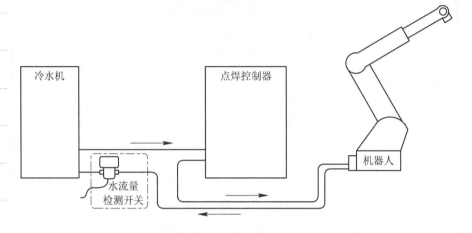

图 4-46　冷却水循环系统

图 4-47 所示是焊钳上的常规冷却水路设置，称为 2-4-2 设置，一般用于大型焊钳。另有 1-4-1 设置方式，可用于小型焊钳的冷却。一般在焊钳设计图上有冷却水回路图指示，要注意核对设计图。焊钳上配备的截止阀用于电极自动更换时截断焊钳钳臂中水路。

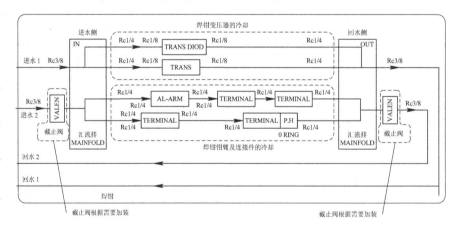

图 4-47　焊钳上的常规冷却水路配置

4. 供气系统的连接

在选用气动焊钳时，如下两种压缩空气压力的气路设计是必要的。

(1) 压缩空气的压力决定点焊钳的加压力。为达到焊钳的正常使用压力，必须保证焊钳的设计气压。所以在采用气动焊钳时，为保证焊接的质量，应选用压力监测开关。

(2) 电极修磨机的刀头所能承受的压力一般低于打点焊接时的压力，

约为 0.2 MPa。在修磨电极时，必须向焊钳提供相对低的气压，以避免刀头压碎。

下面列举一个供气系统的连接：焊钳的设计压力为 0.6MPa，电极修磨时使用的压力为 0.2 MPa，低压力压缩空气也可通过其他气体控制阀获得，可根据具体情况灵活选用，如图 4-48 所示。

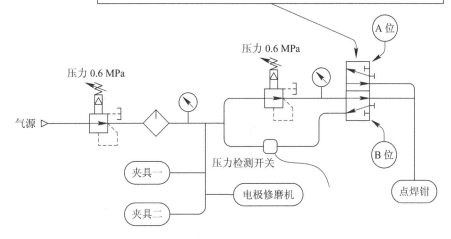

图 4-48　供气系统的连接

三、点焊机器人的外部控制系统

现以某企业机器人点焊系统为例予以介绍，该系统由机器人系统、夹具系统、转台系统和焊接系统构成，其外部控制系统还包括安全防护系统。其电气控制部分结构如图 4-49 所示。

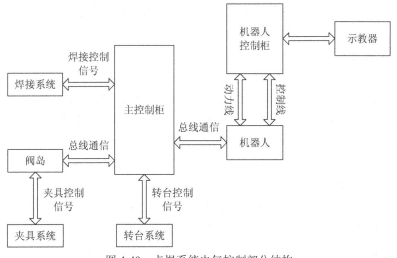

图 4-49　点焊系统电气控制部分结构

1. 安全防护系统

系统通电后，初始化机器人的状态。安全信号，应分等级处理。重要的安全信号通过与机器人的硬件连接来控制机器人急停；级别较低的安全信号通过 PLC 给机器人发出"外部停止"命令。

1）隔离栅栏

隔离栅栏保护控制系统如图 4-50 所示。

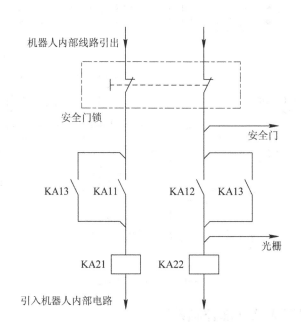

图 4-50　隔离栅栏保护控制系统

隔离栅栏的作用是将机器人的工作区域与外界隔离。工作区域入口处设有一个安全门，机器人在自动模式下工作时速度相当快，如果有人打开安全门，试图进入机器人工作区域内，机器人会自行停止工作，以确保人员安全。

2）安全光栅

为了确保安全，转台在转动时不允许人员进入机器人工作区域。安全光栅位于装件区两侧，一侧是发射端，一侧是接收端。如果有人在转台工作时试图从装件区进入机器人工作区域必定要穿过安全光栅，这样接收端便接收不到发射端发射的光，从而产生转台停止的信号。安全光栅保护电路如图 4-51 所示。

3）急停电路

在机器人点焊系统的调试运行过程中经常会出现一些突发情况，如工人在调试机器人过程中出现机器人动作偏离轨迹而要撞上转台、夹具，或焊钳电极与板件黏结等，这就需要及时排除险情。在机器人示教器以及主控制柜的控制面板上分别设有急停按钮,便于在出现紧急情况时能使系统停止工作, 以免发生安全事故。急停电路如图 4-52 所示。

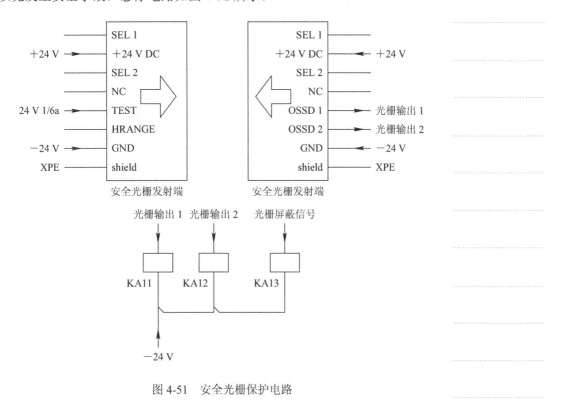

图 4-51　安全光栅保护电路

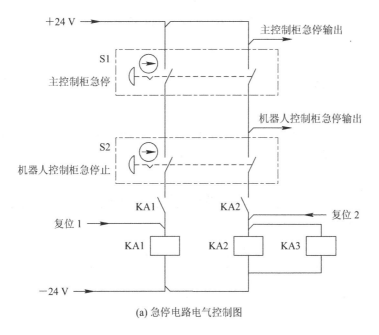

(a) 急停电路电气控制图

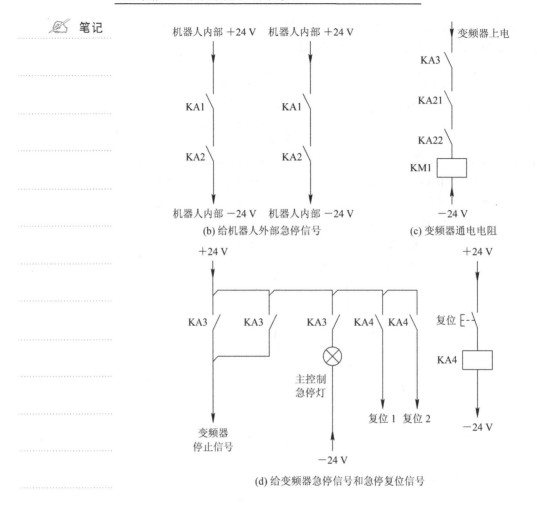

图 4-52　急停电路

2. 焊接系统

1) 焊钳控制电路

气动焊钳可通过气缸来实现焊钳的闭合与打开，它有三种动作，即大开、小开和闭合。焊钳动作过程及相应动作功能见表 4-7。焊钳控制电路如图 4-53 所示。

表 4-7　焊钳动作过程及相应动作功能

焊钳动作过程	动 作 功 能
大开-小开	避开障碍之后，到达焊点位置
小开-闭合	开始打点
闭合-小开	打点结束
小开-大开	避开障碍，前往下一焊点位置

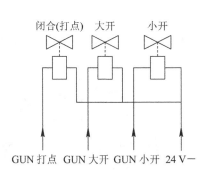

图 4-53　焊钳控制电路

2) 修磨器控制电路

焊钳在焊接一段时间之后电极头表面会被氧化磨损，需要将其修磨之后才能继续使用。为实现生产装备的自动化，提高生产节拍，可为点焊机器人配备一台自动电极修磨器，实现电极头工作面氧化磨损后的自动化修磨过程，同时也避免人员频繁进入生产线而带来安全隐患。修磨器控制电路如图 4-54所示。

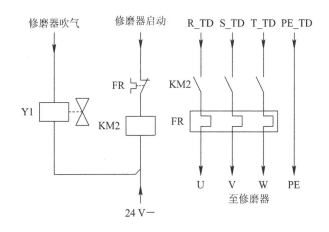

图 4-54　修磨器控制电路

看一看：你单位点焊工业机器人工作站所用的外围设备。

任务扩展

伺服焊钳的结构与动作

1. 结构

伺服焊钳是指用伺服电动机驱动的点焊钳，是利用伺服电动机替代压缩空气作为动力源的一种新型焊钳。焊钳的张开和闭合由伺服电动机驱动，脉冲码盘反馈。伺服焊钳的主要特点是其张开度可以根据实际需要任意选定并

✐ 笔记　预置，而且电极间的压紧力也可以无级调节，这能进一步提高焊点质量。伺服焊钳的基本构成如图 4-55 所示。伺服焊钳的构成部件及名称见表 4-8。

图 4-55　伺服焊钳的基本构成

表 4-8　伺服焊钳的构成部件及名称

功能部位		零件	
一次侧	二次侧	序号	名称
加压驱动部分	转矩发生机构	①	伺服电动机
	加压力转换机构	②	齿状传动带
		③	带轮
		④	滚珠螺杆
		⑤	活塞杆
		⑥	前侧直动轴承
		⑦	后侧直动轴承
二次供电部分	电流输出部分	⑧	焊接变压器
	供电接口	⑨	软连接
		⑩	端子
机器人安装部分		⑪	焊钳托架
冷却水回水部分		⑫	水冷分水器
	位置反馈部分	⑬	绝对编码器

2. 动作

一般与机器人配套使用的伺服焊钳作为机器人的第 7 轴，其动作由机器人控制柜直接控制。针对点焊过程的四个阶段，即预压、焊接、保持和休止，可由伺服焊钳点焊编程操作的 5 个步骤来实现，如图 4-56 所示。

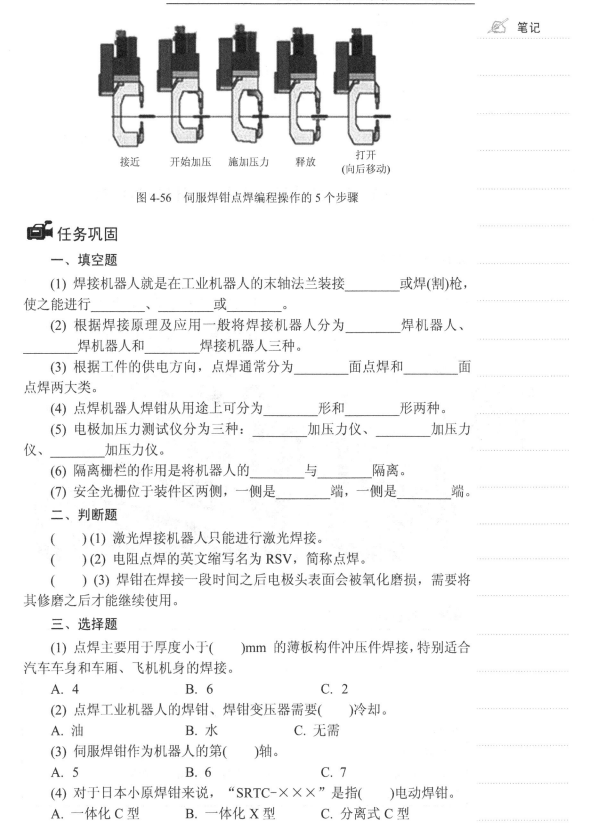

接近　　　开始加压　　施加压力　　释放　　　打开
(向后移动)

图 4-56　伺服焊钳点焊编程操作的 5 个步骤

📹 任务巩固

一、填空题

(1) 焊接机器人就是在工业机器人的末轴法兰装接＿＿＿＿＿＿＿＿或焊(割)枪，使之能进行＿＿＿＿＿＿＿＿、＿＿＿＿＿＿＿＿或＿＿＿＿＿＿＿＿。

(2) 根据焊接原理及应用一般将焊接机器人分为＿＿＿＿＿＿＿＿焊机器人、＿＿＿＿＿＿＿＿焊机器人和＿＿＿＿＿＿＿＿焊接机器人三种。

(3) 根据工件的供电方向，点焊通常分为＿＿＿＿＿＿＿＿面点焊和＿＿＿＿＿＿＿＿面点焊两大类。

(4) 点焊机器人焊钳从用途上可分为＿＿＿＿＿＿＿＿形和＿＿＿＿＿＿＿＿形两种。

(5) 电极加压力测试仪分为三种：＿＿＿＿＿＿＿＿加压力仪、＿＿＿＿＿＿＿＿加压力仪、＿＿＿＿＿＿＿＿加压力仪。

(6) 隔离栅栏的作用是将机器人的＿＿＿＿＿＿＿＿与＿＿＿＿＿＿＿隔离。

(7) 安全光栅位于装件区两侧，一侧是＿＿＿＿＿＿＿＿端，一侧是＿＿＿＿＿＿＿端。

二、判断题

(　　) (1) 激光焊接机器人只能进行激光焊接。

(　　) (2) 电阻点焊的英文缩写名为 RSV，简称点焊。

(　　) (3) 焊钳在焊接一段时间之后电极头表面会被氧化磨损，需要将其修磨之后才能继续使用。

三、选择题

(1) 点焊主要用于厚度小于(　　)mm 的薄板构件冲压件焊接，特别适合汽车车身和车厢、飞机机身的焊接。

A. 4　　　　　　　　　B. 6　　　　　　　　　C. 2

(2) 点焊工业机器人的焊钳、焊钳变压器需要(　　)冷却。

A. 油　　　　　　　　B. 水　　　　　　　　C. 无需

(3) 伺服焊钳作为机器人的第(　　)轴。

A. 5　　　　　　　　　B. 6　　　　　　　　　C. 7

(4) 对于日本小原焊钳来说，"SRTC-×××"是指(　　)电动焊钳。

A. 一体化 C 型　　　　B. 一体化 X 型　　　　C. 分离式 C 型

四、简答题

(1) 点焊电极有哪些功能？

(2) 点焊机器人的选择依据是什么？

(3) 点焊控制器的选择方法有哪些？

五、技能题

有条件的单位，选择一种型号的点焊工业机器人工作站进行集成练习。

任务二　弧焊工业机器人工作站的集成

任务导入

由于弧焊工艺早已在诸多行业中普及，因此弧焊机器人在通用机械、金属结构等许多行业中得到了广泛运用，图 4-57 所示就是其应用之一。

双工位焊接

图 4-57　弧焊工业机器人工作站

任务目标

知 识 目 标	能 力 目 标
1. 识读电气原理图、电气装配图、电气接线图 2. 掌握焊接工作站的 I/O 信号设置及参数设置 3. 掌握外部轴参数设置 4. 掌握现有通信功能模块，接口参数设置，外部设备通信程序	1. 能够根据工作任务要求选择焊枪 2. 能根据气动、液压原理图，选择并安装气动、液压零部件，并能正确连接管路 3. 能安装工业机器人系统(焊接)，并安装焊接电源及附属设备

带领学生到工业机器人旁边介绍，但应注意安全。

任务准备

弧焊工业机器人工作站的组成

一个完整的弧焊工业机器人工作站由工业机器人、焊枪、焊机、焊接电源、送丝机、焊丝、焊丝盘、气瓶、冷却水系统(限于须水冷的焊枪)、剪丝清洗设备、烟雾净化系统或者烟雾净化过滤机、焊接变位机等组成。图 4-58 与图 4-59 示出了弧焊工业机器人工作站的部分组成及部分实物图。

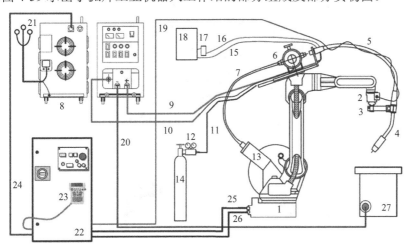

1—机器人本体；2—防碰撞传感器；3—焊枪把持器；4—焊枪；5—焊枪电缆；6—送丝机；
7—送丝管；8—焊接电源；9—功率电缆(＋)；10—送丝机控制电缆；11—保护气软管；
12—保护气流量调节器；13—送丝盘架；14—保护气瓶；15—冷却水冷水管；16—冷却水回水管；
17—水流开关；18—冷却机；19—碰撞传感器电缆；20—功率电缆(－)；21—焊机供电一次电缆；
22—机器人控制柜；23—机器人示教器；24—焊接指令电缆；25—机器人供电电缆；
26—机器人控制电缆；27—夹具及工作台

图 4-58 弧焊工业机器人工作站的部分组成

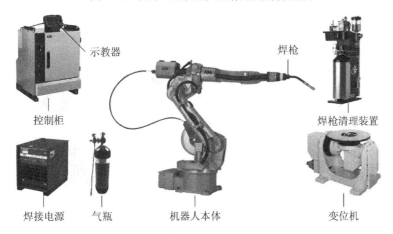

图 4-59 弧焊工业机器人工作站的部分实物图

看一看：看一下不同弧焊工业机器人工作站的组成。

一、机器人本体

焊接机器人一般有 3 至 6 个自由运动轴，可在末端夹持焊枪，能按照程序要求的轨迹和速度进行移动，如图 4-60 所示。机器人轴数越多，运动越灵活，目前工业装备中最常见的就是六轴多关节焊接机器人。

(a) 全自动三轴焊接机器人

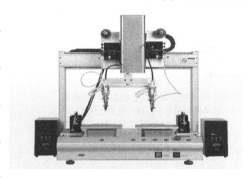 

(b) 四轴焊接机器人

(c) 五轴焊接机器人   (d) 六轴焊接机器人(ABB1410 机器人)

图 4-60　机器人本体

二、焊接系统

根据不同的焊接方式，机器人上可以加载不同的焊接设备，比如熔化极焊接设备、非熔化极焊接设备、点焊设备等。焊接系统包括焊接电源(焊机)、焊枪、送丝机。

1. 焊接电源(焊机)

常见的焊机包括抽头式电焊机(见图 4-61)和晶闸管整流焊机(见图 4-62)，目前较为常用的晶闸管整流焊机主要是 KR 系列。逆变式二保焊机(见图 4-63)，可分为 MOS-FET 场效应管式、单管 IGBT 式和 IGBT 模块式三大类。现在较为先进的焊机是全数字 CO_2/MAG 焊机(见图 4-64)，较为先进的技术为双丝焊接技术(见图 4-65)，目前双丝焊主要有两种方法：一种是 Twin arc 法，另一种为 Tandem 法，如图 4-66 所示。电源融合技术是最近发展的技术，它是打破焊接电源和机器人两者间的壁垒而出现的专用机器人技术，如图 4-67 所示。

图 4-61 抽头式电焊机

图 4-62 晶闸管整流焊机

图 4-63 逆变式二保焊机

图 4-64 全数字 CO_2/MAG 焊机

图 4-65 双丝焊系统

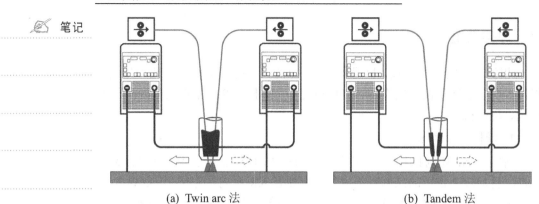

(a) Twin arc 法　　　　　　　(b) Tandem 法

图 4-66　双丝焊的两种方法

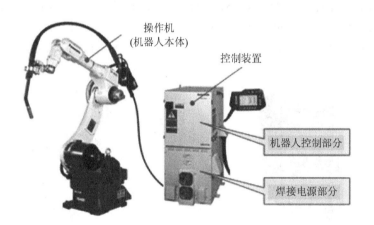

图 4-67　电源融合型弧焊机器人

2. 焊枪

　　常用焊枪的种类如图 4-68 所示。机器人的焊枪按照冷却方式分为空冷型和水冷型；按照安装方式分为内置式焊枪系统(如图 4-69 所示)和外置式焊枪系统(如图 4-70 所示)。焊枪枪颈结构如图 4-71 所示。夹持器是用来连接防撞传感器的，一般外置，可分为固定式和可调式，如图 4-72 所示。近年来又出现了数字焊枪(如图 4-73 所示)与复合焊枪。随着激光器和电弧焊设备性能的提高，激光/电弧复合热源焊接技术得到越来越多的应用，图 4-74 所示为激光/电弧复合热源焊枪。

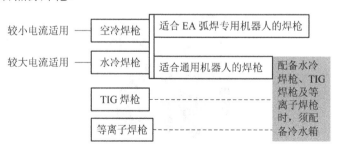

图 4-68　常用焊枪的种类

笔记

1
2
4
5
3
(可选项)

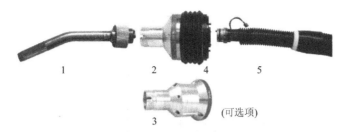

1—枪颈；2—防撞传感器(不含绝缘法兰)；3—焊枪夹持器；4—绝缘法兰；5—集成电缆

图 4-69　内置式焊枪系统

4
1
2
3

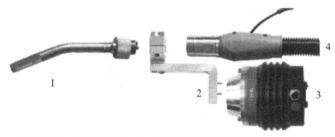

1—枪颈；2—Z 型夹持器；3—防撞传感器(含绝缘法兰)；4—集成电缆

图 4-70　外置式焊枪系统

导电嘴样式图
10
M6
9.5
10
39.5
5
根据导电嘴的磨耗情况及各工厂的焊接质量要求，自行决定导电嘴的更换周期。
适时更换导电嘴对保证焊接质量非常必要
焊枪把持器
连接位置
焊枪管
枪颈
导电嘴安装基体
导电嘴
送丝导管
喷嘴
保护气分流环

图 4-71　枪颈结构图

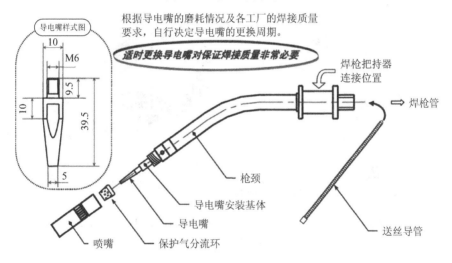

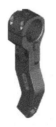

固定式
角度可调

图 4-72　夹持器

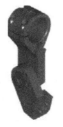

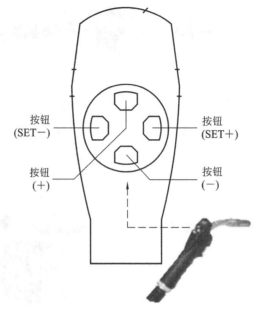

注："SET＋"、"SET－"—模式选择；"＋"、"－"—通道选择

图 4-73　数字焊枪图

(a) LaserHybrid 复合焊枪　　　　(b) LaserHybrid+Tandem 复合焊枪

图 4-74　激光/电弧复合热源焊枪

查一查：不同焊枪的应用。

3. 送丝机

1) 种类

送丝机是驱动焊丝向焊枪输送的装置，它处于焊接电源与工件之间，一般情况下它更靠近工件，以减小送丝阻力，提高送丝稳定性。常见的送丝机按照与焊接电源的结构形式分类，主要有分体式送丝机(见图 4-75)和一体式送丝机(见图 4-76)。

图 4-75 分体式送丝机

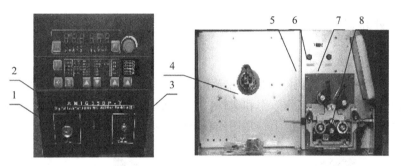

1—焊枪接口；2—数字焊枪控制接口；3—焊机输出接口(一)；4—丝盘轴；
5—点送送丝按钮；6—程序升级下载口 X4；7—气检按钮；8—送丝机机构

图 4-76 一体式送丝机

2) 结构

送丝机由焊丝送进电动机、保护气体、开关电磁阀和送丝滚轮等构成，送丝机结构如图 4-77 所示。

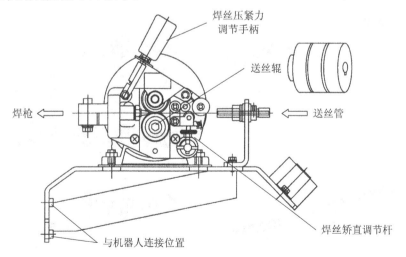

图 4-77 送丝机结构图

送丝管是集送丝、导电、输气和通冷却水为一体的输送设备，送丝管结构如图 4-78 所示。

笔记

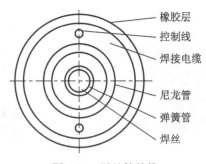

橡胶层
控制线
焊接电缆
尼龙管
弹簧管
焊丝

图 4-78　送丝管结构

三、外轴设备

1. 机器人移动轨道

为了扩大弧焊机器人的工作范围，可让机器人在多个不同位置上完成作业任务，以便提高工作效率和柔性，一种典型的设置就是增加外部轴，如将机器人安装在移动轨道上。常用的移动轨道如图 4-79 所示。

(a) 单轴龙门移动轨道

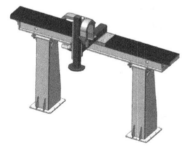

(b) 两轴龙门移动轨道

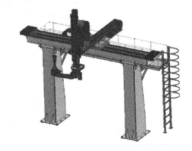

(c) 三轴龙门移动轨道

(d)　单轴机器人地面轨道

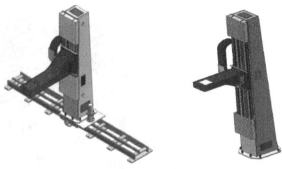

双轴变位机焊接

(e)　两轴机器人地面轨道　　　(f) C 型机器人倒吊支撑

图 4-79　常用的移动轨道

2. 焊接变位机

用来拖动待焊工件，使待焊焊缝运动至理想位置进行施焊作业的设备，称为焊接变位机，如图 4-80 所示。通过控制可实现焊接变位机和多个机器人的协同运动，如图 4-81 所示。

(a)　双立柱单回转式

(b)　U 型双座式头尾双回转型式

(c) L 型双回转

(d) C 型双回转

✍ 笔记

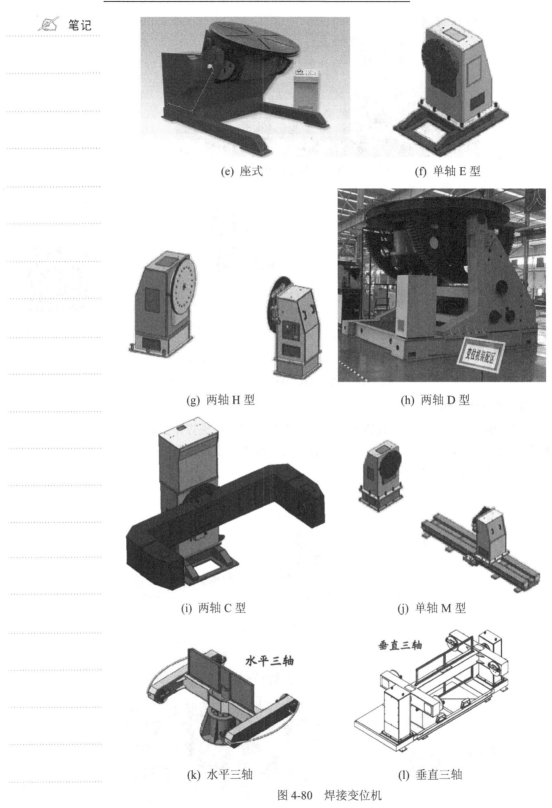

(e) 座式　　　　　　　　　　(f) 单轴 E 型

(g) 两轴 H 型　　　　　　　　(h) 两轴 D 型

(i) 两轴 C 型　　　　　　　　(j) 单轴 M 型

(k) 水平三轴　　　　　　　　(l) 垂直三轴

图 4-80　焊接变位机

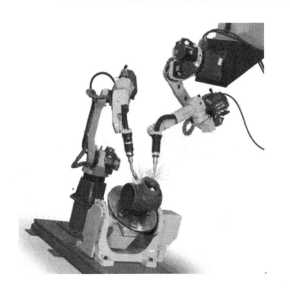

图 4-81　多机协同工作模式

查一查：不同变位机的应用范围。

四、供气装置

熔化极气体保护焊要求有可靠的保护气体。供气系统的作用就是保证纯度合格的保护气体在焊接时以适宜的流量平稳地从焊枪喷嘴喷出。供气系统结构示意图如图 4-82 所示。目前国内保护气体的供应方式主要有瓶装供气和管道(集中)供气两种，以瓶装供气为主。如图 4-83 所示，气瓶出口处安装了减压器，减压器由减压机构、压力表、流量计等组成。

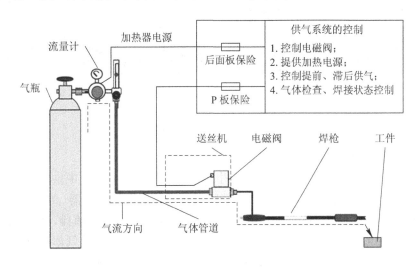

图 4-82　供气系统结构示意图

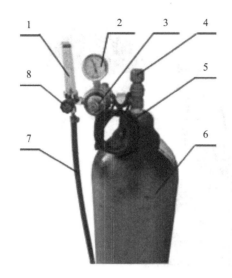

1—流量表；
2—压力表；
3—减压机构；
4—气瓶阀；
5—加热器电源线；
6—40 L气瓶；
7—PVC气管；
8—流量调整旋钮

图4-83　气瓶组成

1. 瓶装供气

气瓶一般由无缝钢管制成，为高压容器设备，其上装有容器阀。常见气瓶的主要组成如图4-83所示。二氧化碳气瓶瓶体颜色为铝白色，字体为黑色；氩气瓶瓶体颜色为银灰色，字体为绿色；氦气瓶瓶体颜色为灰色，字体深绿色，常见气瓶如图4-84所示。

(a) 二氧化碳气瓶　　　　　　　(b) 氩气瓶　　　　　　(c) 氦气瓶

图4-84　常见气瓶

2. 集中供气

为了提高工作效率和保证安全生产，保护气体可采用集中供气，即将单个用气点的单个供气气源集中在一起，将多个盛装气体的容器(高压钢瓶、低温杜瓦罐等)集合起来实现集中供气。常用的形式是气体汇流排，图4-85所示为某供气室内的气体汇流排。汇流排的工作原理是将瓶装气体通过卡具及软管输入至汇流排主管道，经减压、调节，并通过管道输送至使用终端。使用汇流排的好处：可以减少容器的更换次数，减轻工人的劳动强度和节约人工成本；让高压气体集中管理，可减少安全隐患的存在；可节约场地空间，更好地合理利用场地空间；便于气体的管理。

图 4-85　气体汇流排

五、防撞装置

为保证工业机器人设备安全，在机器人手部安装工具时一般都附加安装一个防碰撞传感器，如图 4-86 所示。此目的是确保及时检测到工业机器人工具与周边设备或人员发生碰撞。防碰撞传感器采用高吸能弹簧，确保设备具有很高的重复定位精度。

图 4-86　防碰撞传感器

六、焊枪清理装置

工业机器人焊枪经过焊接后，内壁会积累大量的焊渣，从而影响焊接质量，因此需要使用焊枪清理(清枪)装置定期清除焊渣。焊丝过短、过长或焊丝端头成球型状也可通过焊枪清理装置进行处理。焊枪清理装置(见图 4-87)主要包括剪丝、黏油、清渣以及喷嘴外表面的打磨装置，其结构如图 4-88 所示。

清枪

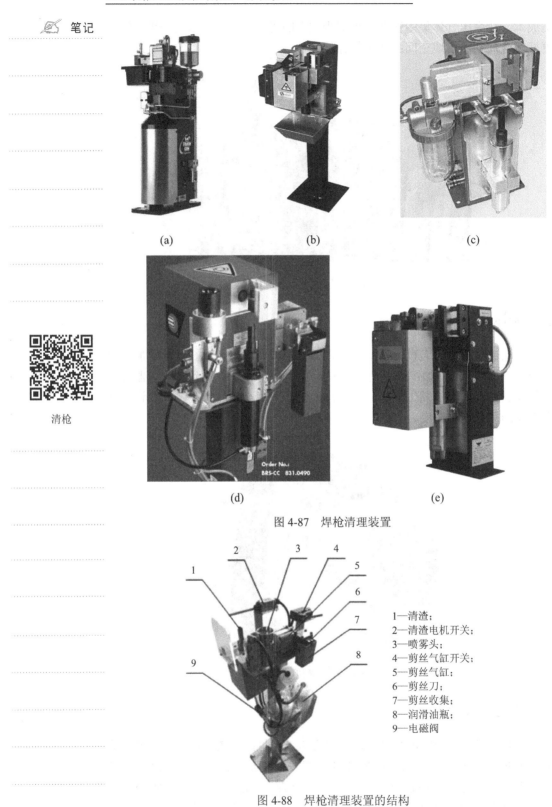

(a)　　　　　　　　(b)　　　　　　　　(c)

(d)　　　　　　　　(e)

图 4-87　焊枪清理装置

图 4-88　焊枪清理装置的结构

1—清渣；
2—清渣电机开关；
3—喷雾头；
4—剪丝气缸开关；
5—剪丝气缸；
6—剪丝刀；
7—剪丝收集；
8—润滑油瓶；
9—电磁阀

七、安全防护装置

为了防止焊接过程中的弧光辐射、飞溅物伤人、工位干扰，一般焊接机器人工作站都设置安全防护装置，例如安全围栏、挡弧板等，如图 4-89 所示。有时还会用到安全地毯，如图 4-90 所示。

(a) 围栏示意图

工匠精神

工匠精神不仅仅是把工作当作赚钱的工具，而是树立一种对工作执着、对所做的事情和生产的产品精益求精、精雕细琢的精神。

(b) 实心钢板围栏示意图

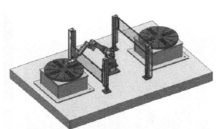

(c) 升降式挡弧光板示意图

(d) 固定式挡弧光板示意图

(e) 安全光栅

图 4-89　安全围栏与挡弧板

图 4-90　安全地毯

看一看：你单位采用的是哪种防护形式？

八、焊接排烟除尘装置

焊接生产车间的排烟除尘装置主要分两种：管道集中排烟除尘系统和移动式焊接排烟除尘机，如图 4-91 所示。

(a) 管道集中排烟除尘系统

(b) 移动式焊接排烟除尘机

图 4-91　排烟除尘装置

九、水箱

弧焊的冷却可分为水冷与风冷两种。水冷设置可以配置水箱，如图 4-92 所示。水箱可放置在电源下方，无需另外接电，其结构紧凑，方便工作站布局。

图 4-92　水箱

任务实施

弧焊工业机器人工作站的集成

根据实际情况，让学生在教师的指导下进行技能训练。

一、弧焊机器人各单元间连接

1. 框图

弧焊机器人各单元间的连接包括焊机和送丝机、焊机和焊接工作台、焊机和加热器、送丝机和机器人控制柜、焊枪和送丝机、气瓶和送丝机气管等的连接，如图 4-93 所示。

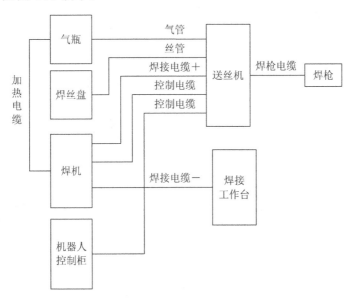

图 4-93　弧焊机器人各单元间连接框图

2. 接线图

1) 电路图连接

弧焊机器人各单元连接电路图见图4-94～图4-100。

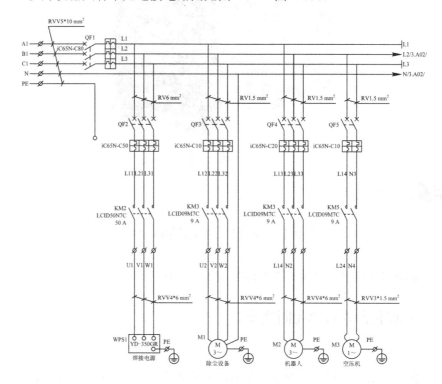

图 4-94 主电路图

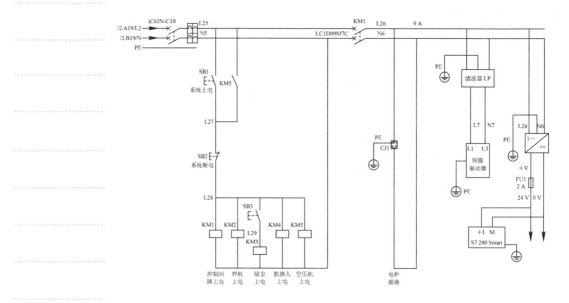

图 4-95 控制回路

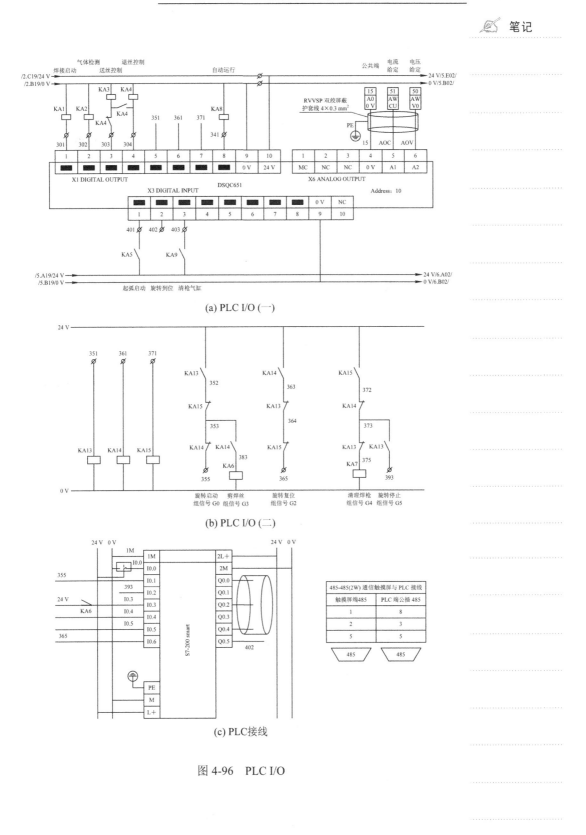

(a) PLC I/O（一）

(b) PLC I/O（二）

(c) PLC接线

图 4-96　PLC I/O

✍ 笔记

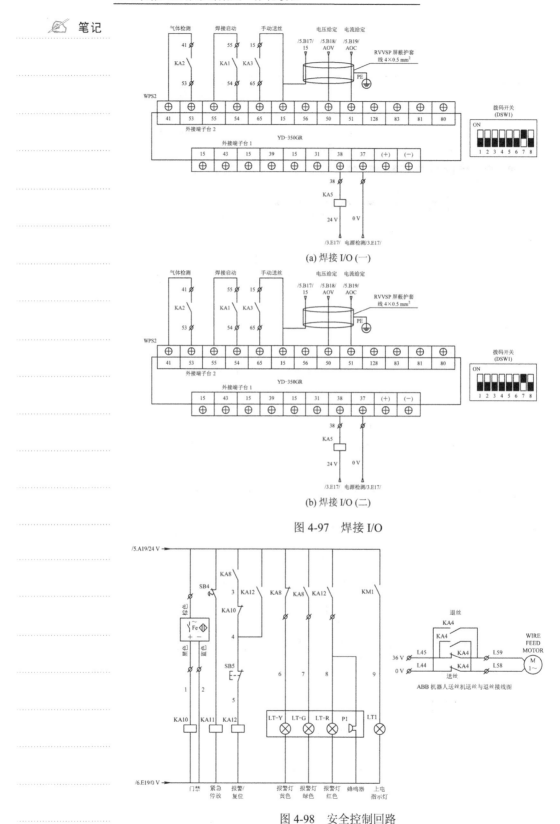

(a) 焊接 I/O (一)

(b) 焊接 I/O (二)

图 4-97　焊接 I/O

图 4-98　安全控制回路

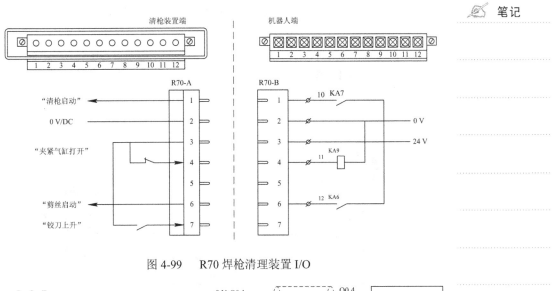

图 4-99　R70 焊枪清理装置 I/O

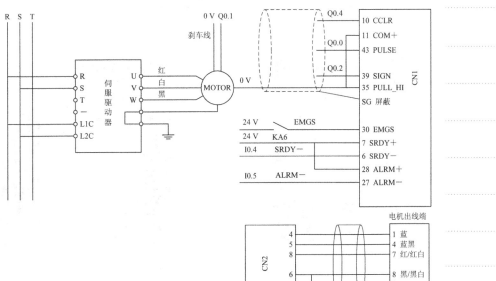

图 4-100　伺服驱动器接线图

2) 实物连接

机器人本体与机器人控制柜之间的连接主要包括电动机动力电缆、转数计数器电缆和用户电缆的连接(连接示意图如图 4-101 所示)。

(1) 动机动力电缆的连接见图 4-102。动力电缆由卡扣固定,安装时需用力将卡扣安装好。

(2) 转数计数器电缆的连接见图 4-103。

(3) 用户电缆的连接。服务器信息块(SMB)协议是一种 IBM 协议,用于计算机、打印机、串口等。一旦连接成功,用户可通过用户电缆发送 SMB 命令到服务器上,从而能够访问共享目录、打开文件、读写文件等。ABB 机器

✎ 笔记   人本体及控制柜上都有用户电缆接口或预留接口，如图 4-104 所示。

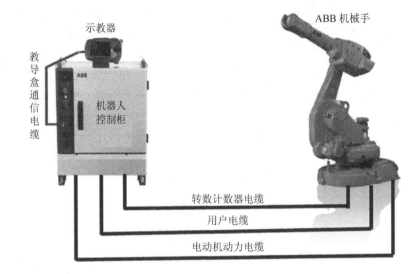

图 4-101   机器人本体与机器人控制柜连接示意图

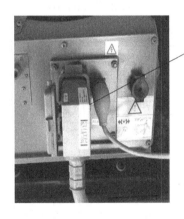

图 4-102   电动机动力电缆的连接

图 4-103   转数计数器电缆的连接

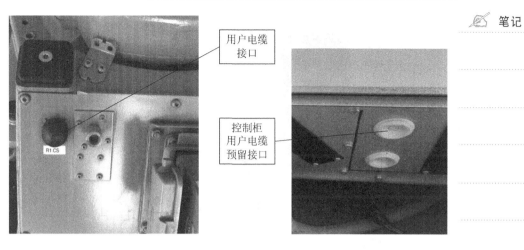

图 4-104　用户电缆的连接

焊机标准接口见图 4-105。

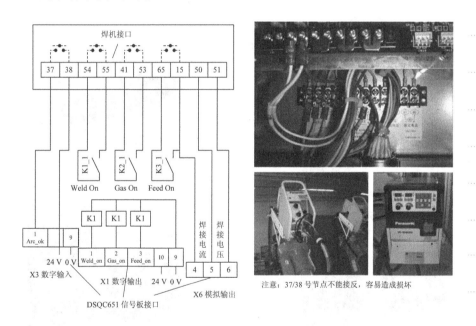

图 4-105　焊机标准接口

3. 焊丝盘的安装

1) 焊丝盘的安装

盘状焊丝可装在机器人 S 轴上，也可装在地面上的焊丝盘架上。焊丝盘架用于焊丝盘的固定，如图 4-106 所示。焊丝从送丝管中穿入，通过送丝机送入焊枪。

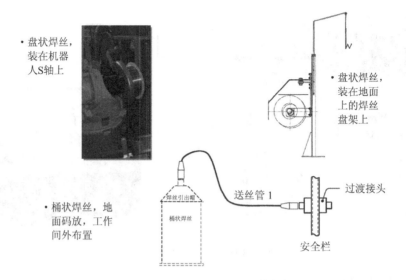

图 4-106　焊丝盘的安装

2) 送丝管的安装

(1) 钢丝送丝管及安装见图 4-107。

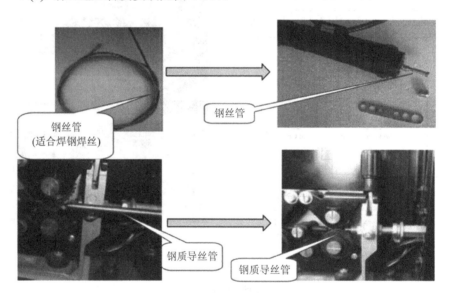

图 4-107　钢丝送丝管及安装

(2) 特氟龙送丝管及安装见图 4-108。

3) 丝盘制动力调节

使用螺钉扳手拧动制动力控制螺钉便可调节制动力大小(如图 4-109 所示)。制动力大小要适中。将制动力调节到适当大，使焊丝盘上的焊丝不会变得太松，以防止在焊丝盘停转时焊丝散落。制动力不能过大，否则将增加电机负荷。一般来说送丝速度越快，所需制动力越大。

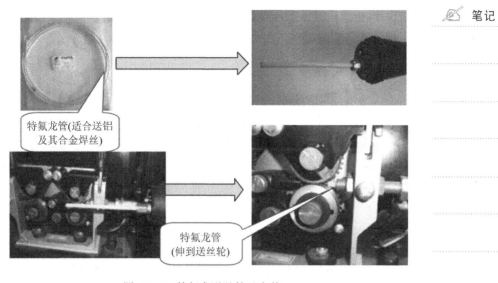

图 4-108　特氟龙送丝管及安装

图 4-109　丝盘制动力调节

做一做：对丝盘进行调节！

4. 焊枪的安装

焊枪的安装见图 4-110。

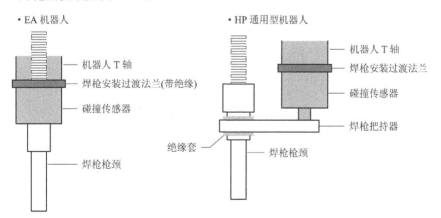

图 4-110　焊枪的安装

笔记

5. 焊枪清理装置气压与电气

焊枪清理装置的气压图与电气图见图 4-111、图 4-112。

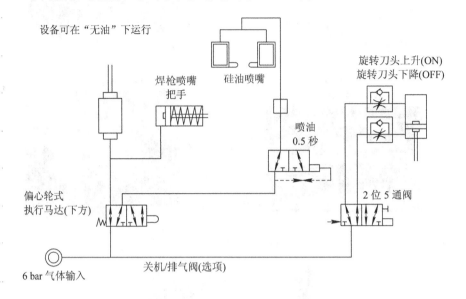

图 4-111　焊枪清理装置气压图

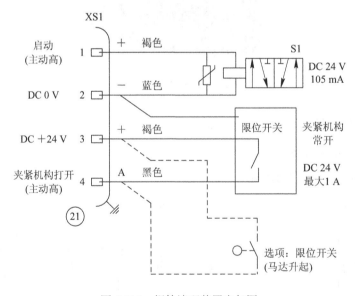

图 4-112　焊枪清理装置电气图

6. 传感器的安装

1) 焊缝跟踪

焊缝跟踪可采用接触传感、电弧传感或光学传感的方式。

(1) 接触传感

接触传感具有纠正位置的三方向传感，即点传感、焊接长度传感、圆弧传感，并可以纠正偏移量。接触传感的原理如图 4-113 所示。

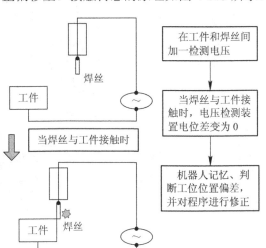

图 4-113　接触传感的原理

(2) 电弧传感

电弧传感跟踪控制技术是通过检测焊接过程中电弧电压、电弧电流、弧光辐射和电弧声等电弧本身的信号，从而提供有关电弧轴线是否偏离焊缝的信息，并进行实时控制。电弧传感的原理如图 4-114 所示。

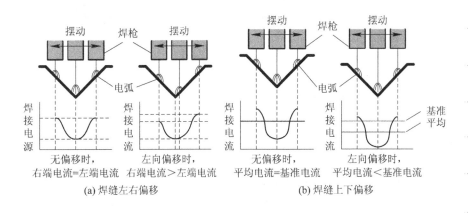

图 4-114　电弧传感的原理

(3) 光学传感

光学传感可分为点、线、面三种形式。它以可见光、激光或者红外线为光源，以光电元件为接收单元，利用光电元件提取反射的光，得到焊枪位置信息。图 4-115 所示为激光传感器。常见的光学传感器包括红外光传感器、光电二极管和光电三极管、CCD(电荷耦合器件)、PSD(激光测距传感器)和SSPD(自扫描光电二极管阵列)等。

(a) SERVO ROBOT ROBO-TRAC 激光传感器   (b) META SLS-050 激光传感器

图 4-115 激光传感器

2) 防撞装置安装

(1) 安装。

① 如图 4-86 所示，用 M5 的内六角扳手从开口处将三个 M6 的螺钉松动并拆下，取下黑色绝缘法兰。

② 用四个 M6×16 的内六角螺钉和一个销钉将黑色绝缘法兰安装到机器人六轴法兰盘上。

③ 将防碰撞传感器主体部分用三个 M6 的螺钉穿过开口处并安装到黑色绝缘法兰上，如图 4-116 所示。

图 4-116 法兰

(2) 防碰撞传感器的接线(见图 4-117)。

① 棕线引脚必须接 24 V，蓝线引脚为检测信号。当发生碰撞时，碰撞开关断开，蓝线引脚处检测不到 24 V 信号，碰撞信号被触发。

② 黑线和白线引脚可以互换，棕线和蓝线引脚不可互换，否则将会导致防碰撞传感器无法正常工作。

③ 带有插头的控制线一端连接到防撞主体的插孔中，并紧固结实，另外一端连接到机器人控制柜的安全面板上。

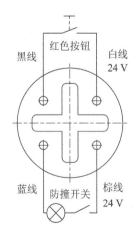

图 4-117 防碰撞传感器的接线

🖋查一查：弧焊工业机器人上常用的传感器。

二、变位机控制

1. Modbus-RTU 通信说明

Modbus 的通信方式是单主机/多从机系统方式。主机是指上位可编程控制器(PLC)或控制器，伺服驱动器为从机。Modbus-RTU 的 RS485 通信如图 4-118(a)所示，表 4-8 给出的信息是有一个变位机的情况，PLC 与变位机通信见表 4-9。端口组态模块，如图 4-119 所示，其部分参数说明见表 4-10。主机通信模块，如图 4-120 所示，其部分参数说明见表 4-11，数据传输见表 4-12。主机可以对应连接从机的最大数量为 31 台，根据连接条件或干扰环境的不同也存在最大连接台数少的情况。

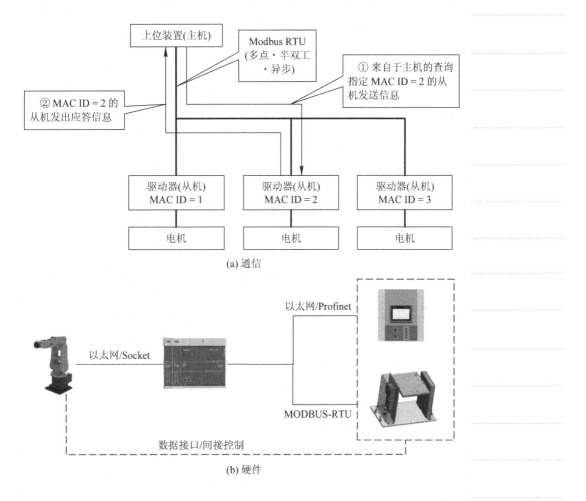

(a) 通信

(b) 硬件

图 4-118　变位机设备系统组态

表 4-8 一个变位机的情况

名　称	PLC	变　位　机
MODBUS-RTU	主站	从站
站地址	轮询	1
通信方式	RS485 串口	
通信协议	MODBUS-RTU	
通信模式	半双工(RS485)两线制	
波特率	19200	
奇偶校验	无	
数据位	8 位字符	
停止位	2	

表 4-9 PLC 与变位机通信

PLC		变　位　机			MODBUS-RTU
数据块	DB_变位机状态	伺服参数	监视器组	参数说明	访问地址
名称	数据类型	名称	数据类型	状态参数	读取
DB_变位机状态.伺服状态显示	Word	ID20 伺服状态显示	Word	伺服当前状态	40021
DB_变位机状态.I/O 状态	Word	ID21 伺服 I/O 显示	Word	伺服 I/O 状态	40022
DB_变位机状态.警报编码	Word	ID22 报警编码	Word	伺服报警代码	40023
DB_变位机状态.反馈位置	DInt	ID40 反馈位置	DInt	伺服电机当前位置(编码器值)	42001，42002
DB_变位机状态.反馈速度	Int	ID41 反馈速度	Int	伺服电机当前转速(转/分)	42003
名称	数据类型	名称	数据类型	命令参数	写入
DB_变位机命令.伺服命令	Word	ID30 伺服指令	Word	伺服命令	41001
DB_变位机命令.控制模式	Word	ID31 控制模式	Word	控制模式	41002
DB_变位机命令.目标位置	DInt	ID32 定位目标位置	DInt	伺服电机目标位置(编码器值)	41003，41004
DB_变位机命令.目标速度	Int	ID33 定位目标速度	Int	伺服电机目标速度(转/分)	41005

✍ 笔记

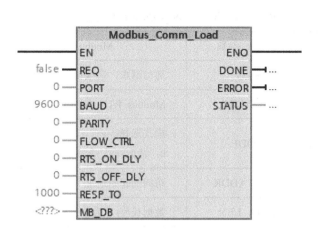

图 4-119 端口组态模块

表 4-10 Modbus_Comm_Load 部分参数说明

序号	功能块参数	Modbus_Comm_Load 说明
1	REQ	通信请求，可使用 1
2	PORT	目标设备，使用组态的硬件标识符
3	BAUD	通信速率，使用 19200
4	PARITY	奇偶校验，使用默认值 0
5	FLOW_CTRL	流控制，使用默认值 0
6	RTS_ON_DLY	接通延时，使用 50 ms
7	RTS_OFF_DLY	关断延时，使用 50 ms
8	RESP_TO	响应超时，使用默认值 1000 ms
9	MB_DB	关联背景数据块

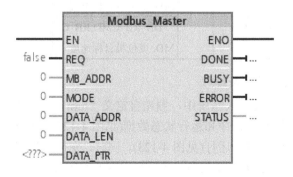

图 4-120 主机通信模块

表4-11　Modbus_Master 部分参数说明

序号	功能块 参数	Modbus_Master 说明
1	REQ	通信请求，需编辑触发条件
2	MB_ADDR	Modbus-RTU 站地址
3	MODE	模式选择 0：读取；1：写入
4	DATA_ADDR	访问的起始地址
5	DATA_LEN	数据长度(字为单位)
6	DATA_PTR	数据指针：指向要进行数据写入或数据读取的标记或数据块地址

表4-12　数　据　传　输

变位机(机器人↔PLC)		变位机(PLC 端)		变位机伺服
数值型变量	说明	数值型变量	说明	数值型变量
DB_PLC_STATUS.PLC_Send_Data.s.变位机状态	数据解析	DB_PLC_STATUS.PLC_Status.变位机状态	赋值	DB_变位机状态.伺服状态显示
DB_PLC_STATUS.PLC_Send_Data.变位机当前位置		DB_PLC_STATUS.PLC_Status.变位机当前位置	数值换算	DB_变位机状态.反馈位置
DB_PLC_STATUS.PLC_Send_Data.变位机当前速度		DB_PLC_STATUS.PLC_Status.变位机当前速度	赋值	DB_变位机状态.反馈速度
DB_RB_CMD.PLC_RCV_Data.变位机命令		DB_RB_CMD.RB_CMD.变位机命令	赋值	DB_变位机命令.伺服命令
DB_RB_CMD.PLC_RCV_Data.变位机目标位置		DB_RB_CMD.RB_CMD.变位机目标位置	数值换算	DB_变位机命令.目标位置
DB_RB_CMD.PLC_RCV_Data.变位机目标速度		DB_RB_CMD.RB_CMD.变位机目标速度	赋值	DB_变位机命令.目标速度

2. 机器人端接口及编程

在 ABB 工业机器人系统中，预先自定义"turn"数据类型(见图 4-121)，用于存储变位机运行指令和运行状态数据(见图 4-122)。变位机需要根据工业机器人系统发出的指令运行(见图 4-123)，同时，变位机也将运行的状态数据反馈给机器人系统(见图 4-124)。变位机回零的程序如图 4-125 所示。

图 4-121　"turn"数据类型

图 4-122　运行状态数据

图 4-123　机器人端命令下发

笔记

图 4-124　机器人端状态反馈

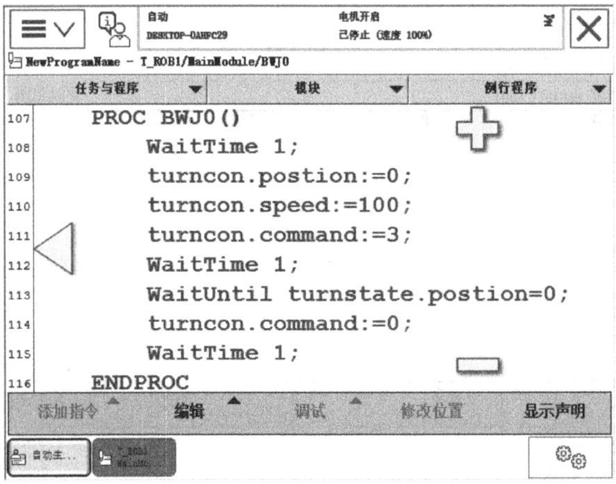

图 4-125　变位机回零

做一做：编写变位机转位 40°的程序。

三、ABB 弧焊机器人的通信

1. ABB 弧焊机器人与国产焊机总线通信

机器人与焊机之间，通常采用 I/O+模拟量的通信方式，通过 DI/DO 控制起弧、收弧，通过 AO 信号控制焊机的电流和电压。越来越多的焊机支持总线通信，如 ProFiNet、Ethernet/IP、DeviceNet 等。现以 ABB 机器人与国产奥太焊机基于 DeviceNet 通信设置为例进行介绍。

(1) 确认机器人系统有 DeviceNet 选项。依次进入控制面板→配置→主题中的 I/O，点击 DeviceNet Device，新建选项，如图 4-126 所示。模板选择 DeviceNet Generic Device，如图 4-127 所示。

图 4-126　点击 DeviceNet Device

图 4-127　模板选择 DeviceNet Generic Device

（2）根据奥太焊机提供的参数进行修改，其中奥太焊机 DeviceNet 默认地址为 5，如图 4-128 所示。

图 4-128　修改参数

(3) 进入 Signal 界面，根据奥太焊机定义，创建信号。所属 Device 选择刚创建的"ab6001"，如图 4-129 所示。

Name	Type of Signal	Assigned to Device	Signal I.	Device Mapping	Ca
aoAtCurr_ref	Analog Output	ab6001		32-47	
doAtWeldon	Digital Output	ab6001		0	
doAtRobReady	Digital Output	ab6001		1	
doAtFeedon	Digital Output	ab6001		9	
doAtFeedback	Digital Output	ab6001		10	
diAtPsOK	Digital Input	ab6001		8	
diAtArc_est	Digital Input	ab6001		0	
doAtGason	Digital Output	ab6001		8	
goAtJobNum	Group Output	ab6001		16-23	
goAtProg_Num	Group Output	ab6001		24-30	
qoAtWorkWode	Group Output	ab6001		2-4	

图 4-129　进入 Signal 界面

(4) 假设连接的为 500 型奥太焊机(最大电流为 500A)，创建控制电流模拟量 aoAtCurr_ref，其参数设置如图 4-130 所示。

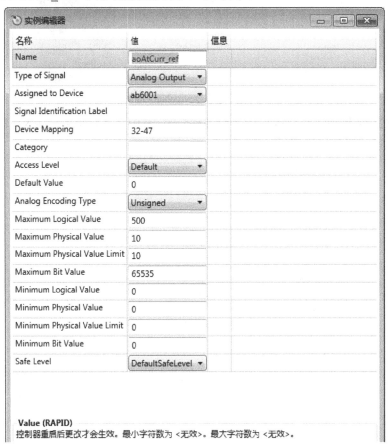

图 4-130　创建控制电流模拟量

(5) 设置控制电压模拟量 aoATVol_ref 参数(具体数据参考奥太焊机手册)，如图 4-131 所示。

(6) 依次进入配置→主题中的 Process，如图 4-132 所示。

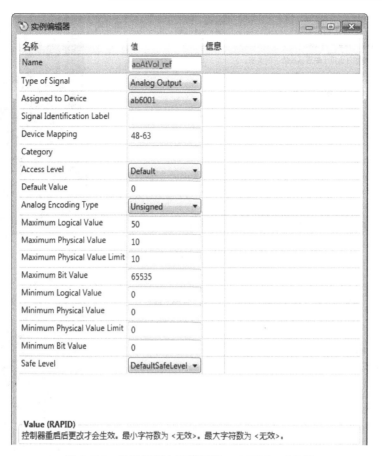

笔记

图 4-131　设置控制电压模拟量 aoATVol_ref 参数

图 4-132　依次进入配置→主题中的 Process

(7) 进入 Arc Equipment Analogue Outputs 界面，如图 4-133 所示。选择对应的电流、电压模拟量，如图 4-134 所示。

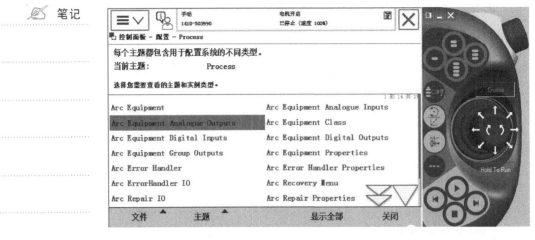

图 4-133　进入 Arc Equipment Analogue Outputs 界面

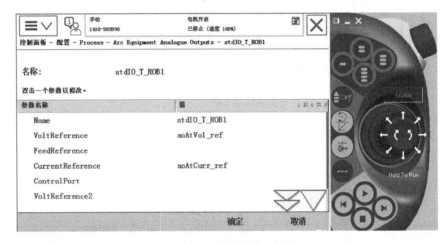

图 4-134　选择对应的电流、电压模拟量

(8) 设置 Arc Equipment Digital Outputs 和 Arc Equipment Digital Inputs 以及 Arc Equipment Group Outputs 参数，如图 4-135～图 4-137 所示。

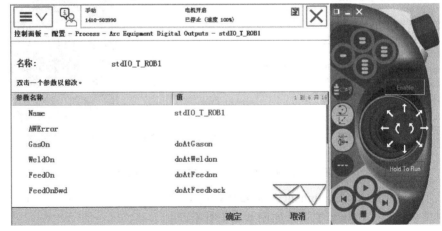

图 4-135　设置 Arc Equipment Digital Outputs 参数

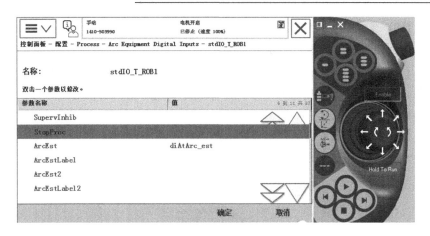

图 4-136　设置 Arc Equipment Digital Inputs 参数

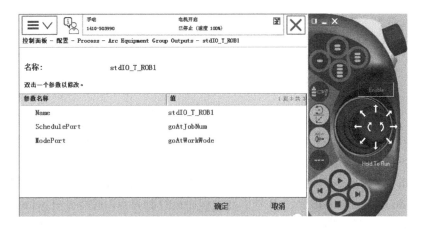

图 4-137　设置 Arc Equipment Group Outputs 参数

(9) 若要开启起弧、收弧参数，关闭回烧功能等，可进入 Arc Equipment Properties 界面进行设置，如图 4-138 所示。

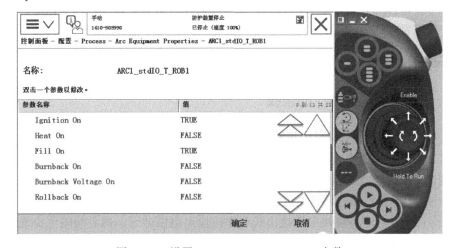

图 4-138　设置 Arc Equipment Properties 参数

✎ 笔记

(10) 参数设置完成后，重启机器人系统即可。

2. ABB 焊接机器人干涉区的建立

信号干涉区是指两台机器人之间的干涉区，某一台机器人具有绝对的优先权，即该机器人首先进入干涉区，作业完成之后另一台机器人才可以进入干涉区内工作。

图 4-139 所示为机器人干涉区示意图。在这里我们假设干涉区名为 interential，在初始状态下 A、B 两台机器人的程序运行 interential=on 指令。

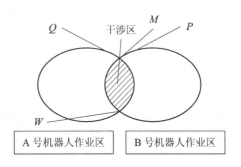

图 4-139 机器人干涉区示意图

在图中 A、B 两台机器人程序中 Q 和 P 两点马上要接近干涉区位置，为了使两机器人不能同时进入干涉区，所以 Q、P 两点均有 do interential=of 和 wite di=on 的指令。假设 A 号机器人具有绝对的优先权，到达 Q 点时程序先运行 do interential=of 指令。B 号机器人程序运行到 P 点时便停止在 wite di=on 指令，当 A 号机器人作业离开干涉区到达 W 点时，才运行 do interential=on 指令，此时 B 号机器人可以进行作业。

同理假设 B 机器人有绝对优先权，那么 B 号机器人运行到 W 时，程序也要运行 do interential=on 指令，A 号机器人才会继续作业。

干涉区不仅仅是两台机器人，如果周边还有其他机器人，因动作而产生干涉区都要进行设置。

📹 任务扩展

一、焊接电压检出线的接线

1. 单台焊接电源单工位焊接

在进行焊接电压检出线的接线作业时，务必严格遵守以下各项内容。否则焊接时焊丝飞溅量可能会增加。

(1) 焊接电压检出线应连接到尽可能靠近焊接处。

(2) 尽可能将焊接电压检出线与焊接输出电缆分开，两者间隔至少保持在 100 mm 以上。

(3) 焊接电压检出线的接线须避开焊接电流通路。

2. 单台焊接电源多工位焊接

图 4-140 所示为多工位焊接时焊接电压检出线的接线，采用多工位焊接时，将焊接电压检出线连接到距离焊接电源最远的工位。

📝 笔记

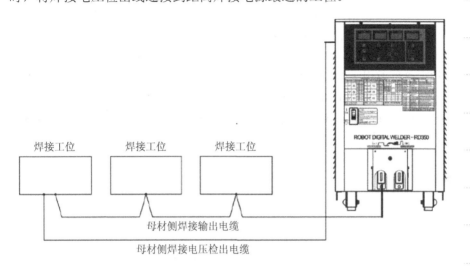

图 4-140 多工位焊接时焊接电压检出线的接线

3. 多台焊接电源单工位焊接

使用多台焊接电源进行焊接时，焊接电压检出线的接线如图 4-141 所示。将各自母材侧焊接输出电缆接至焊接工件附近。母材侧焊接电压检出线须避开焊接电流通路进行接线，尤其是焊接输出电缆 A 与焊接电压检出线 B、焊接输出电缆 B 与焊与电压检出线 A，至少保持 100 mm 的距离。

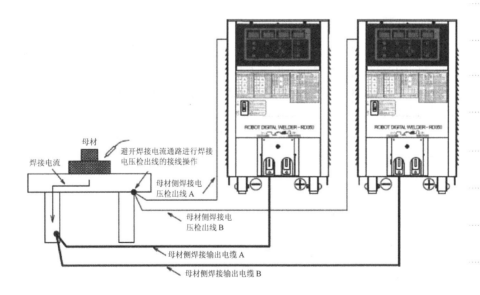

图 4-141 多台焊接电源焊接时焊接电压检出线的接线

✍ 笔记

二、应用选项

应用选项包括：633-1(用于弧焊)；635-1(用于点焊)；635-3(用于伺服点焊)；635-5(用于点焊伺服补偿)；641-1(分配)；642-1(用于抓取类 3)；642-2(用于抓取类 5)；675-1 RW(用于塑模)；875-1 RW(用于压铸)；661-2(用于基础力反馈)；877-1(用于 FC GUI 机加力反馈)；635-1 Spot(用于连续的一个或几个气动枪焊接)；635-3 Spot Servo(用于连续的一个或几个伺服枪焊接)；635-5 Spot Servo Equalizing(用于伺服补偿功能，根据焊枪实际位置嵌入在现场加工过程的软件中)。

🎥 任务巩固

一、填空题

(1) 用于焊接的工业机器人一般有＿＿＿到＿＿＿个自由运动轴，在末端夹持焊枪，可按照程序要求的轨迹和速度进行移动。

(2) 机器人焊枪按照冷却方式分为＿＿＿冷型和＿＿＿冷型；按照安装方式可分为＿＿＿置式焊枪系统和＿＿＿置式焊枪系统。

(3) 送丝机由焊丝送进电动机、＿＿＿、开关电磁阀和＿＿＿等构成。

(4) 送丝管是集＿＿＿、导电、＿＿＿和＿＿＿为一体的输送设备。

(5) 焊枪夹紧机构主要有＿＿＿夹块、＿＿＿块夹紧方式。

(6) 焊接生产车间的排烟除尘装置主要＿＿＿排烟除尘系统和＿＿＿排烟除尘机两种。

二、判断题

(　　) (1) 电源融合技术是最近发展的技术，它是打破焊接电源和机器人两者间的壁垒而出现的专用机器人技术。

(　　) (2) 目前国内保护气体的供应方式主要有瓶装供气和管道供气两种，但以管道供气为主。

(　　) (3) 二氧化碳气瓶瓶体颜色为铝白色，字体为黑色。

三、简答题

(1) 弧焊工业机器人工作站由哪几部分组成？

(2) 简述焊接电源的种类？

(3) 简述焊枪的种类？

(4) 简述焊枪清理装置的种类？

四、技能题

根据实际情况对一种弧焊工业机器人工作站进行集成。

操作与应用

工 作 单

姓　名		工作名称	焊接工业机器人工业站的集成
班　级		小组成员	
指导教师		分工内容	
计划用时		实施地点	
完成日期		备　注	

工 作 准 备		
资　料	工　具	设　备
1. 点焊工业机器人工作站与弧焊工业机器人工作站的电路图 2. 焊接工业机器人工作站的气路图 3. 接线图	电气连接工具	1. 工业机器人工作站(已经安装好)
1. PLC说明书 2. 焊接工业机器人工作站说明书	1.PLC手持编程器 2.电脑(装有相关软件)	2. 焊钳与焊枪等元件 3. 传感器等

工作内容与实施	
工作内容	实　施
1. 举例说明点焊工业机器人工作站的组成	
2. 举例说明弧焊工业机器人工作站的组成	
3. 举例说明焊钳的种类	
4. 举例说明防碰传感器的安装要点	
5. 对右图所示工作站进行基本操作	
6. 完成右图所示工作站的安装与调试	
注：可根据实际情况选用不同的机器人工作站	弧焊工业机器人工作站

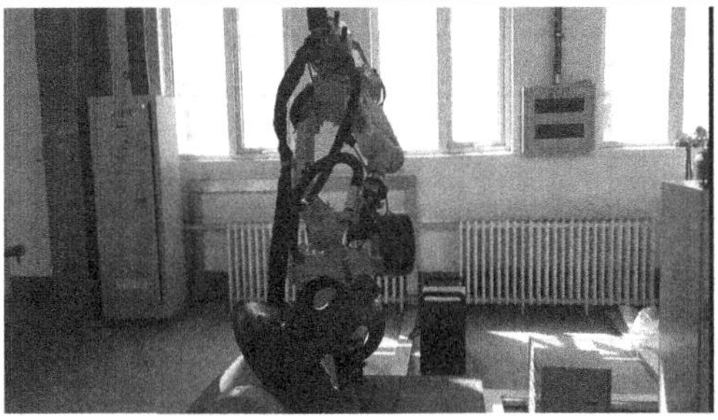

✍ 笔记

工 作 评 价

	评 价 内 容				
	完成的质量 (60分)	技能提升能力 (20分)	知识掌握能力 (10分)	团队合作 (10分)	备注
自我评价					
小组评价					
教师评价					

1. 自我评价

序号	评 价 项 目	是	否
1	是否明确人员的职责		
2	能否按时完成工作任务的准备部分		
3	工作着装是否规范		
4	是否主动参与工作现场的清洁和整理工作		
5	是否主动帮助同学		
6	是否正确检查了工作站与变位机的安装		
7	是否正确完成了变位机的PLC控制		
8	是否正确完成了工业机器人的电气安装与调试		
9	是否完成了清洁工具和维护工具的摆放		
10	是否执行6S规定		
评价人		分数		时间	年 月 日

2. 小组评价

序号	评 价 项 目	评 价 情 况
1	与其他同学的沟通是否顺畅	
2	是否尊重他人	
3	工作态度是否积极主动	
4	是否服从教师的安排	
5	着装是否符合标准	
6	能否正确地理解他人提出的问题	
7	能否按照安全和规范的规程操作	
8	能否保持工作环境的干净整洁	
9	是否遵守工作场所的规章制度	
10	是否有工作岗位的责任心	

续表

序号	评 价 项 目	评 价 情 况
11	是否全勤	
12	能否正确对待肯定和否定的意见	
13	团队工作中的表现如何	
14	是否达到任务目标	
15	存在的问题和建议	

3. 教师评价

课程	工业机器人工作站的集成	工作名称	焊接工业机器人工业站的集成	完成地点	
姓名		小组成员			
序号	项目		分值	得分	
1	简答题		20		
2	正确检查工业机器人工作站变位机的安装与调试		40		
3	正确进行工作站的安装与调试		20		
4	PLC信号的定义与调试		20		

自 学 报 告

自学任务	FAUC、KUKA等焊接工业机器人工作站的集成
自学内容	
收获	
存在问题	
改进措施	
总结	

模块五

轻型加工与喷涂工业机器人
工作站的集成

任务一　轻型加工工业机器人工作站的集成

📹 任务导入

　　随着加工行业的发展，工业机器人在加工行业中的应用也得到了进一步的发展。图 5-1 所示为工业机器人进行机械加工的画面。

激光切割

雕刻

自动化打孔

(a) 激光切割

(b) 雕刻

(c) 自动化打孔

(d) 去毛刺(打磨)

去毛刺

(e) 数控加工

图 5-1 工业机器人进行机械加工的画面

数控加工

进行机械加工的工业机器人具有加工能力,主要用于切割、去毛刺、抛光与雕刻等轻型加工。其本身具有加工工具,比如刀具等。刀具的运动是由工业机器人的控制系统控制的。这类工业机器人有的已经具有加工中心的某些特性,如刀库等。图 5-1(b)所示的雕刻工业机器人的刀库如图 5-2 所示。不同的工业机器人工作站,其刀库与刀具的装置是有差异的。常用刀库与工业机器人末端法兰连接器如图 5-3 所示。

本任务以打磨工业机器人工作站的集成为例进行介绍。

图 5-2 雕刻工业机器人的刀库

课程思政

三大攻坚战
防范、化解
重大风险
精准脱贫
污染防治

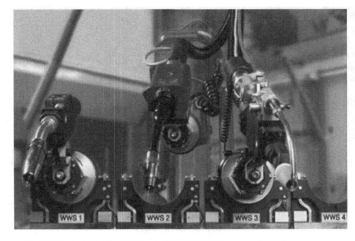

(a) 工具快换刀库

(b) 机器人末端法兰连接器　　　　(c) 主侧　　　　(d) 工具侧

图 5-3　常用刀库与工业机器人末端法兰连接器

🎥 **任务目标**

知 识 目 标	能 力 目 标
1. 掌握轻型加工工业机器人工作站的组成 2. 了解常用的轻型加工工具 3. 掌握信号设置方法 4. 掌握独立轴设置及使用	1. 能安装工业机器人末端执行器并对其进行调整 2. 能安装工业机器人系统(打磨抛光),并能安装工业机器人末端浮动打磨头 3. 能安装工业机器人周边砂带打磨抛光附属设备 4. 能按照操作手册的安全规范要求,对安装后的工作站进行安全装置(如安全光栅、安全门等)的功能检查

带领学生到工业机器人旁边介绍,但应注意安全。

🎥 **任务准备**

打磨工业机器人工作站的组成

　　打磨工业机器人工作站如图 5-4 所示,它的主要设备包括机器人本体、机器人底座、打磨工具、法兰盘、电气控制柜、气瓶、工作台、工件夹具等,另外,还包括除尘器、空压机、防护装置等。空压机的构成如图 5-5 所示,其元件如表 5-1 所示。其他周边设备如图 5-6 所示。砂带机主要结构见图 5-7，抛光机主要结构见图 5-8，除尘组件结构见图 5-9。

图 5-4 打磨工业机器人工作站

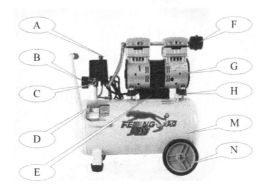

图 5-5 空压机的构成

查一查：其他轻型加工工业机器人工作站的组成。

表 5-1 空压机元件

序号	名称	说　明
A	开关	简易开关，方便使用。按下为关，拔上为开
B	压力表	空压机在使用时，须注意气压表显示，确保内部气压充足
C	排气阀	全铜球阀型排气阀，安全方便
D	机身参数	空压机的最大气压、重量、型号等参数
E	电容	电机启动电容
F	进气过滤器	过滤进气口空气、也用作消声器，消除噪声
G	全铜电机	不过热、支力强劲
H	减震脚垫	电机工作时，减少对储气罐的震动
M	储气罐	可存储一定量的空气，方便使用
N	方向机轮	方便拖动或移动空压机

✍ 笔记

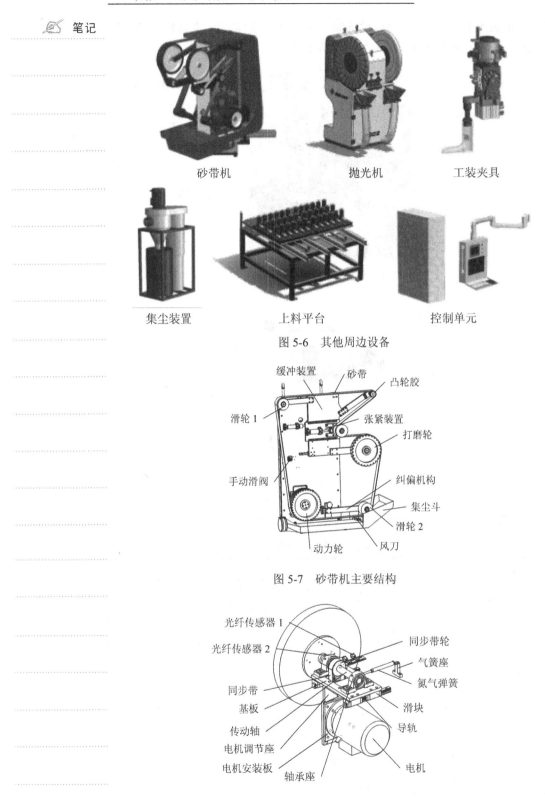

砂带机   抛光机   工装夹具

集尘装置   上料平台   控制单元

图 5-6   其他周边设备

缓冲装置   砂带   凸轮胶

滑轮 1   张紧装置   打磨轮

手动滑阀   纠偏机构   集尘斗   滑轮 2

动力轮   风刀

图 5-7   砂带机主要结构

光纤传感器 1   同步带轮   气簧座

光纤传感器 2   氮气弹簧

同步带   滑块

基板   导轨

传动轴   电机

电机调节座

电机安装板   轴承座

图 5-8   抛光机主要结构

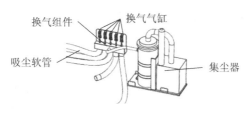

图 5-9 除尘组件结构

让学生进行操作。

任务实施

打磨工业机器人工作站的集成

一、设备

1. 工业机器人

根据实际打磨工业机器人工作站的要求，现选用 ABB 公司的 IRB1410 型工业机器人，控制系统选用 IRC5 控制柜，如图 5-10 所示。

(a) IRB 1410　　　　(b) IRC 5 控制柜　　　　(c) 示教器

图 5-10 机器人

工匠精神

挫折教育

敬业精神

团队精神

规则意识

看一看：其他打磨工业机器人的型号与参数。

2. 打磨工具

(1) 径向浮动工具。

径向浮动工具是工业机器人实现打磨加工的末端执行器，其主轴高速旋转运动并由压缩空气提供动力。它具有径向浮动功能，浮动量为±8 mm。其转速最高可达 40 000 r/min，质量为 1.2 kg，正常工作气压为 6.2×10^5 Pa。径向浮动工具如图 5-11(a)所示。

(2) 轴向浮动工具。

轴向浮动工具也是工业机器人实现打磨加工的末端执行器，其主轴高速旋转运动并由压缩空气提供动力。它具有轴向浮动功能，浮动量为±7.5 mm。

其转速最高可达 5600 r/min，质量为 3.3 kg，正常工作气压为 6.2×10^5 Pa。轴向浮动工具如图 5-11(b)所示。

(a) 径向浮动工具   (b) 轴向浮动工具

图 5-11 加工工具

3. 电气控制柜

电气控制柜内主要包括工作站总电源开关、工业机器人电源开关、除尘器电源开关、稳压电源开关、空气处理装置和气压调节装置。空气处理装置的主要功能是过滤从气泵处理的压缩空气中的油和水；气压调节装置即为精密调压阀，用于调节气压的大小，以控制径向浮动工具所需要的动力大小。使用空气处理装置时，压力调到 0.7～0.8 MPa 范围内，精密调压阀压力调节到 0.15 MPa 左右。

4. 除尘器

除尘器的主要功能是除去机器人在打磨过程中产生的毛刺屑，以防止毛刺飞溅到眼中，如图 5-12 所示。除尘器的开启和停止通过两个开关实现，其中一个为闭合开关，另一个为断开开关。

5. 静音无油空压机

静音无油空压机的主要功能是向高速旋转的打磨工具提供压缩空气动力。静音无油空压机实物如图 5-13 所示。

图 5-12 除尘器   图 5-13 静音无油空压机

二、电路的连接

电路的连接包括以下几种连接：

(1) 主回路的连接(见图 5-14)。

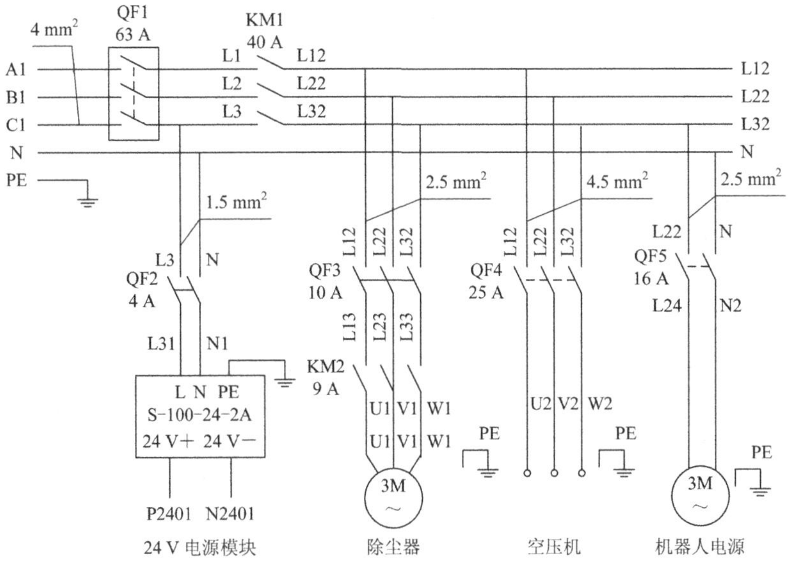

图 5-14　主回路的连接

(2) 控制回路的连接(见图 5-15)。

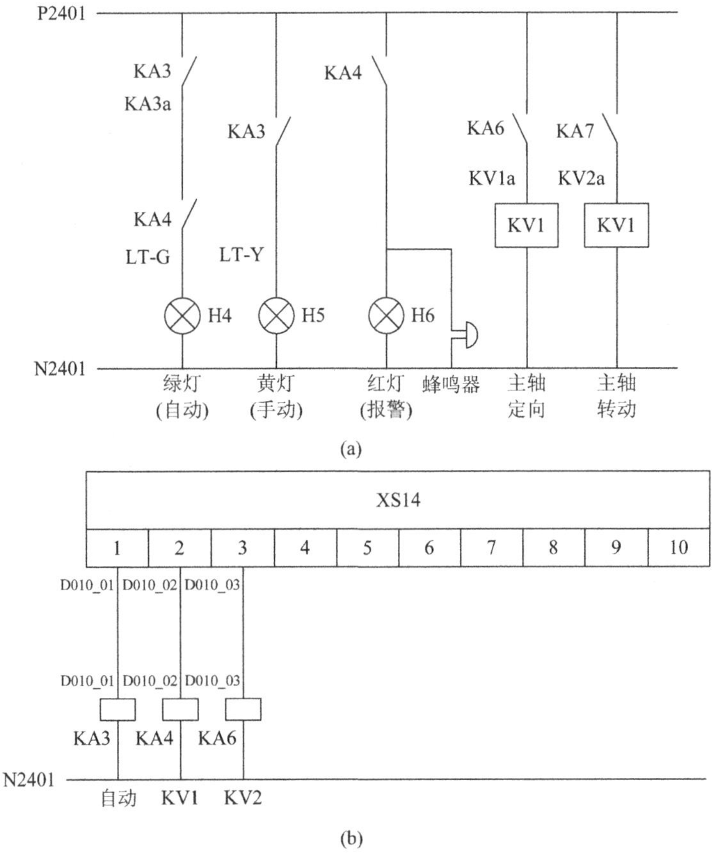

图 5-15　控制回路的连接

笔记

企业文化

服务质量三境界

让顾客满意

让顾客惊喜

让顾客感动

✑ 笔记

(3) 防护回路的连接(见图 5-16)。

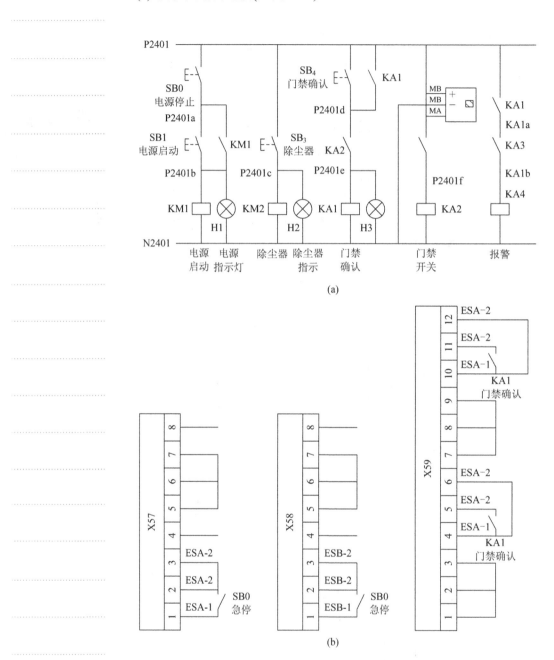

图 5-16 防护回路的连接

(4) 气路的连接(见图 5-17)。

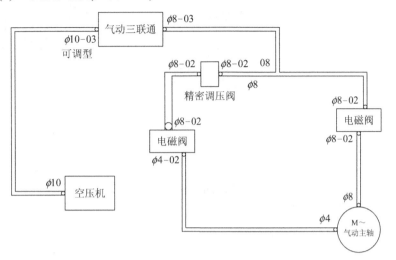

图 5-17　气路的连接

三、信号设置

打磨工业机器人工作站机器人控制器设置的通信 I/O 模块型号为 DSQC625，与通信 I/O 模块连接的外部设备包括打磨工具(轴向与径向)、气缸(两个)、除尘器、蜂鸣器、安全光栅等。打磨工业机器人工作站信号设置如表 5-2 所示。

表 5-2　打磨工业机器人工作站信号设置

信号	设置	说　明	设置	说　明
do1	1	径向浮动工具的主轴转动	0	主轴停
do2	1	径向浮动工具的浮动方向控制打开	0	控制关闭
do3	1	除尘器开启	0	除尘器关闭
do4	1	夹具供气开	0	夹具供气关
do5	1	若 do4 为 1 则气缸夹紧工具	0	若 do4 为 1 则气缸松开工具
do6	1	系统模式状态为自动模式	0	系统模式状态为手动模式
do7	1	安全光栅开启检测	0	安全光栅关闭检测

四、打磨工业机器人工作站的通信编程

打磨工业机器人工作站的通信总缆如图 5-18 所示。

图 5-18 通信总览

1. 打磨工业机器人工作站的通信编程

(1) 工业机器人端通信程序如下:

VAR socketdev Socket_Polish;定义变量 Socket_Polish,它属于 socketdev 数据类型。

```
PROC SendPolishpara()
        SocketClose Socket_Polish;          关闭套接字
        WaitTime 1;
        SocketCreate Socket_Polish;          创建套接字
        SocketConnect Socket_Polish,"192.168.0.1",2000\Time:=30;
                                      连接远程计算机
        WaitTime 1;
        SocketSend Socket_Polish\Data:=Polishpara;    向远程计算机发送数据
        WaitTime 1;
        SocketClose Socket_Polish;    关闭套接字
    ENDPROC
```

(2) 打磨参数赋值程序如下:

```
PROC FPolishpara(num PolishOn,num PolishSpeed)
        Polishpara{1}:=PolishOn;          打磨电源开启
        Polishpara{2}:=PolishSpeed;          打磨速度
        SendPolishpara;
        WaitTime 0.5;
        ReceiveState;
    ENDPROC
    VAR num Stateback{2}:=[0,0];
    PROC ReceiveState()
        SocketClose Socket_Polish;
        WaitTime 1;
        SocketCreate Socket_Polish;
        SocketConnect Socket_Polish,"192.168.0.1",2000\Time:=30;
```

WaitTime 1;

SocketReceive Socket_Polish\Data:=Stateback\Time:=20;

WaitTime 1;

SocketClose Socket_Polish;

ENDPROC

2. PLC 端通信程序

PLC 端通信程序见图 5-19~图 5-24。

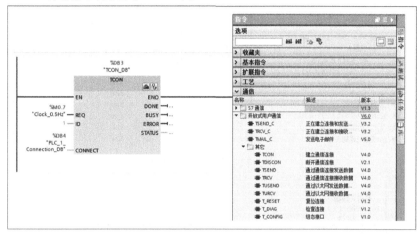

图 5-19 通信

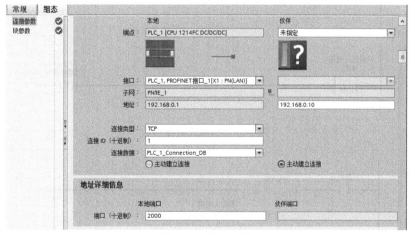

图 5-20 连接参数

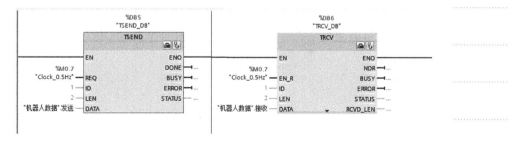

图 5-21 机器人数据 DATA

笔记

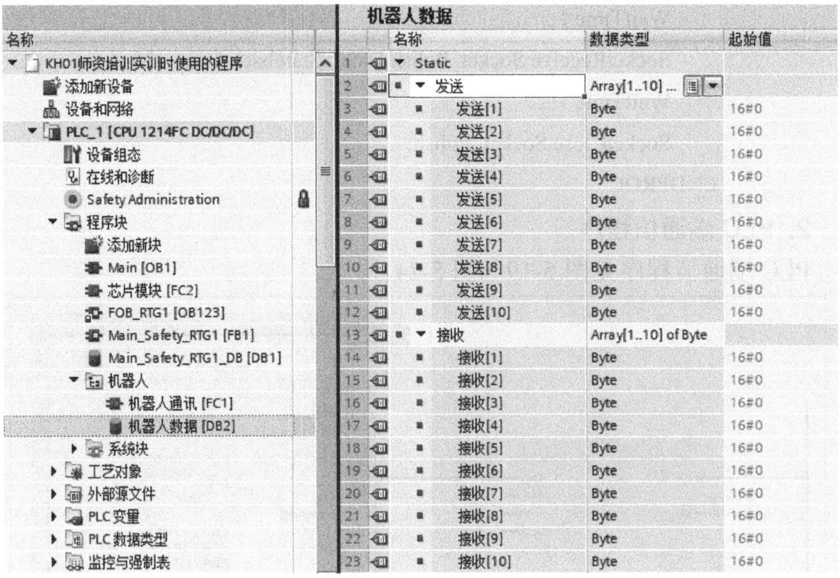

图 5-22　机器人数据 DB2

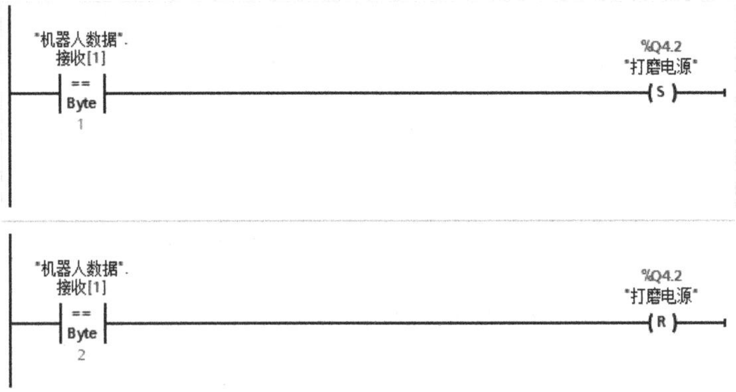

图 5-23　机器人数据接收

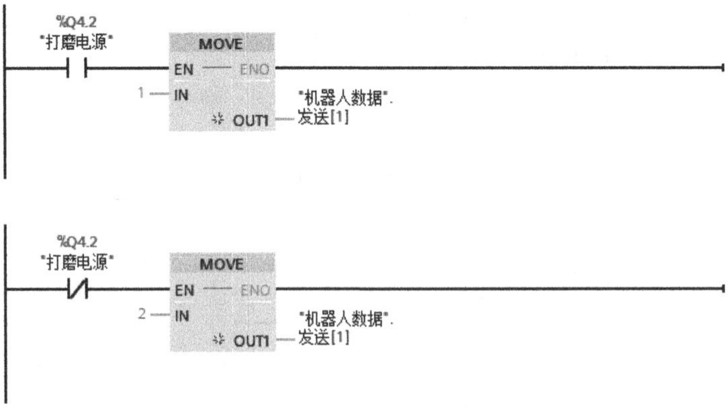

图 5-24　机器人数据发送

五、安全锁与安全继电器

1. 安全锁

安全锁如图 5-25 所示，它与安全门组成了一套安全锁定装置。它是一种可靠的防护设备，可防止人员进入危险区域，并在设备自动运行和设备维护维修时保护作业人员。

图 5-25　安全锁

2. 安全继电器

安全继电器如图 5-26 所示，它是一个安全回路中必需的控制部分。它先接收安全输入信号，然后通过内部回路的判断，最终确定输出开关信号并输送到设备的控制回路中。

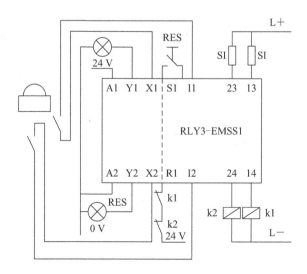

图 5-26　安全继电器

六、PLC 程序设计

PLC 程序设计如下：

(1) 网络 1：扫描周期初始化程序，如图 5-27 所示。

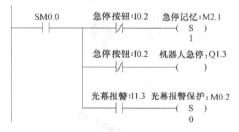

图 5-27　网络 1

(2) 网络 2：急停和光幕报警程序，如图 5-28 所示。

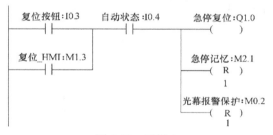

图 5-28　网络 2

(3) 网络 3：准备就绪程序，如图 5-29 所示。

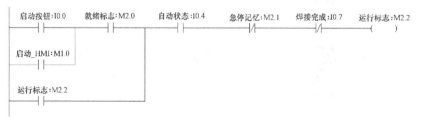

图 5-29　网络 3

(4) 网络 4：设备复位程序，如图 5-30 所示。

图 5-30　网络 4

(5) 网络 5：系统运行程序设计，如图 5-31 所示。

图 5-31　网络 5

(6) 网络 6：机器人伺服电机使能，使能后机器人程序开始执行，如图 5-32 所示。 ✍ 笔记

图 5-32　网络 6

(7) 网络 7：电机使能开始 I0.5=ON，否则是脉冲信号，如图 5-33 所示。

图 5-33　网络 7

(8) 网络 8：安全光幕动作后或有暂停命令时，机器人都将暂停，如图 5-34 所示。

图 5-34　网络 8

(9) 网络 9：有急停或光幕动作时，红色警示灯以 1Hz 的频率闪烁，如图 5-35 所示。

图 5-35　网络 9

(10) 网络 10：当系统未运行但系统就绪时，或系统运行时，黄色警示灯

常亮，如图 5-36 所示。

图 5-36　网络 10

(11) 网络 11：暂停记忆程序，如图 5-37 所示。

图 5-37　网络 11

(12) 网络 12：若系统运行时暂停，绿色警示灯以 1 Hz 的频率闪烁；若系统运行时没有暂停，绿色警示灯常亮，如图 5-38 所示。

图 5-38　网络 12

七、独立轴设置及使用

(1) 工业机器人如有打磨工艺，则打磨工业机器人工作站可以省去打磨电机，打磨直接由轴 A6 驱动。因为理论上轴 A6 可以无限旋转，或者变位机某一轴可以无限循环。

(2) 轴 A6 要无限旋转，工业机器人需要有 610-1 Independent Axis 选项，如图 5-39 所示。

(3) 依次点击控制面板→配置→Motion→Arm，找到 robl 6，修改其上下限和 Independent Joint，如图 5-40 所示。然后重启工业机器人系统。

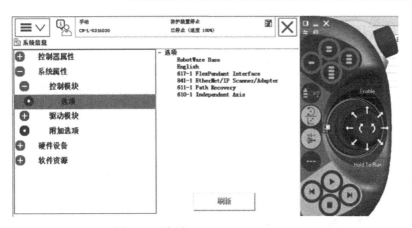

图 5-39　选项 610-1Independent Axis

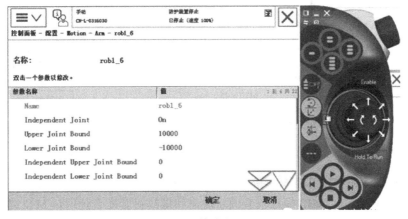

图 5-40　修改上下限

做一做：编写打磨工业机器人的程序。

任务扩展

工业机器人工具快换系统的日常维护与保养

不同的工具快换系统虽有异，但其结构与维护相差不大。图 5-41 所示为某型号的工具快换系统，其维护与保养方式如下。

图 5-41　某型号工具快换系统

一、检查固定螺栓

如图 5-42 所示，换枪盘的安装分为两部分。

第一部分由换枪盘厂家集成安装，出厂时按照扭矩要求固定好。

第二部分由供应商将整套换枪盘设备与机器人、工具集成安装，安装时涂抹螺纹紧固胶，并按照扭矩要求拧紧。

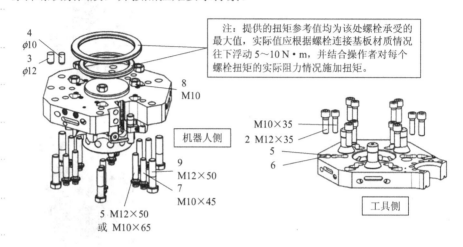

注：提供的扭矩参考值均为该处螺栓承受的最大值，实际值应根据螺栓连接基板材质情况往下浮动 5～10 N·m，并结合操作者对每个螺栓扭矩的实际阻力情况施加扭矩。

图 5-42　换枪盘

机器人侧换枪盘在分度圆 ϕ125 和 ϕ160 安装时扭矩：M10 螺栓的最大扭矩为 65 N·m (M10 螺栓安装固定时需和螺纹衬套配合使用)；M12 螺栓的最大扭矩为 110 N·m。

工具侧换枪盘在分度圆 ϕ125 和 ϕ160 安装时扭矩：供应商需配合工具侧基座材质进行扭矩值确认，若为史陶比尔换枪盘转接法兰盘，建议的最大扭矩值为 80 N·m。

检查周期：每月或者每 50 000 次插拔检查一次所有螺栓，确保固定螺栓无松动，且扭矩正确；发现松动的螺栓请按要求紧固。

二、检查水气接头

史陶比尔换枪盘配备的 SPM12 接头要求水质颗粒不大于 100 μm。水质颗粒过大不仅影响循环水流量，还会造成 SPM12 接头内的密封圈因密封不严出现渗水现象，降低接头的使用寿命。

SPM12 接头渗水时，并不绝对意味着接头损坏，若接头外观没有损伤或形变，且接头密封圈未破损，则通过清洁接头能使其重复利用，请参考如下内容操作。

1. 拆解并清洁工具侧 SPM12 接头

(1) 拆除安装在水接头固定板上的螺栓和挡条，取下接头，如图 5-43 所示。

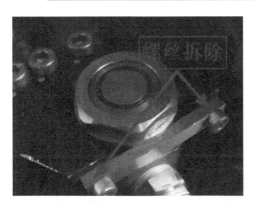

图 5-43　取下接头

(2) 用 M38 套筒(或扳手)旋出接头，将接头拆分为两部分，如图 5-44 所示。

图 5-44　拆分接头

(3) 使用相匹配的"一"字螺丝刀，顺时针旋开接头背面的固定螺丝(左旋螺纹)，如图 5-45 所示。

图 5-45　旋开固定螺丝

注意：螺丝刀的大小和厚度应与螺丝(铜材质螺丝，硬度小于钢材质螺丝)相匹配。螺丝旋开后，接头内部分离。

(4) 取出弹簧、密封套及连接头，如图 5-46 所示。

(5) 用清水清洗接头内部，清除接头内部异物，并用清洁布擦拭密封圈，然后涂抹油脂，最后进行复位安装。如接头内部无法清洁，且密封受损，建议直接更换新接头。

图 5-46　取出物件

2. 拆解并清洁机器人侧 SPM12 接头

(1) 参考工具侧接头拆解方法，将机器人侧 SPM12 接头拆解成两部分。使用"一"字螺丝刀将五边卡簧取出，如图 5-47 所示。

图 5-47　取出五边卡簧

(2) 依次取出卡环、挡片、弹簧和密封头，如图 5-48 所示。

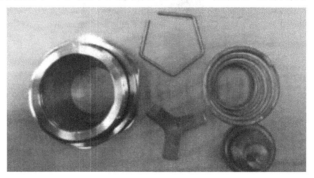

图 5-48　取出物件

（3）如图 5-49 所示，用清水清洗接头内部，清除接头内部异物，并用清洁布擦拭密封圈，然后涂抹油脂，最后进行复位安装。如接头内部无法清洁，且密封受损，建议直接更换新接头。

笔记

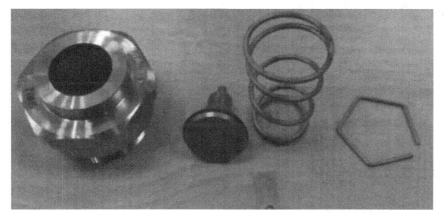

图 5-49　清洁接头内部物件

3. SPM12 接头清洁后的组装

（1）请参考 SPM12 接头拆解方法组装接头。

（2）接头与铜套的安装扭矩约为 40 N·m。

（3）铜套与螺纹处接头连接，请使用管螺纹密封胶。

备注：对 SPM12 接头进行日常保养时，需进行清洁并做润滑处理。

检查周期：建议每周清洁一次，并涂抹润滑脂(可根据生产情况，制定相应计划)。

三、清洁插针

通信模块的信号传输和电源模块的电力传输，都依赖于插针的稳定连接。因此定期清洁插针结合面的灰尘及异物很有必要。日常可使用电子清洁剂和清洁布对公针表面进行清洁；对于母针内部手无法触及的部位，可借助吹尘枪进行清洁。

注意：史陶比尔插针连接采用表带触指技术，如图 5-50 所示，该插针连接时具有自清洁功能。

工匠精神

工匠精神，让社会少一些浮躁，多一点沉淀。

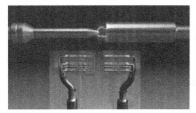

图 5-50　表带触指技术

✍ 笔记 检查周期：建议每周清洁一次，发现插针磨损严重请及时更换(客户可根据生产情况，制定相应计划)。

四、检查传感器及线缆

(1) 目测各传感器及传感器连接电缆有无损坏。

(2) 检查各线缆接头有无松动，线缆捆扎是否牢固，是否存在相互干涉与拉扯。

(3) 检查换枪盘周边模块是否损坏。

检查周期：建议每月检查一次。

五、连接盘(换枪盘)的保养

1. 换枪盘润滑保养

检查周期：每周或者每 10 000 次插拔后进行润滑保养(可根据生产情况，制定相应计划)。

换枪盘润滑脂推荐 G47(型号：R60000047，规格为 1 kg；型号：R60000048，规格为 100 g)。

2. 换枪盘校准

工厂经验：换枪盘是否需要进行校准的判断方法一是通过肉眼观察换枪盘机械连接部位的磨损情况并进行判断；二是机器人低速运行状态下耦合换枪盘，通过手触摸工具，感受工具的振动情况并进行判断。

1) 安装工具

安装校准工具，具体步骤参考图 5-51。

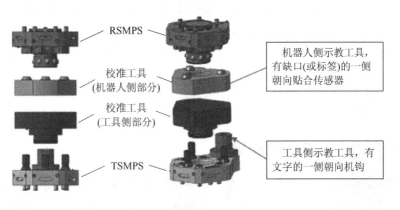

图 5-51　步骤

2) 定位

通过校准工具自带的两颗定位销将停靠站浮动机构进行定位，如图 5-52所示。

笔记

企业文化

四个相关方满意
投资者满意
客户满意
雇员满意
社会满意

图 5-52　定位

3) 校准

(1) 慢慢调整工业机器人的位置，使其对准工具端。

(2) Z 轴方向对准。外围使用直尺或类似工具通过目视方式检查。

(3) XY 平面的对齐可使用塞尺帮助对齐。

(4) 保存示教位置。

注意：校准后，必须将刚才插入的两颗定位销从浮动机构拔出。

六、维护保养注意事项

(1) 换枪盘维护保养前，需先将工具拆卸并放至停靠站，然后将工业机器人移动至维修位，切勿在换枪盘耦合状态下维护保养设备。

(2) 换枪盘设备需关闭电源后，再进行相关维护保养工作。

(3) 如果必须带电作业，例如进行功能检查或故障查找时，必须极其小心，并且只能使用耐电压的工具。

(4) 维护保养须佩戴防护工具，如安全帽、防护手套、护目镜等。

任务巩固

一、填空题

(1) 打磨工业机器人工作站的打磨工具有＿＿＿＿浮动工具与＿＿＿＿浮动工具两种。

(2) 静音无油空压机的主要功能是向高速旋转的径向浮动工具提供＿＿＿＿。

(3) 除尘器的主要功能是用于除去工业机器人打磨过程中产生的＿＿＿＿。

二、简答题

简述打磨工业机器人工作站的组成。

三、技能题

根据实际情况对打磨工业机器人工作站进行集成或拆装。

任务二　喷涂工业机器人工作站的集成

📹 任务导入

由于喷涂工序中雾状漆料对人体有危害，喷涂环境中照明、通风等条件很差，而且不易从根本上得到改善，因此在这个领域中大量使用了喷涂机器人，如图 5-53 所示。使用喷涂机器人不仅可以改善劳动条件，而且还可以提高产品的产量和质量，降低成本。

喷涂

图 5-53　喷涂机器人

📹 任务目标

知 识 目 标	能 力 目 标
1. 了解喷涂机器人的分类	1. 能正确安装工业机器人的喷枪
2. 掌握喷涂机器人工作站的组成	2. 能正确连接、检测工业机器人电气控制柜线路
3. 了解螺旋胶喷涂胶枪结构	3. 能识读电气线路图，选择电气元件并识别安装位置

多媒体教学

教师可上网查询或自己制作多媒体。

📹 任务准备

一、喷涂机器人的分类

1. 按照手腕结构划分

目前，国内外的喷涂机器人大多数仍采取与通用工业机器人相似的五或六自由度串联关节式机器人，并在其末端加装自动喷枪。按照手腕结构划分，喷涂机器人应用中较为普遍的主要有两种：球型手腕喷涂机器人和非球型手腕喷涂机器人，如图 5-54 所示。

 笔记

课程思政

重大战略任务
坚持和完善中国特色社会主义制度、推进国家治理体系和治理能力现代化

　(a) 球型手腕喷涂机器人　　　(b) 非球型手腕喷涂机器人

图 5-54　喷涂机器人分类

1) 球型手腕喷涂机器人

　　球型手腕喷涂机器人与通用工业机器人的手腕结构类似，手腕三个关节轴线相交于一点，即目前绝大多数商用机器人所采用的 Bendix 手腕，如图 5-55 所示。该手腕结构能够保证机器人运动学逆解具有解析解，便于离线编程的控制，但是由于其腕部第二关节不能实现 360°周转，故机器人的工作空间相对较小。球型手腕喷涂机器人多为紧凑型结构，其工作半径多在 0.7～1.2 m，多用于小型工件的喷涂。

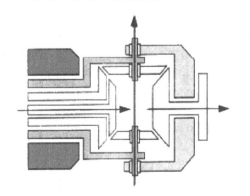

　　(a) Bendix 手腕结构　　　(b) 采用 Bendix 手腕结构的喷涂机器人

图 5-55　Bendix 手腕结构及喷涂机器人

2) 非球型手腕喷涂机器人

非球型手腕喷涂机器人，其手腕的 3 个轴线并非如球型手腕机器人一样

✍ 笔记

相交于一点，而是相交于两点。非球型手腕机器人相对于球型手腕机器人来说更适合于喷涂作业。该喷涂机器人每个腕关节的转动角度都能达到360°以上，手腕灵活性强，机器人的工作空间较大，特别适合复杂曲面及狭小空间内的喷涂作业。但非球型手腕由于其运动学逆解没有解析解，增大了机器人控制的难度，难以实现离线编程控制。

非球型手腕根据相邻轴线的位置关系又可分为正交非球型手腕和斜交非球型手腕两种形式，如图 5-56 所示。Comau SMART-3 S 型机器人所采用的即为图 5-56(a)所示的正交非球型手腕，其相邻轴线夹角为 90°；而 FANUC P-250iA 型机器人的手腕相邻两轴线不垂直，而是呈一定的角度，即斜交非球型手腕，如图 5-56(b)所示。

(a) 正交非球型手腕 (b) 斜交非球型手腕

图 5-56 非球型手腕喷涂机器人

现今应用的喷涂机器人中很少采用正交非球型手腕，主要是因为其相邻腕关节彼此垂直，从手腕中穿过的管路容易出现弯折、堵塞甚至折断。相反，斜交非球型手腕若做成中空的，各管线从中穿过，并直接连接到末端高转速旋杯喷枪上，在作业过程中内部管线较为柔顺，故被各大厂商所采用。

2. 按驱动方式分类

1) 液压喷涂机器人

喷涂机器人的结构一般为六轴多关节型，图 5-57 所示为一典型的六轴多关节型液压喷涂机器人。它由机器人本体、控制装置和液压系统组成。手部采用柔性手腕结构，可绕臂的中心轴沿任意方向弯曲，而且在任意弯曲状态下可绕腕中心轴扭转。由于液压喷涂机器人的腕部不存在奇异位，所以它能喷涂形态复杂的工件并具有很高的生产效率。

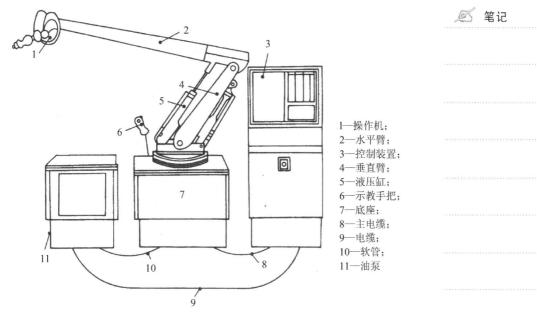

1—操作机；
2—水平臂；
3—控制装置；
4—垂直臂；
5—液压缸；
6—示教手把；
7—底座；
8—主电缆；
9—电缆；
10—软管；
11—油泵

图 5-57　六轴多关节型液压喷涂机器人系统

2) 电动喷涂机器人

现阶段，电动喷涂机器人多采用耐压或内压防爆结构，限定在 1 类危险环境(在通常条件下有生成危险气体介质之虞)和 2 类危险环境(在异常条件下有生成危险气体介质之虞)下使用。

电动喷涂机器人采用所谓的内压防塌方式，即指往电气箱中人为地注入高压气体(比易爆危险气体介质的压力高)。在此基础上，如再采用无火花交流电机和无刷旋转变压器，则可组成安全性更好的防爆系统。为了保证绝对安全，电气箱内装有监视压力状态的压力传感器，一旦压力降到设定值以下，它便立即感应并切断电源，停止机器人工作。

图 5-58 所示的喷涂系统由两台电动喷涂工业机器人及其周边设备组成。喷涂动作在静止状态示教，再现时，机器人可根据传送带的信号实时地进行坐标变换，一边跟踪被喷涂工件，一边完成喷涂作业。由于机器人具有与传送带同步的功能，因此当传送带的速度发生变化时，喷枪相对工件的速度仍能保持不变，即使传送带停下来，也可正常地继续喷涂作业直至完工，所以涂层质量能够得到良好控制。

3. 现代喷涂机器人

现代喷涂机器人是集机械、电子、计算机、传感器、人工智能等多学科先进技术于一体的现代制造业重要的自动化装备，在喷涂生产过程中已经得到了广泛的应用。瑞士 ABB 机器人公司推出的为汽车工业量身定制的最新型喷涂机器人——Flex Painter IRB5500(见图 5-59)，在喷涂范围、喷涂效率、集成性和综合性价比等方面具有较为突出的优势。

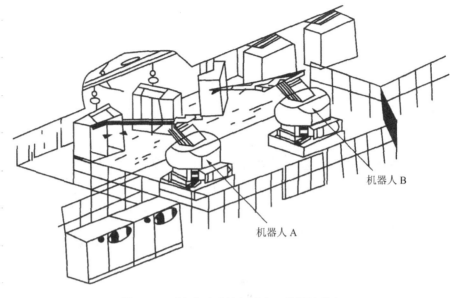

图 5-58　两台电动喷涂机器人及其周边设备

图 5-59　Flex Painter IRB5500 喷涂机器人

　　针对小批量喷涂和多色喷涂，ABB 推出了 FlexBell 弹匣式旋杯系统 (CBS)，该系统可对直接施于水性涂料的高压电有效绝缘，同时确保每只弹匣精确填充必要用量的涂料，从而使换色过程中的涂料损耗近乎为零。图 5-60 展示了 CBS 在阿斯顿·马丁汽车面漆喷涂线中的应用。

　　对于汽车车身外表面的喷涂，目前采用的最先进的喷涂工艺为旋杯加旋杯喷涂，但当对车身内表面采用旋杯静电喷涂工艺时，车身内表面的喷涂却提出了新的要求，即旋杯式静电喷枪要结构紧凑，以保证对内表面边角部位进行喷涂，同时喷枪形成的喷幅宽度要具有较大的调整范围。针对这一课题，杜尔公司开发出了 EcoBell3 旋杯式静电喷枪。EcoBell3 旋杯式静电喷枪在工作时，雾化器在旋杯周围形成两种相互独立的成形空气，能非常灵活地调整漆雾扇面的宽度，同时可利用外加电方案将喷枪尺寸进一步缩小。EcoBell3

旋杯式静电喷枪不仅结构更加简单,而且效率超过了普通的旋杯式静电喷枪,可明显减少涂料换色时的损耗,更重要的是它可以配合并行盒子生产线灵活地改变生产能力。图 5-61 所示为 EcoBell3 旋杯式静电喷枪用于保险杠的喷涂,此应用充分体现出其工作的灵活性。

 笔记

图 5-60　FlexBell 弹匣式旋杯系统

  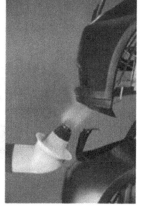

(a) 宽的漆雾喷涂大表面　　(b) 窄柱状漆雾喷涂细小表面　　(c) 在狭窄空间内工作

图 5-61　EcoBell3 旋杯式静电喷枪用于保险杠的喷涂

看一看: 当地的喷涂工业机器人工作站选用的是哪种工业机器人?

二、喷涂工业装机器人工作站的组成

典型的喷涂工业机器人工作站主要由机器人控制系统、供漆系统、自动喷枪/旋杯、喷涂机器人、气泵、吸盘等组成,如图 5-62 所示。

✎ 笔记

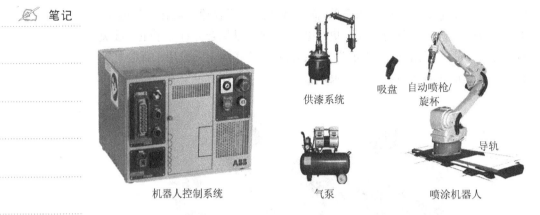

机器人控制系统　　　　　　气泵　　　　　　喷涂机器人

图 5-62　喷涂工业机器人工作站组成

📖 **查一查**：喷涂工业机器人工作站的组成还有什么？

1. 手腕

手腕一般有 2～3 个自由度，轻巧快速，适合工件内部、狭窄的空间及复杂工件的喷涂。较先进的喷涂机器人采用中空手臂和柔性中空手腕，如图 5-63 所示。采用中空手臂和柔性中空手腕可使软管、线缆内置其中，从而避免软管与工件间发生干涉，减少管道黏着的薄雾、飞沫，最大程度降低灰尘黏到工件上的可能性，缩短生产节拍。

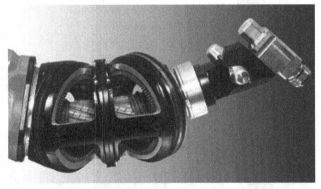

图 5-63　柔性中空手腕

一般在水平手臂上搭载喷涂系统，可缩短清洗、换色时间，提高生产效率，节约涂料及清洗液，如图 5-64 所示。

✐ 笔记

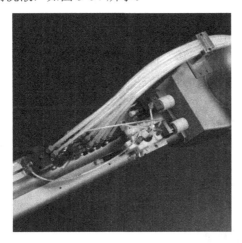

图 5-64　手臂上搭载喷涂系统

2. 自动喷枪

对于喷涂机器人，根据所采用的喷涂工艺不同，机器人"手持"的喷枪及配备的喷涂系统也存在差异。传统喷涂工艺中的空气喷涂与高压无气喷涂仍在广泛使用，但近年来静电喷涂，特别是旋杯式静电喷涂工艺凭借其高质量、高效率、节能环保等优点已成为现代汽车车身喷涂的主要工艺之一，并且被广泛应用于其他工业领域。

1) 空气喷涂

空气喷涂是利用压缩空气的气流流过喷枪喷嘴孔形成负压，使涂料从吸管吸入，经喷嘴喷出的，它通过压缩空气对涂料吹散，以达到均匀雾化的效果。空气喷涂一般用于家具、3C 产品外壳、汽车等产品的喷涂。图 5-65 所示是较为常见的自动空气喷枪。

(a) 日本　明治 FA100H-P　　(b) 美国　DEVILBISS T-AGHV　(c) 德国　PILOT WA500

图 5-65　自动空气喷枪

2) 高压无气喷涂

高压无气喷涂是一种较先进的喷涂方法，它采用增压泵使涂料压力增至 6～30 MPa，再通过很细的喷孔喷出，使涂料形成扇形雾状。它具有较高的涂料传递效率和生产效率，其表面质量明显优于空气喷涂的。

✎ 笔记

3) 静电喷涂

静电喷涂一般以接地的被涂物为阳极，以接电源负高压的雾化涂料为阴极。静电喷涂先使涂料雾化颗粒上带电荷，再通过静电作用，使雾化颗粒吸附在工件表面。静电喷涂通常应用于金属表面或导电性良好且结构复杂的表面，如球面、圆柱面等的喷涂。其中高速旋杯式静电喷枪已成为应用最广的工业喷涂设备，如图 5-66 所示。它在工作时利用旋杯的高速(一般为 30 000～60 000 r/min)旋转运动产生离心作用，将涂料在旋杯内表面伸展成为薄膜，并通过巨大的加速度使涂料向旋杯边缘运动，在离心力及强电场的双重作用下涂料破碎为极细的且带电的雾滴，这些雾滴向极性相反的被涂工件方向运动，最终沉积于被涂工件表面，进而形成均匀、平整、光滑、丰满的涂膜，其工作原理示意图如图 5-67 所示。

ABB 溶剂性涂料高速旋杯式静电喷枪　　　ABB 水性涂料高速旋杯式静电喷枪

图 5-66　高速旋杯式静电喷枪

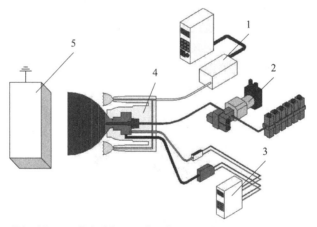

1—供气系统；2—供漆系统；3—高压静电发生系统；4—旋杯；5—工件

图 5-67　高速旋杯式静电喷枪工作原理示意图

在进行喷涂作业时，为了获得高质量的涂膜，喷涂作业除对机器人动作的柔性和精度、供漆系统及自动喷枪/旋杯的精准控制有所要求外，对喷涂环境的最佳状态也提出了一定要求，如无尘、恒温、恒湿、工作环境内有恒定的供风以及对有害挥发性有机物含量的控制等，喷房由此应运而生。一般来说，喷房由喷涂作业的工作室、收集有害挥发性有机物的废气舱、排气扇以及可将废气排放到建筑外的排气管等组成。

3. 控制系统

喷涂工业机器人控制系统主要完成机器人本体和喷涂工艺的控制。对机器人本体的控制在控制原理、功能及组成上与通用工业机器人基本相同；对喷涂工艺的控制则是对供漆系统的控制，即负责对涂料单元控制盘、喷枪/旋杯单元进行控制，如发出喷枪/旋杯开关指令，自动控制和调整喷涂的参数(如流量、雾化气压、喷幅气压以及静电电压)，控制换色阀及涂料混合器完成清洗、换色、混色作业。

4. 供漆系统

供漆系统主要由涂料单元控制盘、气源、流量调节器、齿轮泵、涂料混合器、换色阀、供漆供气管路及监控管线组成。涂料单元控制盘简称气动盘，它接收机器人控制系统发出的对喷涂工艺的控制指令，精准控制调节器、齿轮泵、喷枪/旋杯以完成流量、空气雾化和空气成形的调整，同时控制涂料混合器、换色阀等以实现自动化的颜色切换和指定的自动清洗等功能，进而实现高质量和高效率的喷涂。著名喷涂机器人生产商 ABB、FANUC 等均有其自主生产的成熟供漆系统配套模块。图 5-68 所示的喷涂系统主要部件为 ABB 生产采用的模块化设计，可实现闭环控制的流量调节器、齿轮泵、涂料混合器及换色阀模块。

(a) 流量调节器

(b) 齿轮泵

(c) 涂料混合器

(d) 换色阀

图 5-68　喷涂系统主要部件

5. 防爆吹扫系统

喷涂机器人多在封闭的喷房内喷涂工件的内外表面，由于喷涂的薄雾是易燃易爆的，如果机器人的某个部件产生火花或温度过高，就会引起大火甚至引起爆炸，所以防爆吹扫系统对于喷涂机器人是极其重要的一部分。防爆吹扫系统主要由危险区域之外的吹扫单元、操作机内部的吹扫传感器、控制柜内的吹扫控制单元三部分组成。其防爆工作原理如图 5-69 所示，吹扫单元通过柔性软管向包含有电气元件的操作机内部施加压力，阻止易爆易燃性气体进入操作机内；同时吹扫控制单元监视操作机内压、喷房气压，一旦发生异常状况便立即切断操作机伺服电源。

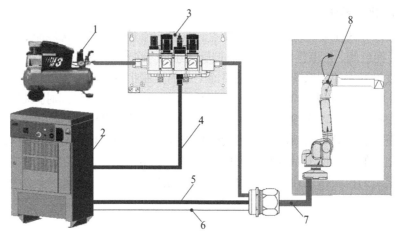

1—空气接口；2—控制柜；3—吹扫单元；4—吹扫单元控制电缆；
5—操作机控制电缆；6—吹扫传感器控制电缆；7—软管；8—吹扫传感器

图 5-69　防爆吹扫系统工作原理

喷涂机器人主机和操作板必须满足本地防爆安全规定。这些规定归根结底就是要求机器人在可能发生强烈爆炸的危险环境下也能安全工作。日本是由产业安全技术协会负责认定安全事宜的，美国是 FMR(Factory Mutual Research)负责安全认定事宜的。喷涂机器人要想进入国际市场，必须经过这两个机构的认定。为了满足认定标准，喷涂机器人在技术上可采取两种措施：一是增设稳压屏蔽电路，把电路的能量降到规定值以内；二是适当增加液压系统的机械强度。

综上所述，喷涂机器人主要包括机器人和自动喷涂设备两部分。机器人由防爆机器人本体及完成喷涂工艺控制的机器人控制系统组成。而自动喷涂设备主要由供漆系统及自动喷枪/旋杯组成。

6. 喷枪清理装置

喷涂机器人的设备利用率高达 90%～95%。在进行喷涂作业时，难免发生污物堵塞喷枪气路的情况，同时在对不同工件进行喷涂时也需要进行换色作业，此时需要对喷枪进行清理。自动化的喷枪清理装置能够快速、干净、安全地完成喷枪的清洗和颜色更换，彻底清除喷枪通道内及喷枪上飞溅的涂料残渣，同时对喷枪进行干燥，减少喷枪清理所耗用的时间、溶剂及空气，如图 5-70 所示。喷枪清理装置对喷枪清理时一般经过四个步骤：空气自动冲洗、自动清洗、自动溶剂冲洗、自动通风排气。

✍ 笔记

图 5-70　自动化的喷枪清理装置

🎓讨论总结：自动化的喷枪清理装置的应用与作用。

根据实际情况，让学生在教师的指导下进行技能训练。

技能训练

📹 **任务实施**

喷涂工业机器人工作站的集成

本任务以图 5-71 所示的喷涂工业机器人工作站为例介绍其集成方法。

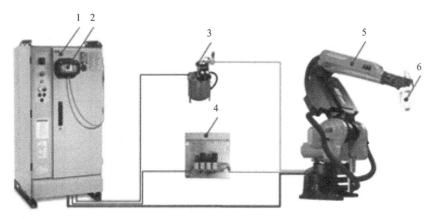

1—机器人控制柜；2—示教器；3—供漆系统；4—防爆吹扫系统；5—操作机；6—自动喷枪/旋杯

图 5-71　喷涂工业机器人工作站

🏛 **课程思政**

总要求
守初心
担使命
找差距
抓落实

一、电路连接

喷涂工业机器人工作站的电路连接见图 5-72～图 5-74。

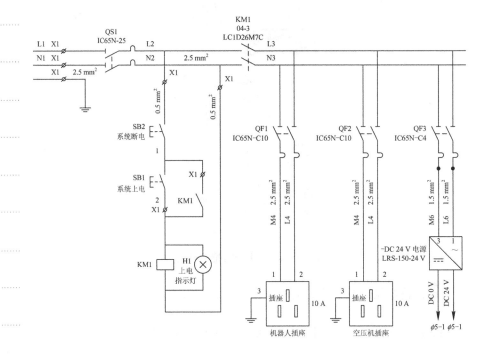

图 5-72　主电路

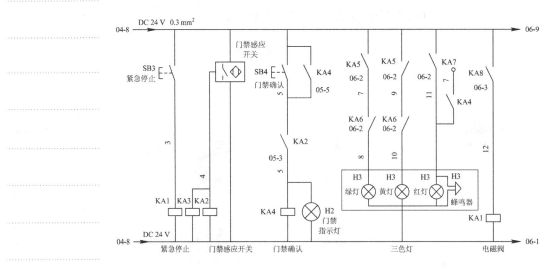

图 5-73　控制回路

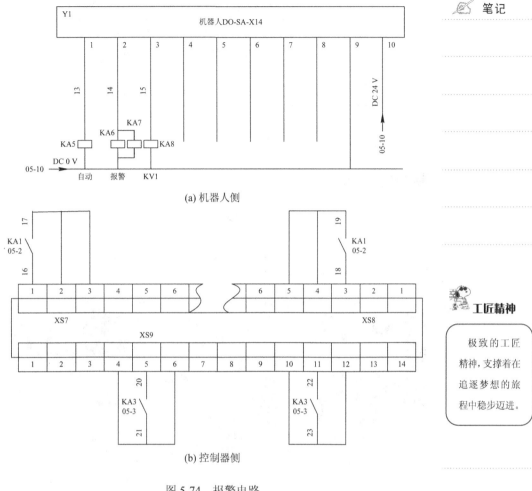

(a) 机器人侧

(b) 控制器侧

图 5-74 报警电路

二、参数设置

不同品牌的工业机器人,其参数设置是有差异的,这里以 ABB 喷涂工业机器人为例来进行介绍。

在喷涂工业机器人工作站中,设置 1 个 DSQC652 通信板卡(数字量 16 进 16 出),需要在 Unit 单元中设置此 I/O 信号的相关参数,见表 5-3 和表 5-4。

表 5-3　Unit 单元参数

参数名称	Name	Type of Unit	Connected to Bus	Device Net Address
设定值	Board10	D652	Device Net1	10

在此工作站中,需要设置如下信号:

(1) 数字输出信号 Do Glue:用于控制胶枪涂胶。

(2) 数字输入信号 Di Glue StartA:A 工位涂胶启动信号。

(3) 数字输入信号 Di Glue Startb:B 工位涂胶启动信号。

表 5-4　I/O 信号参数

参数名称	Name	Type of Signal	Assigned to Unit	Unit Mapping
设定值	Do Glue	Digital Output	Board10	0
	Di Glue StartA	Digital Input	Board10	0
	Di Glue StartB	Digital Input	Board10	1

做一做：对本单位的喷涂工业机器人进行参数设置。

任务扩展

胶　　枪

螺旋胶喷涂胶枪结构如图 5-75 所示，其设置见图 5-76。定量胶枪的结构见图 5-77，其示意图如图 5-78 所示。

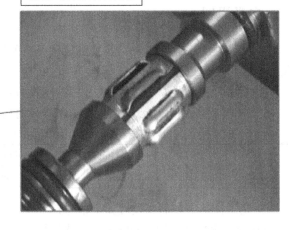

转轮，旋转要自由快速

图 5-75　螺旋胶喷涂胶枪结构

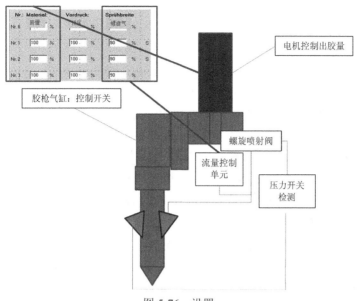

图 5-76　设置

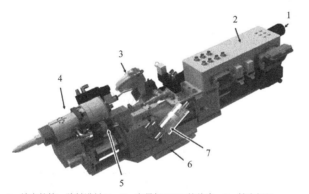

1—填充软管，胶料进料口；2—定量机 KKD 接线盒；3—填充阀门；
4—胶枪(气动胶枪)；5—胶枪泄露收集盒；6—附着点/凸缘板；7—胶枪盒

图 5-77　定量胶枪的结构

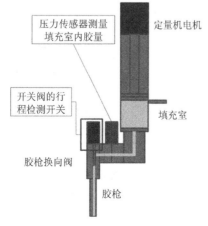

图 5-78　定量胶枪的示意图

笔记

任务巩固

一、填空题

(1) 按照手腕结构划分,喷涂机器人应用中较为普遍的主要有_____喷涂机器人和_____喷涂机器人两种。

(2) 非球型手腕喷涂机器人根据相邻轴线的位置关系可分为_____非球型手腕和_____非球型手腕两种形式。

(3) 喷涂机器人控制系统主要完成_____和_____控制。

(4) 防爆吹扫系统主要由危险区域之外的_____、操作机内部的_____、控制柜内的_____单元三部分组成。

二、判断题

( ) (1) 球型手腕喷涂工业机器人手腕三个关节轴线相交于一点。

( ) (2) 球型手腕喷涂工业机器人每个腕关节转动角度都能达到360°以上,手腕灵活性强,机器人的工作空间较大。

三、简答题

(1) 简述喷涂工业机器人的分类。

(2) 简述喷涂工业机器人工作站的组成。

(3) 简述喷枪清理装置对喷枪清理的一般步骤。

操作与应用

工 作 单

姓　　名		工作名称	轻型加工与喷涂工业机器人工作站的集成
班　　级		小组成员	
指导教师		分工内容	
计划用时		实施地点	
完成日期		备　　注	
工作准备			
资　　料		工　　具	设　　备
轻型加工与喷涂工业机器人工作站的电路图、气路图、接线图		电气连接工具 机械装配工具	1. 工业机器人工作站(已经安装好)
1. PLC说明书 2. 工作站说明书		1. PLC手持编程器 2. 电脑(装有相关软件)	2. 加工工具与喷枪等元件 3. 传感器等

工作内容与实施	
工作内容	实　施
1. 举例说明轻型加工工业机器人工作站的组成与应用	
2. 举例说明喷涂工业机器人工作站的组成与应用	
3. 举例说明喷枪的种类	
4. 举例说明机器人工具快换系统的日常保养要点	
5. 对右图所示工作站进行基本操作 6. 完成右图工作站的安装与调试 注:可根据实际情况选用不同的机器人工作站	 喷涂工业机器人工作站

工 作 评 价

	评 价 内 容				
	完成的质量 (60分)	技能提升能力 (20分)	知识掌握能力 (10分)	团队合作 (10分)	备注
自我评价					
小组评价					
教师评价					

✎ 笔记

1. 自我评价

序号	评 价 项 目	是	否
1	是否明确人员的职责		
2	能否按时完成工作任务的准备部分		
3	工作着装是否规范		
4	是否主动参与工作现场的清洁和整理工作		
5	是否主动帮助同学		
6	是否正确检查工作站与变位机的安装		
7	是否正确完成了工业机器人周边设备的安装与调试		
8	是否正确完成了工业机器人的电气安装与调试		
9	是否完成了清洁工具和维护工具的摆放		
10	是否执行6S规定		
评价人		分数	时间 年 月 日

2. 小组评价

序号	评 价 项 目	评 价 情 况
1	与其他同学的沟通是否顺畅	
2	是否尊重他人	
3	工作态度是否积极主动	
4	是否服从教师的安排	
5	着装是否符合标准	
6	能否正确地理解他人提出的问题	
7	能否按照安全和规范的规程操作	
8	能否保持工作环境的干净整洁	
9	是否遵守工作场所的规章制度	
10	是否有工作岗位的责任心	
11	是否全勤	
12	是否能正确对待肯定和否定的意见	
13	团队工作中的表现如何	
14	是否达到任务目标	
15	存在的问题和建议	

3. 教师评价

课程	工业机器人工作站的集成	工作名称	轻型加工与喷涂工业机器人工作站的集成	完成地点	
姓名		小组成员			
序号	项　目		分值	得分	
1	简答题		20		
2	正确检查工业机器工作站周边设备的安装与调试		40		
3	正确进行工作站的安装与调试		20		
4	信号的定义与调试		20		

自 学 报 告

自学任务	FAUC、KUKA等轻型加工工业机器人工作站的集成
自学内容	
收获	
存在问题	
改进措施	
总结	

笔记

模块六

工业机器人生产线的集成

任务一　认识工业机器人生产线

任务导入

机器人生产线是由两个或两个以上的机器人工作站、物流系统和必要的非机器人工作站组成，以便完成一系列以机器人作业为主的连续生产自动化系统，图 6-1 所示为焊接生产线在汽车制造中的应用。

课程思政

四讲四有

讲政治、有信念，讲规矩、有纪律，讲道德、有品行，讲奉献、有作为。

焊接生产线

图 6-1　焊接生产线在汽车制造中的应用

任务目标

知识目标	能力目标
1. 掌握机器人生产线的一般设计原则	1. 能进行有轨传动的设置
2. 了解常用工业机器人生产线构成	2. 能根据工作站应用的通信要求，设置和调试工业机器人与 PLC 控制设备的通信
3. 掌握典型应用工作站工业机器人工作节拍和效率的优化方法	
4. 了解典型应用工作站人和设备的安全保障优化方式	

📹 任务准备

由教师进行理论介绍。

一、机器人生产线的一般设计原则

机器人生产线，除需要满足机器人工作站的设计原则外，还应遵循以下10项设计原则。

(1) 各工作站必须具有相同或相近的生产周期。

(2) 工作站间应有缓冲存储区。

(3) 物流系统必须顺畅，避免交叉或回流。

(4) 生产线要具有混流生产的能力。

(5) 生产线要留有再改造的余地。

(6) 夹具要有一致的精度要求。

(7) 各工作站的控制系统必须兼容。

(8) 生产线布局合理、占地面积力求最小。

(9) 安全监控系统合理可靠。

(10) 最关键的工作站或生产设备应有必要的替代储备。

其中，前5项更具特殊性，下面分别讨论。

1. 各工作站的生产周期

机器人生产线是一个完整的产品生产体系。在总体设计时，要根据工厂的年产量及预期的投资目标，计算出一条生产线的生产节拍，然后参照各工作站的初步设计、工作内容和运动关系，分别确定出各自的生产周期，使得

$$T_1 \approx T_2 \approx T_3 \approx \cdots \approx T_n \leqslant T$$

式中：$T_1 \sim T_n$——各工作站的生产周期，单位为秒/件；

T——生产线的生产节拍，单位为秒/件。

只有满足上式的要求，生产线才是有效的。对于那些生产周期与生产节拍非常接近的工作站要给予足够的重视，它往往是生产环节中的咽喉，也是故障多发部位。

2. 工作站间缓冲存储区(库)

在人工转运的物流状态下，虽然人们尽量使各工作站的周期接近或相等，但是总会存在工作站与工作站的周期相差较大的情形，这就必然造成各工作站的工作负荷不平衡和工件的堆积现象。因此，在周期差距较大的工作站(或作业内容复杂的关键工作站)间需设立缓冲存储区，把生产速度较快的工作站所完成的工件暂存起来，通过定期停止该工作站生产或增加较慢工作站生产班时，以处理工件堆积现象。

笔记

3. 物流系统

物流系统是机器人生产线的大动脉，它的传输性、合理性和可靠性是维持生产线畅通无阻的基本条件。对于机械传动的刚性物流线，各工作站的工件必须同步移动，而且工作站距离相等，这种物流系统在调试结束后，一般不易造成交叉和回流。对于人工装卸工件，或人工干预较多的非刚性物流线来说，人工搬运在物流系统中占了较大的比重，它不要求工件必须同步移动、工作站距离必须相等，但在各工作站的排布时，要把物流线作为一个重要内容加以研究。工作站的排布要以物流系统顺畅为原则，否则将会给操作和生产带来永久的麻烦。

4. 生产线

机器人生产线是一项投资大、使用周期长、效益长久的实际工程。决策时要根据自身的发展计划和产品的前景预测做认真的研究，要使投入的生产线最大限度地满足品种和产品改型的要求。这就必然对生产线提出一个要求，即生产线具有混流生产的能力。所谓混流生产就是在同一条生产线上，能够完成同类工件多型号多品种的生产作业，或只需要做简单的设备变换和调整，就能迅速适应新型工件的生产。这是机器人生产线设计的一项重要原则，也是难度较大和技术水平较高的一部分内容。它是衡量机器人生产线水平的一项重要指标，混流能力强，则生产线的价值、使用效率及寿命就越高。

混流生产的基本要求是工件夹具共用或可更换、末端执行器通用或可更换、工件品种识别准确无误、机器人控制程序分门别类和物流系统满足最大工件传送等内容。

5. 生产线的再改造

工厂生产的产品应当随着市场需求的变化而变化，高新技术的进步和市场竞争也会促使企业引入新技术、改造旧工艺。而生产线又是投资相对较大的工程，因此要用发展的眼光对待生产线的总体设计和具体部件设计，为生产线留出再改造的余地，主要从以下几个方面加以考虑：预留工作站，整体更换某个部件；预测增设新装置和设备的空间；预留控制线点数和气路通道数；控制软件留出子程序接口；等等。

在实际工程中，要根据具体情况灵活掌握和综合使用上面讲述的机器人生产线的一般设计原则。随着科学技术的发展，这些设计理论会不断充实，以提高生产线和工作站的设计水平。

教师可上网查询或自己制作多媒体。

二、工业机器人生产线构成

多媒体教学

不同的工业机器人生产线是有差异的，现以吊扇电动机自动装配生产线为例进行介绍。用于吊扇电动机装配的机器人自动装配生产线可装配 1400 mm、1200 mm 和 1050 mm 三种规格的吊扇电动机。图 6-2 所示是吊扇电动机的结构，它由上盖、下盖、转子、定子、上轴承和下轴承等组成。定子由上下各一个深沟球轴承支承，而整个电动机则用三套螺钉垫圈连接。电动机质量约为 3.5 kg，外径尺寸在 180～200 mm 范围，生产节拍为 6～8 s。使用机器人自动装配生产线后，吊扇电动机产品质量显著提高，返修率降低至 5%～8%。

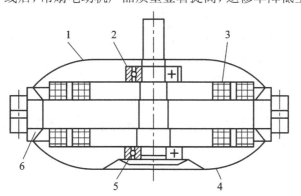

1—上盖；2—上轴承；3—定子；4—下盖；5—下轴承；6—转子

图 6-2　吊扇电动机的结构

图 6-3 所示为机器人自动装配生产线的平面布置图。装配生产线的线体呈框形布局，全线有 14 个工位。34 套随行夹具分布于生产线上，并按规定节拍同步传送。该生产线中使用 5 台装配机器人(各配以一台自动送料机)、3 台压力机、各种功能的专用设备 6 套。

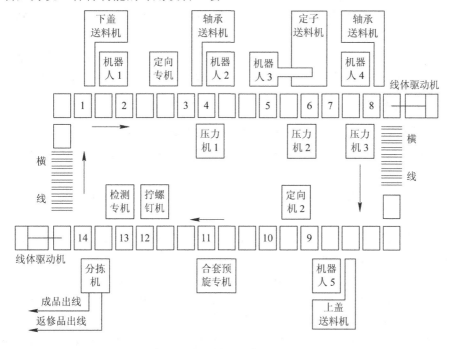

图 6-3　机器人自动装配生产线的平面布置图

在各工位上进行的装配作业如下：

工位 1：机器人从送料机上夹持下盖，用光电检测装置检测螺孔定向，并将下盖放入夹具内定位夹紧。

工位 2：螺孔精确定位。先松开夹具，利用定向专机的三个定向销，校正螺孔位置，重新夹紧。

工位 3：机器人从送料机上夹持轴承，并放入夹具内的下盖轴承室。

工位 4：压力机压下轴承并使之到位。

工位 5：机器人从送料机上夹持定子，并放入下轴承孔中。

工位 6：压力机压定子并使之到位。

工位 7：机器人从送料机上夹持上轴承，并将它套入定子轴颈。

工位 8：压力机压上轴承并使之到位。

工位 9：机器人从送料机上夹持上盖，用光电检测装置检测螺孔定向，并将上盖放在上轴承上面。

工位 10：定向压力机先用三个定向销把上盖螺孔精确定向，随后压力机压上盖并使之到位。

工位 11：三台螺钉垫圈合套预旋专机把弹性垫圈和平垫圈分别套在螺钉上，之后将螺钉送到抓取位置，三个机械手分别把螺钉夹持，送到工件位置并插入螺孔，由螺钉预旋专机把螺钉拧入螺孔，拧三圈。

工位 12：拧螺钉机以一定扭矩把三个螺钉同时拧紧。

工位 13：专机以一定扭矩转动定子，按转速确定电动机装配质量，分成合格品或返修品，然后松开夹具。

工位 14：机械手从夹具中夹持已装好的或未装好的电动机，分别送到合格品或返修品运输出线。

电动机装配实质上包括轴孔嵌套和螺纹装配两种基本操作，其中，轴孔嵌套是属于过渡配合下的轴孔嵌套，这对于装配生产线的设计有决定性影响。

1. 装配机器人

装配生产线使用机器人进行装配作业，机器人应完成如下操作：

(1) 利用机器人的堆垛功能，实现对零件的顺序抓取，并运送到装配位置；

(2) 配合使用柔顺定心装置，实现零件在装配位置上的自动定心和轴孔插入；

(3) 利用机器人及其控制器，配合光电检测装置和识别微处理器，实现螺孔的识别、定向和螺纹装配；

(4) 利用机器人的示教功能，简化设备安装、调整工作；

根据上述操作，机器人有垂直上下的运动，以抓取和放置零件；有水平两个坐标的运动，把零件从送料机运送到夹具上；还有一个绕垂直轴的运动，实现螺孔检测。因此，该生产线选择了具有 4 个自由度的 SCARA(Selective Compliance Assembly Robot Arm)型机器人。定子组件采用装料板顺序运送的送料方式，每一装料板上安放 6 个零件。机器人必须有较大的工作区域，因此选择了直角坐标系。

2. 轴承送料机

轴承零件外形规则、尺寸较小，因此采用料仓式、储料式储料装置。轴承送料机如图 6-4 所示，主要由一级料仓(料筒)6、二级料仓 2、料道 3、给油器 10、机架 8、隔离板 4、行程程序控制系统和气压传动系统(包括输出气缸 1、隔离气缸 5、栋输送气缸 7 和数字气缸 9)等组成。物料储备达 576 件，备料间隔时间约 1 h。

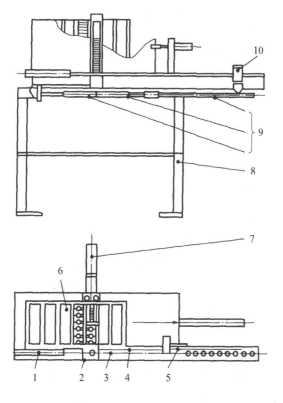

1—输出气缸；
2—二级料仓；
3—料道；
4—隔离板；
5—隔离气缸；
6—一级料仓；
7—栋输送气缸；
8—机架；
9—数字气缸；
10—给油器

图 6-4　轴承送料机

为达到较大储量，轴承送料机采用多仓分装、多级供料的结构形式。设有 6 个一级料仓，每个料仓二维堆存，共 6 栋、16 层；1 个二级料仓，一维堆存，1 栋、16 层。料筒固定，料筒中的轴承按工作节拍逐个沿料道由 1 个输出气缸送到指定的机器人夹持装置。当料筒耗空后，对准料筒的一级料仓的轴承在栋输送气缸的作用下，再向料筒送进 1 栋轴承。如此 6 次之后，该一级料仓轴承耗空，由数字气缸组驱动切换料仓，一级料仓按控制系统设定的规律依次与料筒对接供料，至耗空 5 个料仓后，控制系统发出备料报警信号。

3. 上/下盖送料机

上、下盖零件尺寸较大，如果追求储量，会使送料装置过于庞大，因此，着重从方便加料角度考虑，把重点放在加料后能自动整列和传送，所以生产线采用了圆盘式送料装置。上、下盖送料机如图 6-5 所示，它主要由电磁调速电动机及传动机构 5、转盘 4、拨料板 3、送料气缸 7、定位气缸 8、导轨 2、定位板 1、机架 6 等组成。上、下盖物料不宜堆叠，宜采用单层料盘，储料为 21 个，备料间隔时间约为 2 min。

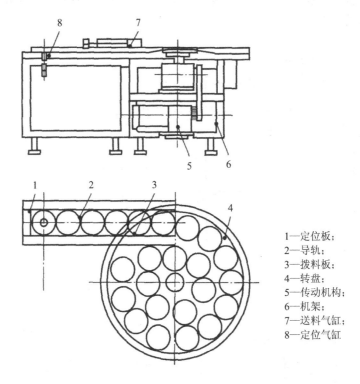

1—定位板；
2—导轨；
3—拨料板；
4—转盘；
5—传动机构；
6—机架；
7—送料气缸；
8—定位气缸

图 6-5 上、下盖送料机

上、下盖送料机料盘为圆形转盘，盘面为 3° 锥面。电动机驱动转盘旋转，转盘带动物料做绕转盘中心的圆周运动，物料被甩至转盘周边，利用物料的圆形特征和拨料板的分道作用，使物料在转盘周边自动排序，物料沿转盘边进入切线方向的直线料道。送料机由于物料的推挤力，直线料道可得到连续的供料。在直线料道出口处，由送料气缸按节拍要求做间歇供料。物料抓取后，由定位气缸通过上、下盖轴承座位孔定位。

4. 定子送料机

定子组件由于已经绕上线圈，存放和运送时不允许发生碰撞，因此定子送料机采取定位存放的装料板形式。定子送料机由 11 个托盘、输送导轨、托盘换位驱动气缸、机架等组成。送料机储料为 60 件，正常备料间隔时间约 3 min。定子送料机采用框架式布置，如图 6-6 所示，矩形框四周设 12 个托盘位，其中 1 个为空位，用作托盘先后移动的交替位。矩形框的四边各设 1 个气缸，在托盘要切换时循环推动各边的托盘移动 1 个位。在工作位 3(输出位)底部设了定位销给工作托盘精确定位，以保证机器人与被抓取定子的位置关系。

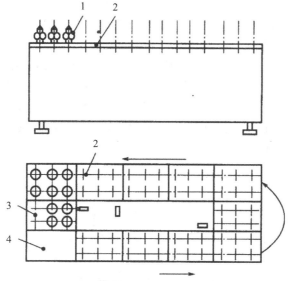

1—定子组件；2—托盘；3—工作位；4—空位

图 6-6 定子送料机布置图

5. 监控系统

由于装配生产线上有 5 台机器人和 20 多套专用设备，它们各自完成一定的动作，既要保证这些动作按既定的程序执行，又要保证生产线安全运转。因此，生产线对其作业状态必须严格进行检测与监控，根据检测信号防止错误操作，必要时还要进行人工干预。监控系统是整条生产线的核心部分。

监控系统采用三级分布式控制方式，既实现了对整个装配过程的集中监视和控制，又使控制系统层次分明，职能分散。监控级计算机可对全生产线的工作状态进行监控，采用多种联网方式保证整个系统运行的可靠性。在监控级计算机和协调级中的中型 PLC/C200H 之间使用 RS232 串行通信方式，在协调级和各机器人控制器之间使用 I/O 连接方式，在协调级和各执行级控制器之间使用光缆通信方式，以保证各级之间不会出现数据的传输错误。数百个检测点，须检测其初始状态信息、运行状态信息及安全监控信息。在关键或易出故障的部位，须检测危险动作的发生，防止被装配零件或机构相互干涉，当有异常时，发出报警信号并紧急停机。

6. 自动装配生产线上的机械手

自动装配生产线如图 6-7 所示，由气动机械手、传输线和货料供给机所组成。

按下启动按钮，自动装配生产线开始下列操作。

(1) 电机 M_1 正转，传送带开始工作，当到位传感器 SQ1 为 ON 时，装配机械手开始工作。

✍ 笔记

① 第一步：机械手在水平方向前伸(气缸 Y4 为 ON)，然后在垂直方向向下运动(气缸 Y5 为 ON)，将料柱抓取起来(气缸 Y6 吸合)。

② 机械手在垂直方向向上抬起(Y5 为 OFF)，在水平方向向后缩(Y4 为 OFF)，然后在垂直方向向下运动(Y5 为 ON)，将料柱放入到货箱中(Y6 为 OFF)，系统完成装配工作。

(2) 生产线完成装配后，当到料传感器 SQ2 检测到信号后(SQ2 灯亮)，搬运机械手开始工作。首先机械手在垂直方向下降到一定位置(Y2 为 ON)，然后机械手吸合(Y3 为 ON)，接着机械手抬起(Y2 为 OFF)，并向前运动(Y1 为 ON)，最后机械手下降(Y2 为 ON)，机械手张开(Y3 为 OFF)，电机 M_2 开始工作，将货物送出。

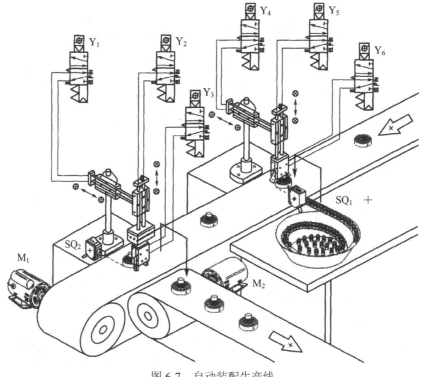

图 6-7　自动装配生产线

👀看一看：当地工业机器人生产线的组成！

🎥任务实施

工业机器人生产线的主要外围设备

教师可上网查询或自己制作多媒体。

有轨传动在工业机器人生产线中应用较多，如图 6-8 所示。其轨道也因应用情况而不同，常用的轨道如图 6-9 所示。

有轨传动

图 6-8 有轨传动

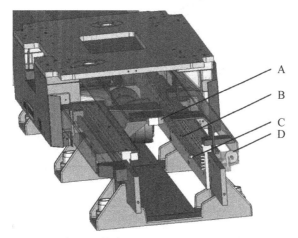

A—限位开关；B—镶条；C—凸轮；D—硬限位块(缓冲器)

(a) 轨道外围

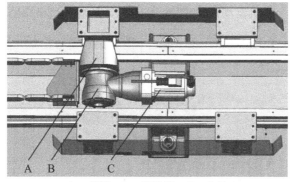

A—支架；B—齿轮箱；C—电机

(b) 轨道结构

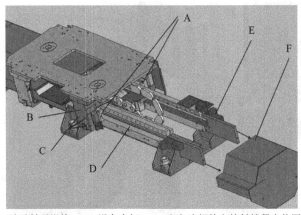

A—滚珠轴承滑块；B—滑车支架；C—六角头螺栓和接触锁紧窄垫圈；
D—直线导轨；E—机械限位块(支架＋橡胶硬限位块)；F—端盖

(c) 轨道支承

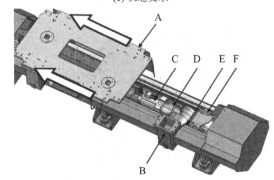

A—滑车；B—电机支架；C—电机；D—齿轮箱；E—小齿轮；F—电缆拖链

(d) 滑道

图 6-9   轨道

1. 双电机主从运动设置

当物料较大时，需要放置在两个导轨上，导轨分别由两个电机驱动(或者一个导轨由两个电机驱动)，如图 6-10 所示，从动轴严格跟随主动轴运动。

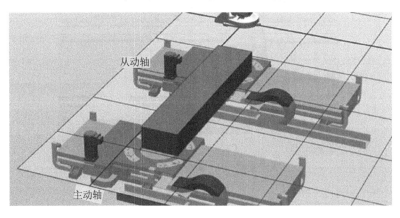

图 6-10   双电机主从运动

双电机主从运动的配置操作如下：

(1) 创建完机器人系统后，导入两个 track 配置。

track 配置可以通过 robotstudio-controller 加载，选择…AppData\ Local\ ABB IndustrialIT\Robotics IT\RobotWare\ RobotWare_ 6.08.0134\ utility\ AdditionalAxis\ Track\DM1 下的 M7L1B1T(7 轴驱动，反馈接在第一块 smb 上)和 M8L2B1T(8 轴驱动，反馈接在第二块 smb 上)，重启机器人。

(2) 机器人重启后提示关联导轨，导轨可以手动关联。

(3) 打开示教器，依次进入控制面板→配置→主题中的 Motion，找到对应内容 Joint、Process、LinkedM Process，根据需要设置主从运动。

(4) 设置完后，重启机器人。

2. 输送链定长距离拍照

(1) 机器人进行输送链跟踪，通常当物体经过同步开关(如图 6-11 所示的 A 处)时，开始记录待跟踪物体。

(2) 若来料有偏差，通常也是来料经过同步开关时，触发相机拍照，得到偏差数据。

(3) 若来料非常密集，或者某个物体经过同步开关时会被其他物体遮挡而导致不能及时触发相机拍照，则通常采用输送链定长距离拍照。

由于输送链侧会安装编码器，即编码器经过一定脉冲数后触发输送链定长距离拍照。

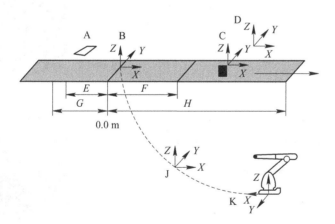

A—同步开关；B、C、D—工件坐标；E、F、G、H—距离；J—工件坐标；K—大地坐标

图 6-11　同步开关

(4) 输送链跟踪系统中，有信号 c1ScaleEncPulse，即编码器经过一定脉冲后触发该信号，如图 6-12 所示。

(5) 输送链定长距离由 CountsPerMeter1(脉冲数/米)及 ScalingFactor1(脉冲系数)共同决定，如图 6-13 所示。对应距离 $Distance = \dfrac{ScalingFactor1 \times 2}{CountersPerMeter1}$。

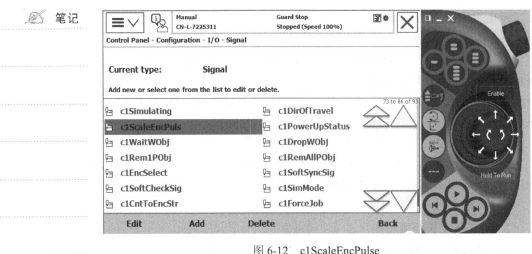

图 6-12　c1ScaleEncPulse

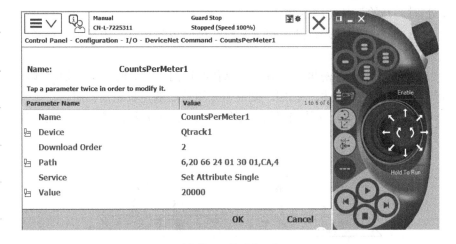

(a) CountsPerMeter1

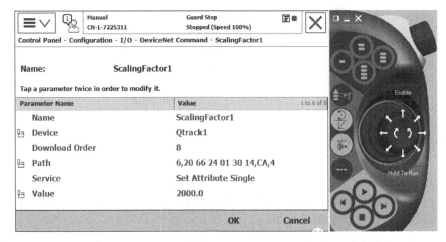

(b) ScalingFactor1

图 6-13　输送链定长距离

在教师的带领下，让学生到当地工厂中去参观，但应注意安全！

任务扩展

智 慧 仓 储

仓储管理在制造加工和物流管理中占据重要地位。随着制造环境的智能程度提升、产品制造周期缩短，生产模式呈现多样化，对原材料、半成品和成品的存储要求越来越高。

在智能制造系统中，智能仓储是运用传感检测技术、网络通信技术及自动控制技术等，将仓库的物料出入由人工取送转变至根据生产流程自动进行存储。

一、立式仓库的组成

图 6-14 示出了智慧仓储的立式仓库结构，图 6-15 所示的仓储模块是由 6 个仓位组成的，用于存放样件。每个仓位都安装有光电传感器，它与以太网 I/O 模块连接，当仓位检测到有物料时，传感器会将有料信号反馈至物料检测寄存器中。

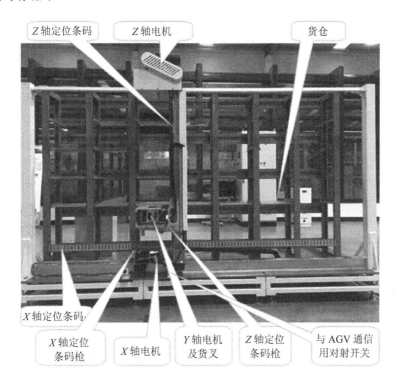

图 6-14　立式仓库结构

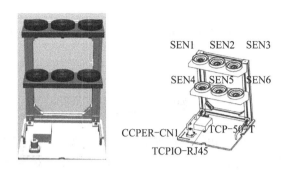

图 6-15 仓储模块

二、智慧仓储的通信

图 6-16 所示为智慧仓储的通信设置，通信连接见图 6-17，设置定义见表 6-1，数据块定义见表 6-2。

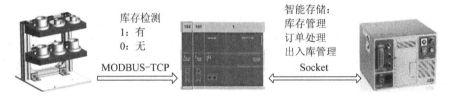

图 6-16 智慧仓储的通信设置

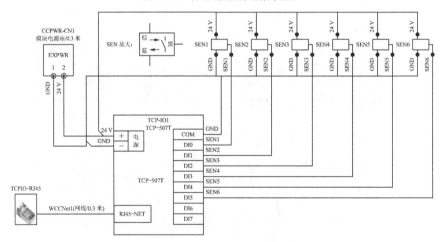

图 6-17 通信连接

表 6-1 设置定义

仓储模块→PLC			PLC→PLC		
名称	仓储模块	PLC	名称	PLC	PLC
MODBUS-TCP	主站	从站	Socket	主站	从站
IP 地址	192.168.101.75	192.168.101.13	IP 地址	192.168.101.13	192.168.101.100
端口号	502	主动连接	端口号	2001	主动连接

表 6-2 数据块定义

数据块 DB_TCP_DIO		
名　称	数据类型	说　明
DB_TCP_DIO.MODBUS_TCP-CONNECT	TCON_IP_v4	PLC 与仓储模块的通信连接参数
DB_TCP_DIO.DI	Array[0…7] of Bool	仓储模块的库位检测信息
Modbus	TCON_IP_v4	PLC 与仓储模块的通信连接参数
数据块 DB_PLC_STATUS		
名　称	数据类型	说　明
DB_PLC_STATUS.PLC_STATUS	Struct	PLC 状态
DB_PLC_STATUS.库位物料	Array[0…5] of USInt	当前的库位占用情况
DB_PLC_STATUS.库位信息	Array[0…5] of USInt	当前物料情况
数据块 DB_RB_CMD		
名　称	数据类型	说　明
DB_RB_CMD.RB_CMD.RB_CMD	Struct	机器人命令
DB_RB_CMD.RB_CMD.库位物料	Array[0…5] of USInt	库位使用申请
DB_RB_CMD.RB_CMD.库位信息	Array[0…5] of USInt	物料信息录入

三、立体库模块服务器设置和调试

1. 恢复出厂设置

仓库模块有恢复出厂设置按钮，按下该按钮直到模块上蓝色的灯闪烁后再松开，仓库模块自动恢复到 192.168.1.75 的网址，如图 6-18 所示。

图 6-18 恢复出厂设置

✐ 笔记

2. 服务器设置

在设置仓储模块的地址前需要更改当前电脑网段，电脑网段需要在 192.168.1.×××网段，如图 6-19 所示。将图 6-20 中 TCP/IP 通道处的模块目前 IP 地址设置为 192.168.1.75。IP 地址设置完成后，通信接口选择为 TCP/IP，点击系统配置读，如图 6-21 所示。在本机以太网配置中将 IP 地址改为 192.168.101.75，如图 6-22 所示。IP 地址设置完成后点击系统配置写，如图 6-23 所示。信息框(见图 6-24)中显示写配置信息成功，表示仓储模块 IP 地址设置完成。

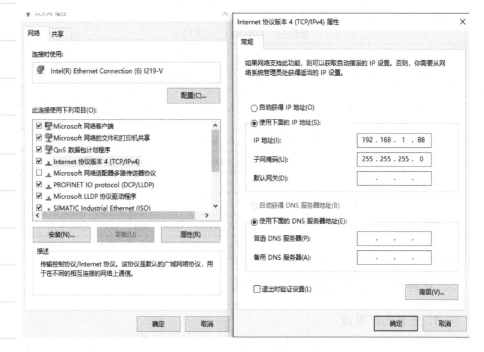

图 6-19　更改当前电脑网段

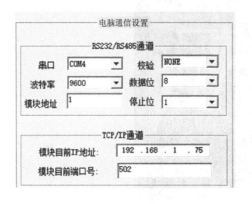

图 6-20　设置 IP 地址

图 6-21　点击系统配置读

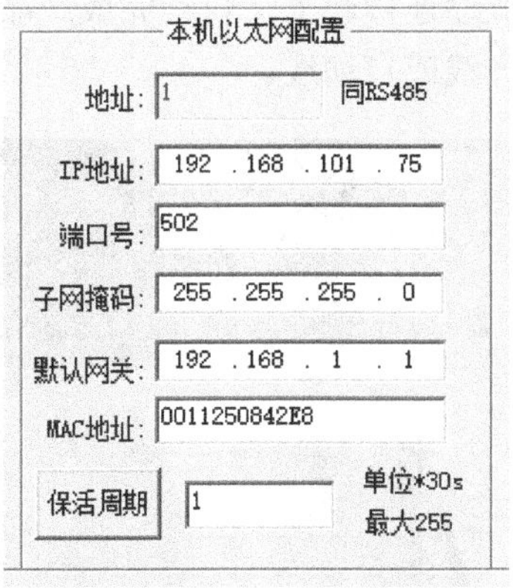

图 6-22 本机以太网设置　　图 6-23 点击系统设置写

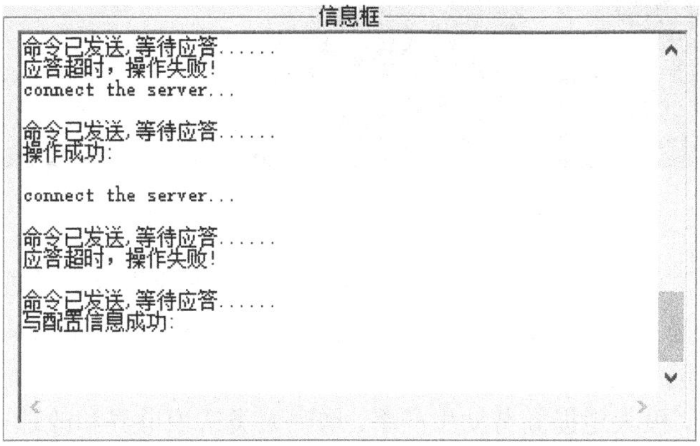

图 6-24 信息框

任务巩固

一、填空题

(1) _____是机器人生产线的大动脉，它的传输性、合理性和可靠性是维持_____畅通无阻的基本条件。

(2) 生产线动力系统可分为 3 种类型，即_____动、_____动和_____动。

二、简答题

(1) 简述机器人生产线的一般设计原则。

(2) 举例说明机器人生产线的组成。

任务二　工业机器人自动加工生产线的集成

任务导入

如图 6-25 所示，工业机器人自动加工生产线是由工件传送系统和控制系

✍ 笔记　统将一组自动机床和辅助设备按照工艺顺序连接起来，自动完成产品全部或部分制造过程的生产系统，也称自动生产线或自动线。

工业机器人
自动加工生产线

图 6-25　工业机器人自动加工生产线

　　自动生产线在无人干预的情况下按规定的程序或指令自动进行操作或控制，其目标是"稳、准、快"。采用自动生产线不仅可以把人从繁重的体力劳动、部分脑力劳动以及恶劣、危险的工作环境中解放出来，而且能增强人的器官功能，极大地提高劳动生产率，增强人类认识世界和改造世界的能力。

　　在机床切削加工过程中自动化不仅与机床本身有关，而且也与连接机床的前后生产装置有关。工业机器人能够适用于所有的操作工序，能完成诸如传送、质量检验、剔除有缺陷的工件、机床上下料、更换刀具、加工操作、工件装配和堆垛等任务。

　　工业机器人自动加工生产线的任务是进行工件加工。工件的上下料由工业机器人完成，机器人将加工完成的工件搬运到输送线上，由输送线输送到装配工位。在输送过程中机器人视觉系统在线检测工件的加工尺寸，合格工件在装配工位由工业机器人进行零件的装配，并搬运至成品仓库；而不合格工件则不进行装配，由机器人直接放入废品箱中。

📹 任务目标

知 识 目 标	能 力 目 标
1. 掌握工业机器人自动加工生产线的组成 2. 了解智能化管控技术 3. 掌握云端应用的功能	1. 能操作智能化管控技术 2. 能对云端应用模式进行操作 3. 会对工业机器人自动线的典型部件进行安装

📝 笔记

📹 任务准备

工业机器人自动加工生产线的集成

让学生到工业机器人边，由教师或上一届的学生边操作边介绍，但应注意安全。

本任务以手机外壳数控加工自动生产线为例进行介绍。

一、产品

自动生产线上加工的产品如图 6-26 所示，其加工过程如图 6-27 所示。

现场教学

图 6-26　自动生产线上加工的产品

🐶 工匠精神

在科学的世界里，谬误如同泡沫，很快就会消失，真理则是永存的。

(a) 一夹加工前坯料图　(b) 一夹加工后产成品图　(c) 二夹加工前背面图　(d) 二夹加工后背面图

图 6-27　加工过程

二、总体架构

如图 6-28 所示，数控加工自动生产线是数字化车间中的基础，也是实现制造自动化的核心模块。数字化车间的顶层是企业管理和产品设计，顶层系统完成任务排序、程序的编制并下发到次层，顶层系统还要完成工艺设计，并进行排序和下发，数控加工自动生产线再根据加工工艺和生产计划实现智能加工。

如图 6-29 所示，根据数控加工自动生产线的功能结构，自动生产线从下到上分为四个层级。

(1) 自动化设备，包括数控机床、机器人、自动料仓。

(2) 单元管控系统，实现工艺的生产线控制。

(3) 云服务和云计算平台，实现多生产线单元的统一管理、数控机床的远程监控、效率分析、程序管理、监控诊断、智能优化。

✍ 笔记

(4) 大数据仓库和接口，为 ERP/MES CAPP/PLM 提供大数据仓库,实现企业信息化连通。

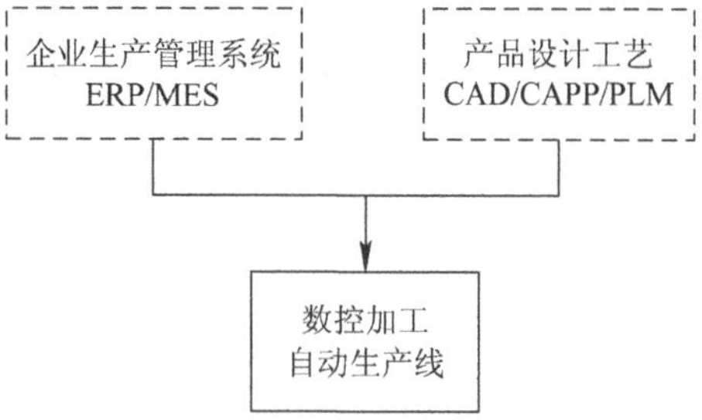

图 6-28　总体架构

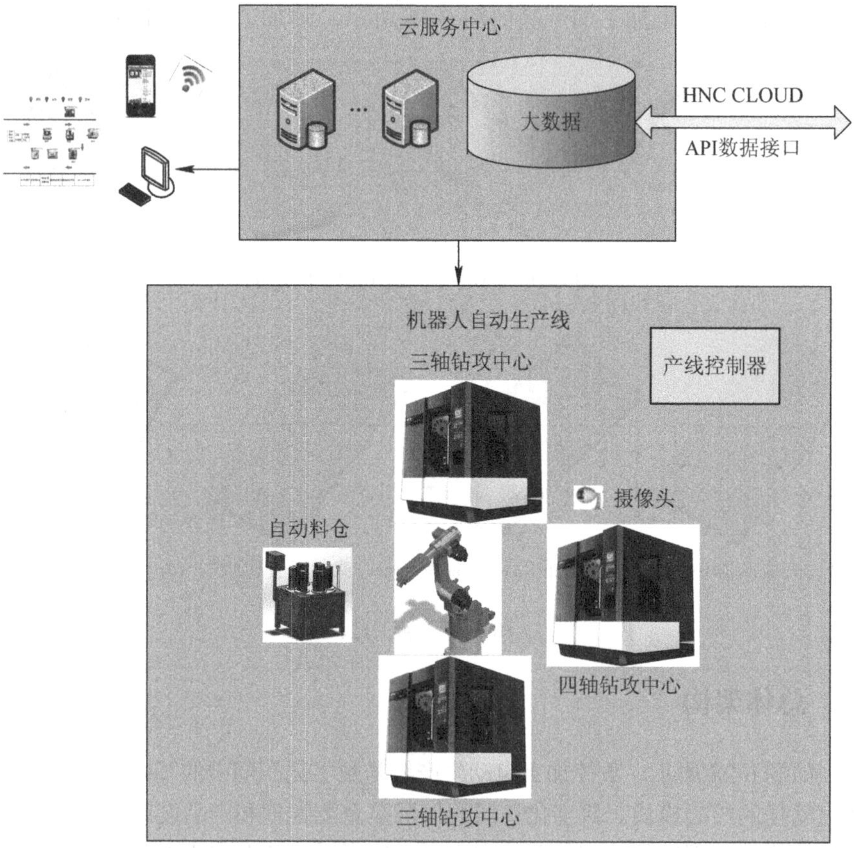

图 6-29　数控加工自动生产线功能结构

三、自动生产线硬件

1. 布局

根据待加工零件的加工特点及现场情况，我们拟定两套自动生产线的布局方案，其中一条采用"品"字形布局，另一条采用"一"字形布局。

1) "品"字形布局

自动化生产线采用"品"字形布局，6 关节机器人采用落地式安装，钻攻中心和自动料仓围绕机器人成环状布置，平面布置如图 6-30 所示。"品"字形布局加工单元集高效生产、稳定运行、节约空间等优势于一体，适合于狭窄空间场合的作业。

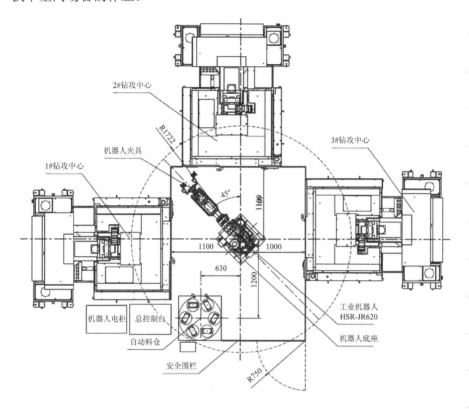

图 6-30 平面布置图

(1) 工艺流程：钻攻中心缺料→感应缺料→ PLC 中央控制台 →机器人启动取料→ 上料到1#钻攻中心→上料到2#钻攻中心→取1#钻攻中心的物料到3#钻攻中心(取 2#钻攻中心的物料到3#钻攻中心)→从 3#钻攻中心下料。

(2) 生产环境要求见表 6-3。

表 6-3 生 产 环 境

序号	名　称	系统工作要求	备　注
1	工作环境	温度−5℃～45℃，相对湿度 10%～100%	
2	压缩空气	0.4～0.7 MPa	
3	供电条件	380±15% V / 220 V±15%、50 Hz 三相五线制	
4	地基	地基光滑平整，符合工业施工标准	

2) "一"字形布局

自动生产线采用"一"字形布局,三台钻攻中心呈"一"字形排开,用一台机器人上下料,其平面布置图如图 6-31 所示。机器人添加了一个第 7 轴——机器人导轨,使机器人沿着直线轨道前后运动,从而完成对钻攻中心的上下料,其运动过程由上位机系统控制。"一"字形布局加工单元不仅适用于三台钻攻中心,也适用于呈"一"字形排开的 N 台钻攻中心,具有一定的经济性,但相对"品"字形布局生产效率低、占地面积大。

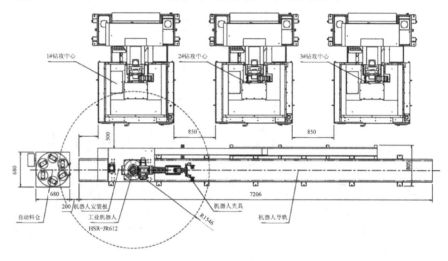

图 6-31 "一"字形布局

2. 设备选择

主要设备清单见表 6-4。

表 6-4 主要设备清单

序号	名 称	数量	型 号	备 注
1	工业机器人	1 台	HSR-JR620	含机器人电柜及机器人控制系统
2	机器人底座	1 套	—	—
3	机器人夹具	1 套	—	根据零件进行定制
4	钻攻中心	2 台	TOM-ZH540	三轴,配自动门,数控系统为 HNC-818A
5	钻攻中心	1 台		四轴,带弹簧夹头的转台,配自动门,数控系统为 HNC-818A
6	机床工作装置	3 套	—	专用工装
7	自动料仓	1 套	—	6 工位
8	上位机控制系统	1 套	—	—
9	气动系统附件	1 套	—	电磁阀、气源三联件
10	安全防护系统	1 套	—	—

1) 数控加工中心单元

(1) 钻攻中心。

钻攻中心选用 TOM-ZH540 钻攻中心，如图 6-32 所示。

图 6-32　TOM-ZH540 钻攻中心

(2) 机床工作装置。

如图 6-33 所示，机床工作装置由工作台、定位销和四个回转夹紧气缸组成。机器人夹具通过定位销将待加工零件准确地放置在工作台面后，四个回转夹紧气缸将待加工零件定位压紧。机床工作装置清单见表 6-5，机床工作装置部分结构如图 6-34 所示。

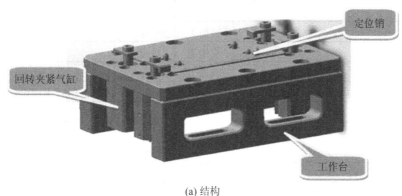

(a) 结构

笔记

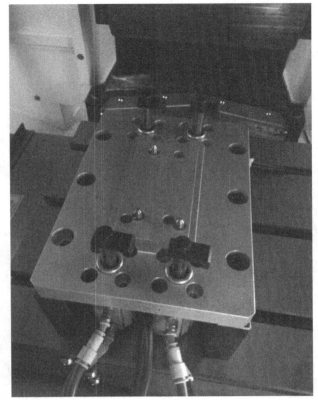

(b) 应用

图 6-33　机床工作装置

表 6-5　机床工作装置清单

机床工作装置清单(按 3 套统计)				
序号	图号名称	方式	数量	备　注
1	大 1 号销钉	机加工	4	—
2	小 1 号销钉	机加工	8	—
3	大 2 号销钉	机加工	4	—
4	小 2 号销钉	机加工	8	—
5	垫高块	机加工	6	—
6	压板	机加工	12	—
7	定位板	机加工	3	—
8	右转角缸 MKB25-20RZ	外购件	6	配磁感应线+8 cm 接头
9	左转角缸 MKB25-20LZ		6	配磁感应线+8 cm 接头
10	单向电磁阀		12	—
11	8 cm 气管		50 m	—
12	内六螺螺钉 M10X30		18	—
13	内六螺螺钉 M8X12		12	—
14	内六螺螺钉 M6X30		24	—
15	内六螺螺钉 M5X18		10	

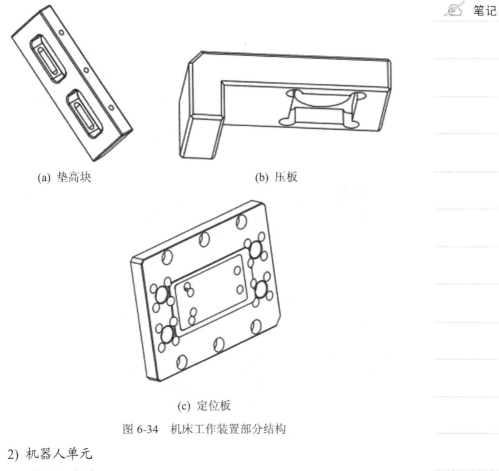

(a) 垫高块　　　　　　　　(b) 压板

(c) 定位板

图 6-34　机床工作装置部分结构

2) 机器人单元

(1) 机器人本体。

机器人本体采用华中数控生产的 6 关节机器人，型号为 HSR-JR620，如图 6-35 所示。

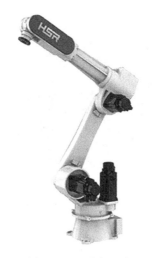

图 6-35　工业机器人

✍ 笔记

(2) 机器人夹具。

根据钻攻中心加工手机壳的工艺，并考虑机器人的动作要求，设计机器人的夹具来满足被夹工件的上、下料及翻面功能。该夹具采用真空吸盘来吸附零件，此夹具分为上下对称两部分，各部分有一个旋转气缸，中间为伸缩的夹抓气缸。上下夹具的旋转配合让工件旋转到中间，两吸盘相对，再由中间气缸伸缩吸附到工件背面，来实现工件翻转，最后由机器人移动到机床边让夹具夹持并进行加工。机器人夹具的结构如图 6-36 所示。

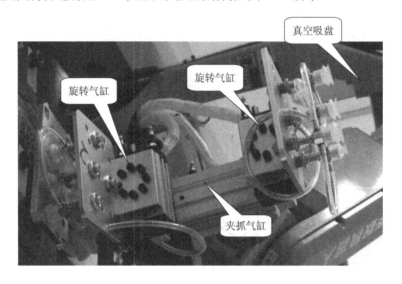

图 6-36　机器人夹具的结构

(3) 机器人底座。

机器人底座由碳钢板组对焊接而成，其高度由机器人所需的作业空间确定，以确保工件的各个取放点均在机器人的工作范围内，其具体结构如图 6-37 所示。

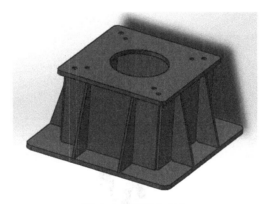

图 6-37　机器人底座

3) 自动料仓

如图 6-38 所示，料仓为 6 工位转盘式自动料仓。料仓有 6 个工位，每个工位可放多个工件，其中两个工位具有自动抬升能力，分别为毛坯件上料工位和成品件下料工位。开工前，由操作人员将除成品件下料工位以外的其他5个工位放上毛坯件，机器人在上料工位抓料，每抓走一个毛坯件，上料工位自动抬升，使机器人每次抓料都在同一位置；加工完成后机器人将成品放入下料工位，每放置一个成品，工位自动下沉，使机器人每次放成品也在同一位置。当一个工位的毛坯件全部抓取完毕后，料仓自动旋转一个工位，空仓变为下料工位，下一个工位成为上料工位，加工继续循环下去，当料仓旋转5次后，操作人员将外侧工位上已经加工完成的成品取出并换上未加工的毛坯件，使自动化单元可以不停机连续运转下去。

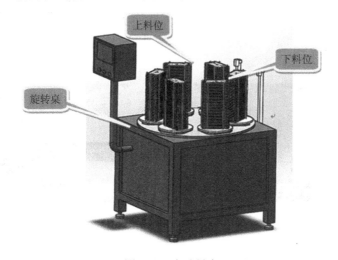

图6-38　自动料仓

4) 安全防护系统

系统配备完善的安全装置，能及时控制、显示安全区域状况，及时发出声光报警信号或停机信号。生产线的所有设备设施均设定防护围栏、安全门和安全锁等装置，且设置了必要的连锁保护。在防护栏的适当位置装设安全门，所有的安全门均安装有安全开关及按钮盒，按钮盒上设有重启按钮和急停按钮，安全门通过安全锁(开关)与系统关联，当安全门被非正常打开时，系统停止运行并报警。每个入口安全门上有申请控制盒、光电连锁装置、安全检测器，安全门没完全关闭时，安全检测器不会运作，因此设备将不可能重新启动。在关闭安全门后，必须按该门上的(循环开始)按钮，生产线才能启动。生产线的安全措施通过硬件和软件两个方面来保障人员和设备安全。

四、软件控制

1. 总控PLC

总控PLC负责三台钻攻中心、自动料仓、机器人之间交互信号的处理，负责状态监控、安全保护等。

2. 上位机

上位机包括总控 PLC、人机交互的显示器及上位机控制软件等。它可监测三台钻攻中心状态，控制系统与各设备交互信号，等等。

3. 上位机控制软件

上位机控制软件的主界面如图 6-39 所示。上位机控制软件主要有机床监控界面(见图 6-40)、自动料仓监控界面(见图 6-41)、机器人监控界面(见图 6-42)、总控 PLC 监控界面、生产管理界面、机床参数界面(见图 6-43)、寄存器监控界面(见图 6-44)、用户权限管理界面(图 6-45)等。

图 6-39 上位机控制软件的主界面

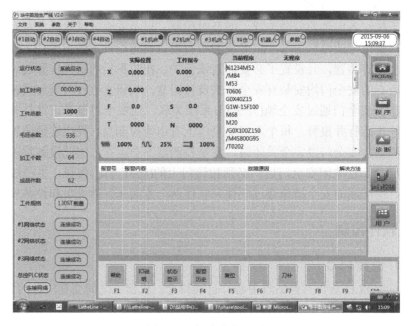

图 6-40 机床监控界面

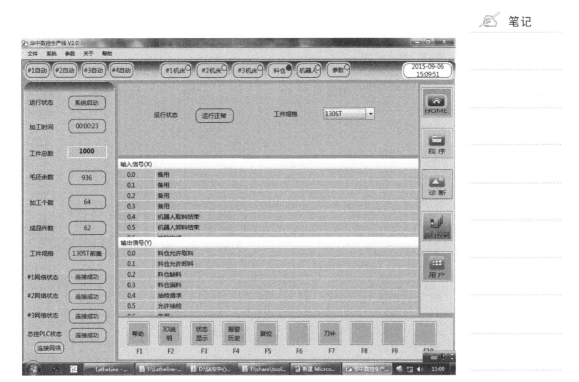

图 6-41 自动料仓监控界面

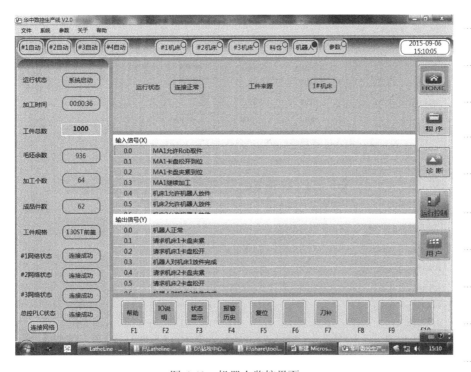

图 6-42 机器人监控界面

工业机器人工作站的集成一体化教程

✍ 笔记

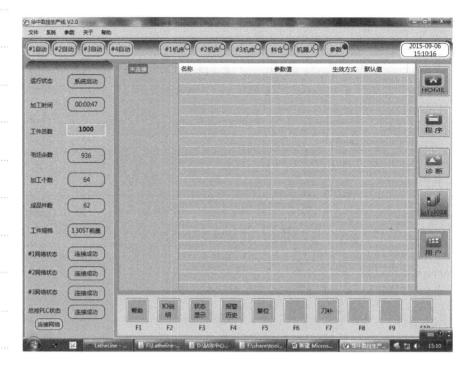

图 6-43　机床参数界面

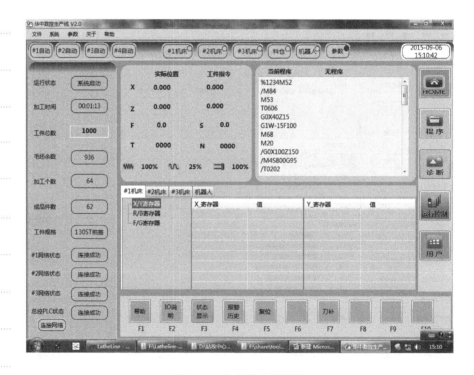

图 6-44　寄存器监控界面

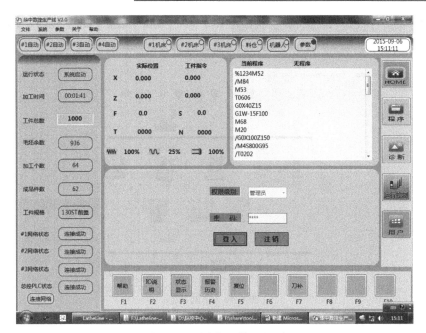

图 6-45　用户权限管理界面

　　总控 PLC 提供对三台钻攻中心的状态监控及控制功能，包括报警、报警历史、寄存器、刀补、机床位置、加工程序、进给倍率、快移倍率、主轴倍率等内容；可监控自动料仓及机器人的实时运行状态，控制各单元之间交互通信，确保各单元安全、可靠地加工运行。

　　整个加工单元的工作流程由机器人程序决定，各设备的 I/O 信号通过总控 PLC 进行通信和逻辑运算，进而控制各设备的动作顺序，确保加工顺利进行，保障设备的安全。

　　上位机则主要实现系统的实时监视功能。它通过以太网与三台机床、总控 PLC 相连接，它可在线监测并记录机床、机器人、料仓等设备的工作状态、参数、I/O 信号等，并自动统计加工工件数量。所有生产信息可通过网络进行传送，管理者可远程实时监控自动加工单元的运行情况；所有生产数据及历史生产数据自动记录，管理者通过网络可随时调阅，大大方便了生产管理，为企业建立 MES 系统提供了基础条件。

五、智能化管控技术

1. 产线加工状态监控

1) 车间管理

　　数控系统可管理产线机床的运行状态信息，可通过平面图或列表等方式展示，能够实时显示机床的当前状态信息。如通过模拟车间平面图查看车间机床状态(运行、离线、报警、空闲)，并通过不同的颜色灯闪烁显示当前状态，如图 6-46 所示。在本界面中可以对机床进行查找，包括所属车间、机床型号、数控系统型号、关键字等，可对机床进行快速定位搜索。

✎ 笔记

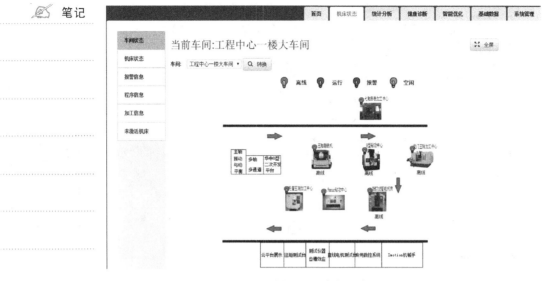

图 6-46　车间状态

2) 机床状态概览

在数控系统中可通过列表形式快速查看机床状态概览，包括机床名称、机床型号、数控系统型号、当前状态、发生时间以及所属车间，如图 6-47 所示。

图 6-47　机床状态

2. 数控系统状态监控

1) 实时监控

在数控系统中，可查看该机床实时监控详细信息，包括机床状态、坐标信息、刀具信息、程序信息、三维线框图形仿真、PLC 梯图、PLC 程序、寄存器、机床属性、参数信息。

在机床实时状态页面中，可对机床运行时的关键性的数据进行实时监测。数据内容包括机床坐标、工件坐标、剩余进给、负载电流、刀具信息、工件

总数、加工计数、当前运行的程序状态、面板状态等信息，如图 6-48 所示。 ✍ 笔记

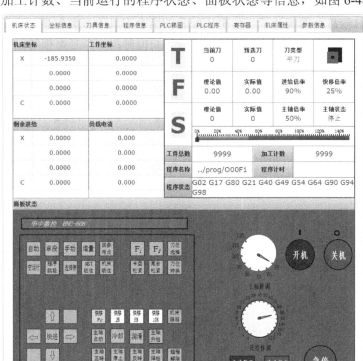

图 6-48　机床实时状态

2) 坐标信息

在坐标信息页面中，可监测机床各部件关键性的数据信息，包括机床实际、机床指令、工件实际、工件指令、相对实际、相对指令、剩余进给、编程位置、负载电流、工件零点、电机位置、电机转速、驱动单元电流、额定电流、同步误差、轴补偿值、波形频率、跟踪误差等，如图 6-49 所示。

	机床实际	机床指令	工件实际	工件指令	相对实际	相对指令
X	-185.9350	-185.9350	0.0000	0.0000	-185.9350	-185.9350
	0.0000	0.0000	0.0000	0.0000	0.0000	0.0000
	0.0000	0.0000	0.0000	0.0000	0.0000	0.0000
C	0.0000	0.0000	0.0000	0.0000	0.0000	0.0000

	剩余进给	编程位置	负载电流	工件零点	电机位置	电机转速
X	0.0000	0.0000	0.003	-185.0000	2698563	0
	0.0000	0.0000	0.0000	0.0000	0	0
	0.0000	0.0000	0.0000	0.0000	0	0
C	0.0000	0.0000	0.0000	0.0000	0	0

	驱动单元电流	额定电流	同步误差	轴补偿值	波形频率	跟踪误差
X	20.3000	6.8000	0.0000	0.0000	0.0000	0.0000
	0.0000	0.0000	0.0000	0.0000	0.0000	0.0000
	0.0000	0.0000	0.0000	0.0000	0.0000	0.0000
C	35.7000	18.8000	0.0000	0.0000	0.0000	0.0000

图 6-49　坐标信息

3) 刀具信息

刀具信息页面统计了当前机床配备的所有刀具的参数信息，主要内容有刀号、位置、类型、图片、长度、半径、长度磨损、半径磨损等，如图 6-50 所示。

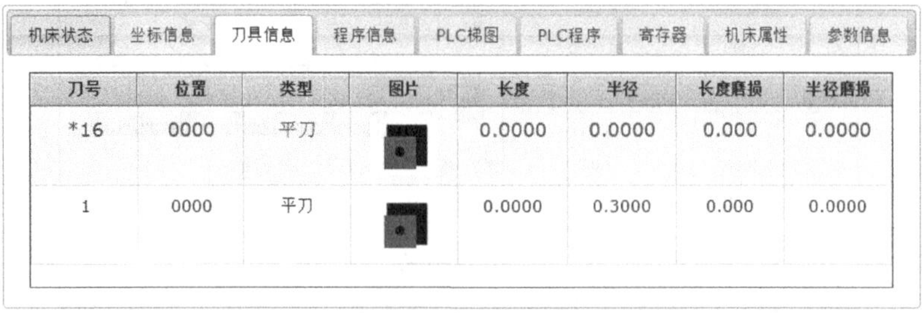

刀号	位置	类型	图片	长度	半径	长度磨损	半径磨损
*16	0000	平刀		0.0000	0.0000	0.000	0.0000
1	0000	平刀		0.0000	0.3000	0.000	0.0000

图 6-50　刀具信息

4) 程序信息

程序信息页面可监测当前机床运行的 G 代码信息，包括 G 代码的程序名称、整个程序的行数统计、程序的详细内容、当前运行的行数、指令内容、当前的模态信息、运行的时间、所剩时间等信息，如图 6-51 所示。

图 6-51　程序信息

5) PLC梯图

PLC 梯图页面显示了机床当前的 PLC 梯图，同时标注了 PLC 的状态。红色为非联通状态，绿色为联通状态，如图 6-52 所示。梯图可解析成 PLC 指令代码，如图 6-53 所示。

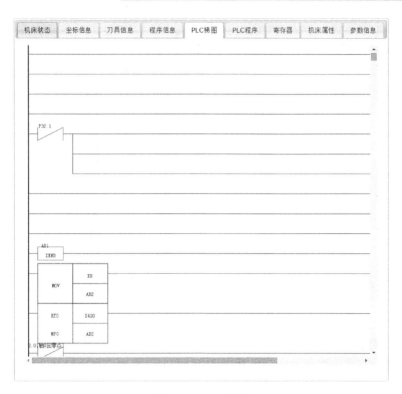

图 6-52 PLC 梯图

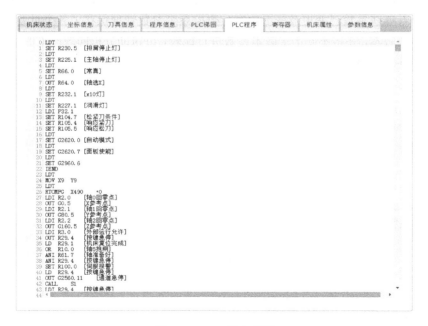

图 6-53 PLC 指令代码

6) 寄存器

寄存器页面分类显示了数控系统当前的实时寄存器的状态信息,如图
6-54 所示。

✍ 笔记

图 6-54　寄存器

3. 数控系统参数管理

数控系统参数管理内容包括机床状态、NC 参数、用户参数、通道参数、坐标轴参数、误差补偿参数、设备接口、数据表参数、版本比较。其中版本比较页面可将数控系统的出厂参数与已编辑修改过的参数进行比较，方便用户查看哪些参数已变更及变更内容。数控系统参数管理保存了各个重要阶段的参数版本，并将不同历史版本参数进行比较，可帮助分析问题产生的原因，如图 6-55 所示。

图 6-55　数控系统参数管理

4. 加工设备信息

数控系统显示了数控系统型号、NCU 版本号、PLC 版本号、伺服信息、功率信息和面板信息等。

5. 加工效率统计分析

统计分析页面显示了机床在某段时间范围内机床状态、机床开机率、机床运行率、机床利用率、机床加工件数、机床故障次数等统计报表，有利于完善生产管理。

1) 机床状态统计

机床状态统计列表包括在某一时间段内机床名称、机床型号、数控型号、所属车间、空闲时间、关机时间、运行时间、报警时间以及各个状态所占比率，方便用户知晓机床工作状态，如图 6-56 所示。

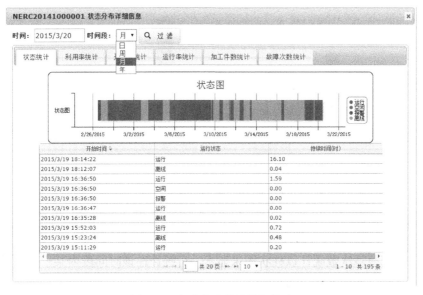

图 6-56　机床状态统计

点击某一台机床名称，即可查看该机床状态分布详细信息，通过选择时间基数，以该时间为基点可查看当天、一周、一月或一年的机床运行状态变化趋势及状态持续时间，如图 6-57 所示。同时，也可切换页面查看该机床利用率统计、开机率统计、运行率统计等折现图及相应的列表，明确统计状态时间段和各比率计算方法，如图 6-58 所示。

图 6-57　机床状态统计详细信息

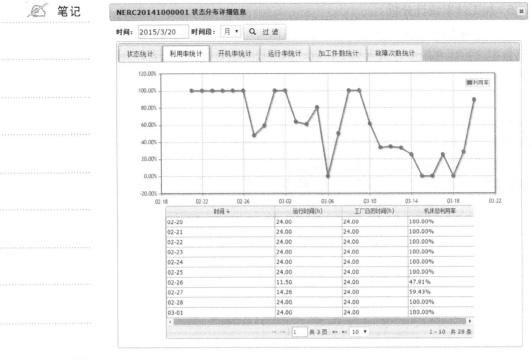

图 6-58　机床状态统计利用率详细信息

机床加工件数以柱状图来显示，可统计在该时间段内某一零件的加工数量，如图 6-59 所示。

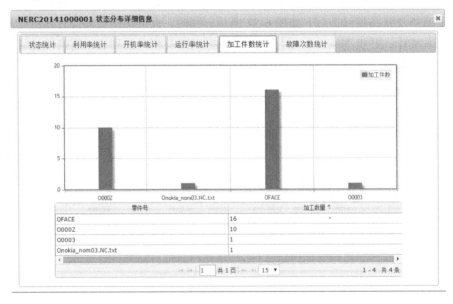

图 6-59　机床加工件数统计详细信息

机床故障次数统计以柱状图来显示，可统计在该时间段内某一报警号的报警次数，如图 6-60 所示。

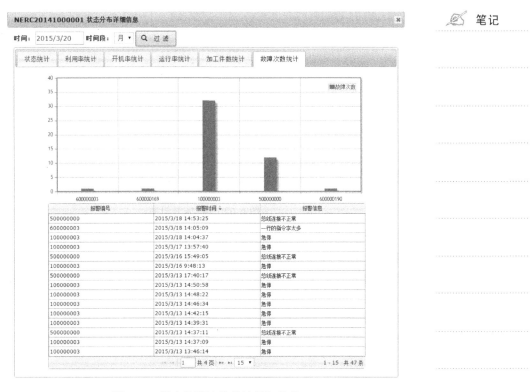

图 6-60　机床故障次数统计详细信息

2) 机床利用率

机床利用率以列表形式呈现机床运行时间、工厂日历时间、机床总利用率等信息。勾选某几台机床，数控系统还可以算出平均利用率。在搜索框中输入条件，可按条件进行筛选机床，如图 6-61 所示。

图 6-61　机床利用率

3) 机床开机率

机床开机率以列表形式呈现机床开机时间、工厂日历时间、机床总开机率等信息。勾选某几台机床，数控系统还可以算出平均开机率。在搜索框中输入条件，可按条件进行筛选机床，如图 6-62 所示。

图 6-62　机床开机率

4) 机床运行率

机床运行率以列表形式呈现机床运行时间、开机时间、开机运行率等信息。勾选某几台机床，数控系统还可以算出平均运行率。在搜索框中输入条件，可按条件进行筛选机床，如图 6-63 所示。

图 6-63　机床运行率

5) 机床加工件数

机床加工件数以列表形式呈现机床名称、机床型号、数控型号，所属车间，加工件数等信息。在搜索框中输入条件，可按条件进行筛选机床，如图 6-64 所示。

图 6-64　机床加工件数

6) 机床故障次数

机床故障次数以列表形式呈现机床 ID、机床型号、数控型号，所属车间、报警次数等信息。在搜索框中输入条件，可按条件进行筛选机床，如图 6-65 所示。

图 6-65　机床故障次数

6. 加工程序管理

数控系统程序远程管理可实现程序下发、查看程序仿真，如图 6-66 所示。

图 6-66　加工程序管理

7. 智能优化

通过对程序仿真数据、工件加工时电流波形数据以及声音震动数据的分析，判断对工件加工的 G 代码的优劣，并定位可优化的 G 代码的行号，给出优化的建议，如图 6-67 所示。

笔记

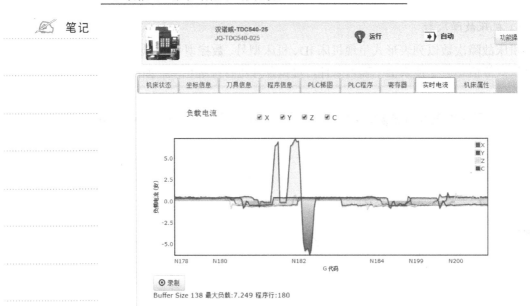

图 6-67　智能优化

8. 视频监控

通过云平台的视频监控系统可查看生产线的运行状态。云平台同时提供录制和回放的功能，如图 6-68 所示。

图 6-68　视频监控

六、云端应用

云端应用模块实现在本地数控装置上获取云端的第三方智能化服务，并支持客户个性化定制，它具备以下功能：

(1) 实现工艺设计制造一体化，建设无纸化车间。

(2) 将整个产品工艺设计平台放在云服务器上，即工艺设计人员直接在云服务器上进行工艺设计，在本地数控装置上可以观看远程工艺设计整个过程，并浏览工艺文件，如图 6-69 所示。

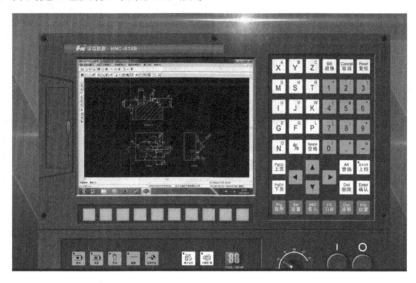

图 6-69　云端快速在线编程

(3) 在本地数控装置上使用 UG、Cimatron NC 等 CAM 软件，可实现快速在线编程，并将生成的数控 G 代码推送到数控系统上进行质量分析与优化，如图 6-70 所示。

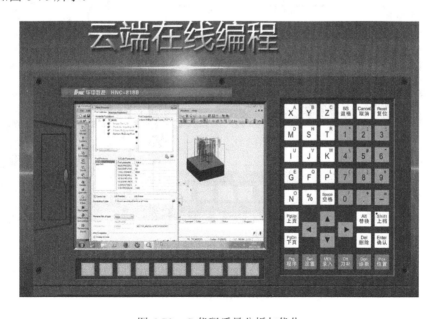

图 6-70　G 代码质量分析与优化

(4) 在本地数控装置上使用 CNC Fitting 软件，分析 G 代码的质量，并对数控 G 代码进行样条拟合与光顺，实现小线段轨迹的样条拟合，提高刀具轨迹的光顺性和加工速度，并验证机床加工防碰撞能力，如图 6-71 所示。

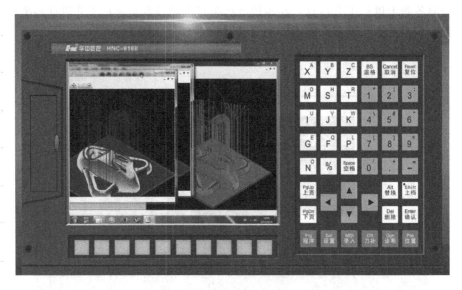

图 6-71　云端机床加工防碰撞仿真

(5) 在本地数控装置上使用 Vericut 软件，实现数控系统加工防碰撞仿真，可用三维指令域示波器观察如图 6-72 所示。

图 6-72　三维指令域示波器

(6) 建立基于指令域的加工过程动态误差曲线图，实现数控加工动态轨迹误差的补偿(可在文档中浏览)，如图 6-73 所示。

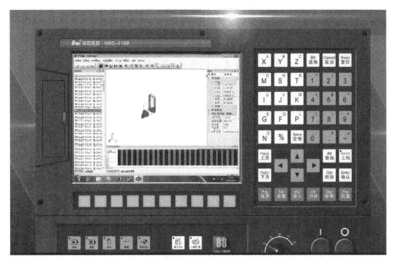

图 6-73　文档浏览

(7) 在本地数控装置上可浏览 Word、pdf 等文档，如图 6-74、图 6-75 所示。

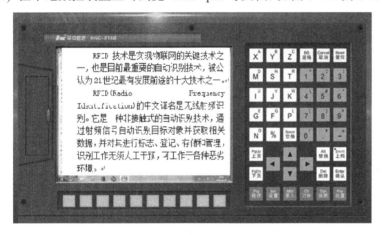

图 6-74　浏览 Word 文档

图 6-75　浏览 pdf 文档

笔记

任务实施

工业机器人自动生产线的安装

多媒体教学

教师可上网查询或自己制作多媒体。

下文以齿轮坯料自动生产线的安装为例进行介绍，包括工作过程、机器人底座或第 7 轴的安装、上下料装置的安装、安全防护装置的安装、气动门改造和供料系统的安装。

一、工作过程

机器人抓具通常是双抓具，一个负责取毛坯，一个负责取成品，以提高机器人工作效率。如图 6-76 所示。

(a) 工业机器人自动生产线

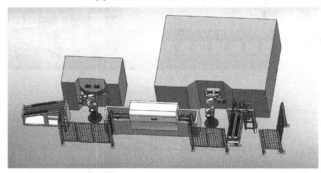

(b) 机器人抓具装卸零件

(c) 放下零件

(d) 抓取零件

图 6-76　机器人抓具

二、机器人底座或第 7 轴的安装

机器人底座或第 7 轴的安装样式如图 6-77(a)所示。

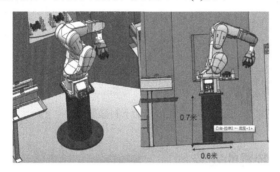

(a) 安装样式

(b) 安装完成图

图 6-77　机器人底座或第 7 轴

三、上下料装置的安装

上下料装置的安装尺寸见图 6-78。

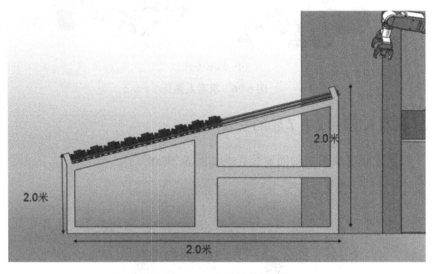

2.0米

2.0米

2.0米

图 6-78　上下料装置

四、安全防护装置的安装

安全防护装置见图 6-79。

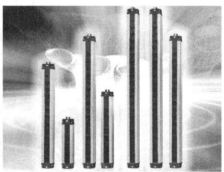

(a) 安全围栏　　　　　　　(b) 安全光栅

图 6-79　安全防护装置

五、气动门改造

气动门改造如图 6-80 所示。

图 6-80 气动门改造

根据实际情况，让学生在教师的指导下进行技能训练。

六、供料系统的安装

1. 供料系统

供料系统采用图 6-81 所示的旋转供料系统，其接口见表 6-6，其安装工艺如图 6-82 所示，其控制方式设置见图 6-83 所示，控制方式的数据定义见表 6-7。

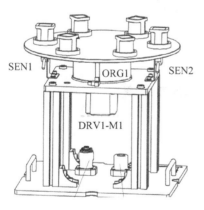

工匠精神

三好
管好设备
用好设备
修好设备

图 6-81 旋转供料系统

表 6-6 接口

接 口	类 型	功能描述
系统状态	PLC→Robot	模块(工艺对象)的状态
系统命令	Robot→PLC	使能、暂停、急停等操作
运动状态	PLC→Robot	运动命令的执行状态
运动命令	Robot→PLC	点动、相对运动、绝对运动等

✍ 笔记

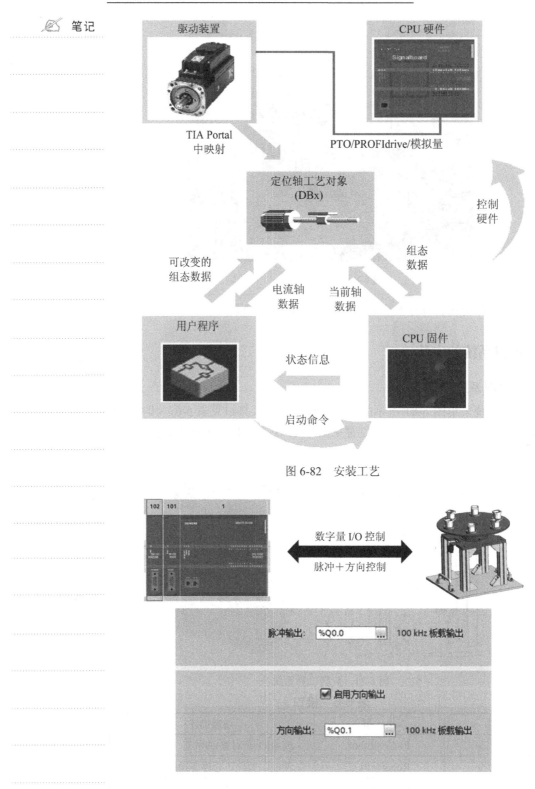

图 6-82　安装工艺

图 6-83　控制方式设置

表6-7 控制方式的数据定义

名 称	数据类型	地 址
旋转料盘原点	Bool	%I1.0
旋转供料步进_脉冲	Bool	%Q0.0
旋转供料步进_方向	Bool	%Q0.1

2. 旋转供料模块的调试

新增工艺对象如图 6-84 所示,其参数见表 6-8。旋转供料工艺轴名称更改如图 6-85 所示,驱动器设置如图 6-86 所示,机械参数设置如图 6-87 所示,运动参数设置如图 6-88 所示,急停设置如图 6-89 所示,回零设置如图 6-90 所示。回零过程依次是旋转供料转盘正向旋转→触发原点信号→转盘减速至反向旋转→触发原点信号→转盘正向加速至正向旋转→触发原点信号→转盘减速至反向旋转→触发原点信号→转盘停止,寻原完成,回零速度如图 6-91 所示。

图 6-84 新增工艺对象

表6-8 参数

名 称	参 数	名 称	参 数
负载	5 kg	逼近速度	15.0(°)/s
速度	20.0(°)/s	回原点速度	10.0(°)/s
加速时间	0.5 s	减速比	80∶1
减速时间	0.5 s	控制方式	脉冲 + 方向(P + D) Pulse1(Q0.0 + Q0.1)
急停时间	0.1 s	单圈脉冲当量	6400
寻原方式	正向寻原(I1.0)		

笔记

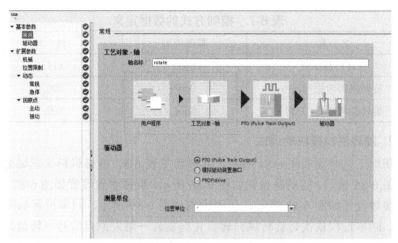

图 6-85　旋转供料工艺轴名称更改

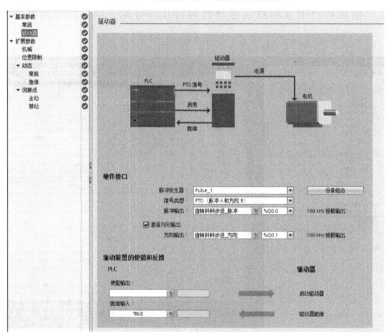

图 6-86　驱动器设置

注：电机每转的负载位移＝电机轴单圈运行角度÷减速比，如 $360°÷80=4.5°$。

图 6-87　机械参数设置

✎ 笔记

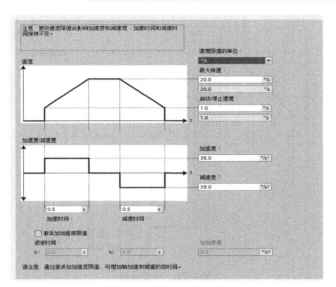

图 6-88　运动参数设置

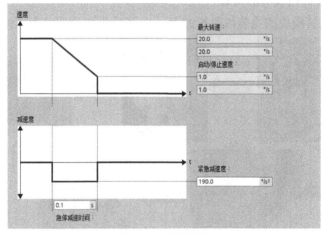

图 6-89　急停设置

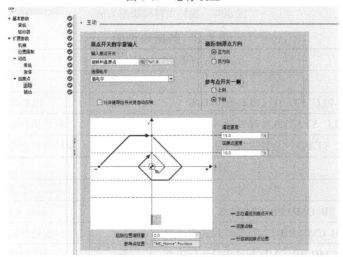

图 6-90　回零设置

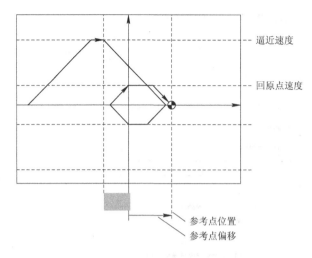

图 6-91　回零速度

3. 旋转供料模块的安装

旋转供料模块的安装如图 6-92 所示，其数据块说明见表 6-9。

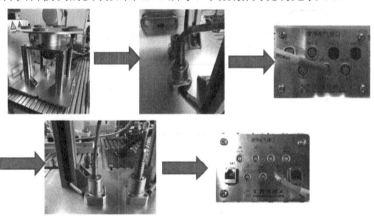

图 6-92　旋转供料模块的安装

表 6-9　数据块说明

数据块　DB_PLC_STATUS		
名称	数据类型	说　明
DB_PLC_STATUS.PLC_STATUS	Struct	PLC 状态
DB_PLC_STATUS.旋转供料系统状态	Int	旋转供料系统状态
DB_PLC_STATUS.旋转供料指令执行反馈	Int	旋转供料指令执行反馈
数据块　DB_RB_CMD		
名称	数据类型	说明
DB_RB_CMD.RB_CMD.RB_CMD	Struct	机器人命令
DB_RB_CMD.RB_CMD.旋转供料命令	Int	旋转供料命令
DB_RB_CMD.RB_CMD.旋转供料运行指令	Int	旋转供料运行指令

4. 旋转供料模块的程序设计

1) 控制字定义

控制字定义见表 6-10。

表 6-10　控制字定义

旋转供料命令	系统命令： 旋转供料轴使能：上使能=1；报警复位=2；下使能=0。	RB→PLC	DB_RB_CMD.RB_CMD.旋转供料命令
	旋转供料运动指令：寻原点=1；相对位移=2；正转=30；反转=40	RB→PLC	DB_RB_CMD.RB_CMD.旋转供料运行指令
旋转供料状态	系统命令： 旋转供料轴状态：使能=1；报警=2。	PLC→RB	DB_PLC_STATUS.PLC_Status.旋转供料系统状态
	指令执行情况： 旋转供料运动状态：回零命令确认=1，回零完成=11；相对位移命令确认=2(单次运行 60°)，相对位移完成=12	PLC→RB	DB_PLC_STATUS.PLC_Status.旋转供料指令执行反馈

2) 工艺对象运动控制指令

常用的工艺对象运动控制指令见表 6-11。

表 6-11　运动控制指令

指　令	功　能	指　令	功　能
MC_Power	上电	MC_MoveVelocity	以设定速度运动
MC_Reset	复位	MC_MoveJog	点动
MC_Home	回原点	MC_CommandTable	指令表运动
MC_Halt	暂停	MC_ChangeDynamic	更改参数
MC_MoveAbsolute	绝对位置运动	MC_WriteParam	写入参数
MC_MoveRelative	相对位置运动	MC_ReadParam	读取参数

(1) MC_Power 的程序设计见图 6-93，MC_Power 参数说明见表 6-12。

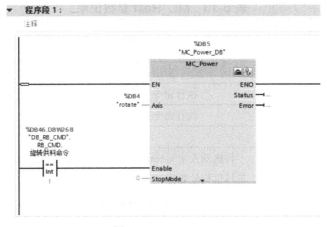

图 6-93　MC_Power

表 6-12 MC_Power 参数说明

参 数	说 明	数据类型
Axis	工艺轴	TO_Axis
Enable	启用命令	Bool
StopMode	停止模式，使用默认值 0	INT
Status	执行命令完成状态	Bool
Error	执行命令期间出错	Bool
控制方式	使用说明	
机器人	将机器人 rotate 全局变量中的 rotatecon.syscon 赋值为 1，旋转供料轴上使能	

(2) MC_Rest 的程序设计见图 6-94，MC_Rest 参数说明见表 6-13。

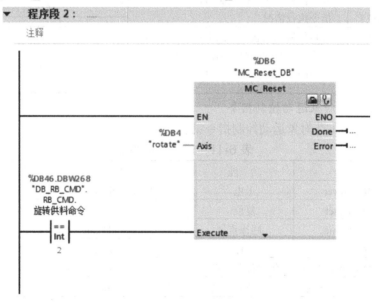

图 6-94 MC_Rest

表 6-13 MC_Rest 参数说明

参 数	说 明	数据类型
Axis	工艺轴	TO_Axis
Execute	启用命令	Bool
Done	执行命令完成状态	Bool
Error	执行命令期间出错	Bool
控制方式	使用说明	
机器人	将机器人全局 rotate 变量中的 rotatecon.syscon 赋值为 2，旋转供料轴复位	

(3) MC_Home 的程序设计见图 6-95，MC_Home 参数说明见表 6-14。

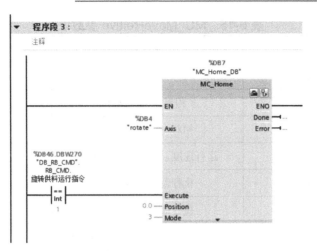

图 6-95 MC_Home

表 6-14 MC_Home 参数说明

参数	说 明	数据类型
Axis	工艺轴	TO_Axis
Execute	回原点(启动)	Bool
Position	轴参考点位置	Real
Mode	回零模式，一般使用 3	INT
Done	执行命令完成状态	Bool
Error	执行命令期间出错	Bool
控制方式	使用说明	
机器人	将机器人全局 rotate 变量中的 rotatestate.concom 赋值为 1，旋转供料轴开始回原点	

(4) MC_MoveReltive 的程序设计见图 6-96，MC_MoveReltive 参数说明见表 6-15。

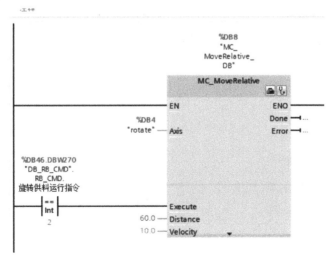

图 6-96 MC_MoveReltive

✎ 笔记

表 6-15　MC_MoveReltive 参数说明

参　数	说　明	数据类型
Axis	工艺轴	TO_Axis
Execute	相对运动(启动)	Bool
Distance	相对当前位置偏移	Real
Velocity	运行速度，使用默认值 10.0	Real
Done	执行命令完成状态	Bool
Error	执行命令期间出错	Bool
控制方式	使用说明	
机器人	将机器人全局 rotate 变量中的 rotatestate.concom 赋值为 2 时，旋转供料系统开始相对位移	

(5) MC_MoveJog 的程序设计见图 6-97，MC_MoveJog 参数说明见表 6-16。

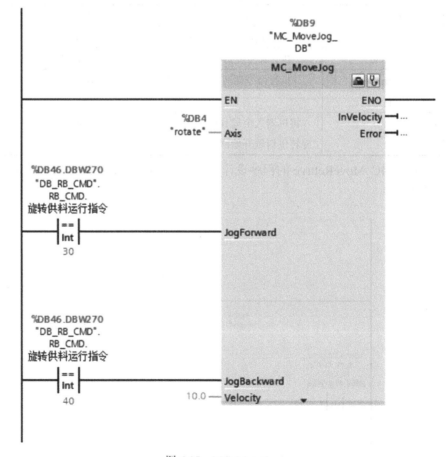

图 6-97　MC_MoveJog

表 6-16 MC_MoveJog 参数说明

✍ 笔记

参 数	说 明	数据类型
Axis	工艺轴	TO_Axis
JogForward	轴正转	Bool
JogBackward	轴反转	Bool
Velocity	运行速度，使用默认值 10.0	Real
InVelocity	已到达轴目标速度	Bool
Error	执行命令期间出错	Bool
控制方式	使用说明	
机器人	将机器人全局 rotate 变量中的 rotatecon.concom 赋值为 30 时，旋转供料转盘正转；将机器人全局 rotate 变量中的 rotatecon.concom 赋值为 40 时，旋转供料转盘反转	

3) 旋转供料模块程序设计

(1) 系统状态。

旋转供料系统上电初始时的行状态如图 6-98 所示，若系统状态反馈为旋转供料未控制，PLC 侧机器人全局 rotate 变量中的 rotatestate.syscom 接收值为 10，旋转供料系统进行上电初始化。旋转供料轴状态如图 6-99 所示，PLC 侧机器人全局 rotate 变量中的 rotatestate.syscom 接收值为 1 时，表示轴启用，接收值为 2 时表示轴命令错误。

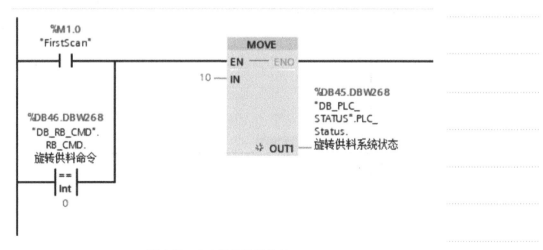

图 6-98 上电初始时行状态

✍ 笔记

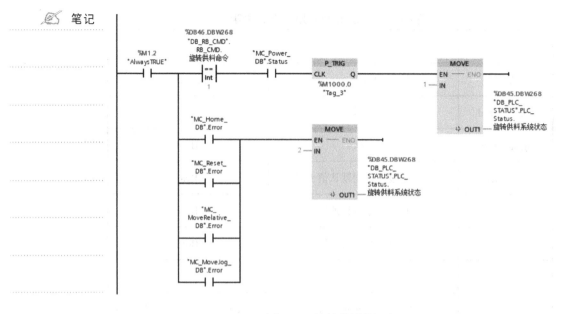

图 6-99　旋转供料轴状态

(2) 运行状态。

旋转供料回零状态如图 6-100 所示，PLC 侧机器人全局 rotate 变量中的 rotatestate.concom 接收值为 11 时表示轴回零完成，接收值为 1 时表示轴回零命令确认。旋转供料运动状态如图 6-101 所示，PLC 侧机器人全局 rotate 变量中的 rotatestate.concom 接收值为 12 时表示轴相对位移完成，接收值为 2 时表示轴相对位移命令确认(单次运行 60°)。

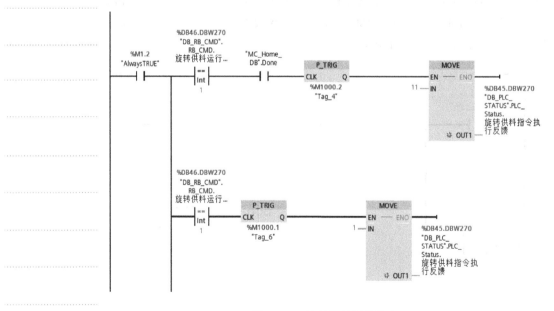

图 6-100　旋转供料回零状态

```
%DB46.DBW270
"DB_RB_CMD".
RB_CMD.            "MC_
旋转供料运行…     MoveRelative_
                  DB".Done      P_TRIG                MOVE
├───┤ ├──────────┤ ├────────┤CLK    Q├────────────┤EN    ENO├
    ==                          %M1000.3        12─┤IN
    Int                         "Tag_5"                      %DB45.DBW270
    2                                                        "DB_PLC_
                                                             STATUS".PLC_
                                                             Status.
                                                             旋转供料指令执
                                                             行反馈
                                                    ⊕ OUT1├

%DB46.DBW270
"DB_RB_CMD".
RB_CMD.              P_TRIG                MOVE
旋转供料运行…
├───┤ ├──────────┤CLK    Q├────────────┤EN    ENO├
    ==                %M1000.4        2─┤IN
    Int               "Tag_7"                      %DB45.DBW270
    2                                               "DB_PLC_
                                                    STATUS".PLC_
                                                    Status.
                                                    旋转供料指令执
                                                    行反馈
                                          ⊕ OUT1├
```

图 6-101　旋转供料运动状态

▶ 任务扩展

工业机器人自动生产线的注意事项

让学生到旁边，由教师或上一届的学生边操作边介绍，但应注意安全。

一、缠屑

如果缠屑不处理，将会导致装夹位置不准确，上下料困难等问题。面对此类问题，我们首先要让客户改良工艺或车削刀具，实现有效断屑；其次还需增加吹气装置，每个工作节拍内吹气一次，减少铁屑堆积。如图 6-102 所示。

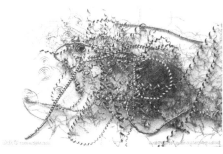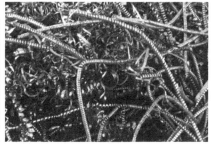

图 6-102　缠屑

二、装夹定位

机床的定位主要靠定位销。一般情况下，定位销会比定位孔小一些，不会发生工件难以装入现象；若遇到配合间隙特别小的时候，首先我们要亲自

笔记 操作一下，看工件与定位销之间的配合情况，再结合我们的机器人精度，做一个预判，以防后期机器人工作站在调试时无法装夹定位。如图 6-103 所示。

图 6-103　装夹定位

三、装夹到位

有部分工件，在卡盘内部有一个硬限位，工件在装夹时，必须紧靠硬限位，加工出的零件才算合格。遇此类情况，建议选用特制气缸(含推紧压板)，可以有效实现装夹到位目的。

四、主轴准停

有的工件在装夹时需按特定方向装夹，主轴需有主轴准停功能，才可以实现机器人上下料。如图 6-104 所示。

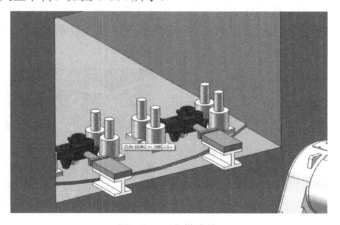

图 6-104　主轴准停

五、铁屑堆积

有部分数控车床不含废料回收系统，此时在技术协议或方案中需注明该情况。客户需根据实际情况，定期清理铁屑。如图 6-105 所示。

图 6-105　铁屑堆积

六、断刀问题

断刀问题是车床上下料中最头痛的问题，若机床自带断刀检测，则断刀问题可解决；若没有断刀检测，则只有通过定时抽检来判断。如果断刀频繁，那么建议研究一下该项目的可行性。

七、节拍的控制

机床和机器人的节拍需要基本保持同步，以保障高效性。如图 6-106 所示。

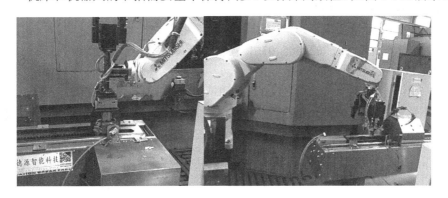

图 6-106　节拍的控制

📽 任务巩固

一、填空题

(1) 工业机器人自动生产线的任务是_____进行工件加工，工件的上下料由_____完成。

(2) 工业机器人自动生产线急停后，只有使系统恢复到初始状态，系统才可_____。

二、根据下列要求进行冲压自动生产线设计

1. 冲床型号及数量

每组机器人设置 1 台 110T 冲床(型号：金澳兰 ALP-110V)和 2 台 160T 冲床(型号：沃德 JH21-160)及一条流水线(或物料车)。

2. 冲床参数(见图 6-107)

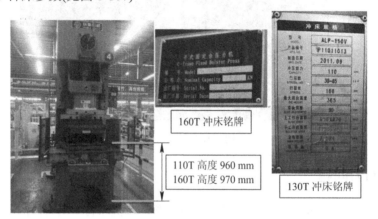

图 6-107　冲床参数

3. 冲压模具

(1) 模具尺寸说明：下模高度约 180～200 mm，闭合高度约 90～100 mm。

(2) 如果冲压模具不符合冲压机器人使用要求，甲方可以进行模具更改或新制作，但机器人厂家必须对模具定位及导柱和模具高度进行审核，或预先提出模具相关技术要求。

4. 产品

(1) 产品名称：020605_03-1 换热顶板、020605_03-2 板式换热片、020605_03-3 换热底板。

(2) 产品材质：①铜带 0.06 mm 和不锈钢叠料 1.0 mm，②铜带 0.06 mm 和不锈钢叠料 0.3 mm(两者都已点焊在一起，见图 6-108)。成形后产品示意图如图 6-109～图 6-111 所示。

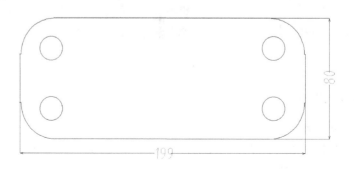

图 6-108　示意图

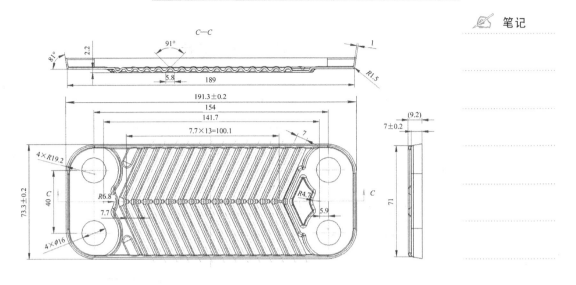

图 6-109　产品示意图 1(尺寸 200 mm × 73 mm × 10 mm)

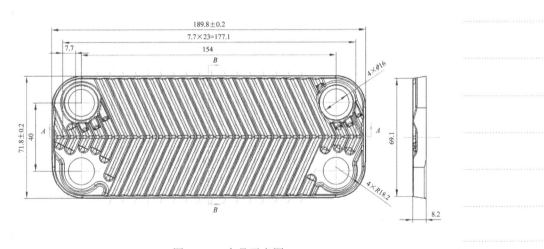

图 6-110　产品示意图 2

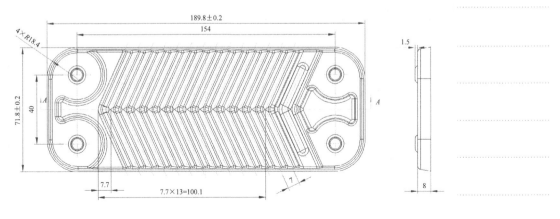

图 6-111　产品示意图 3

✐ 笔记

操作与应用

工 作 单

姓　　名		工作名称		工业机器人生产线的集成
班级		小组成员		
指导教师		分工内容		
计划用时		实施地点		
完成日期		备　注		

工 作 准 备		
资　料	工　具	设　备
1. 生产线整体布局图 2. 生产线设计方案 3. 生产线的生产流程	电气连接工具 机械装配工具	已经安装好并使用的整条生产线
1. 设备型号及数量 2. 设备参数 3. 产品图样 4. 整个系统要求 5. 主要设备清单 6. 技术图样及资料清单	电脑 (装有相关软件)	

工作内容与实施	
工作内容	实　施
1. 根据工作准备说明自动生产线的组成	
2. 根据工作准备，并查阅相关资料说明自动生产线的控制过程	
3. 计算工作准备计算其工作节拍	
4. 分析右图的工艺流程 5. 确定右图的单元设置 注:可根据实际情况选用不同的生产线	码垛自动生产线

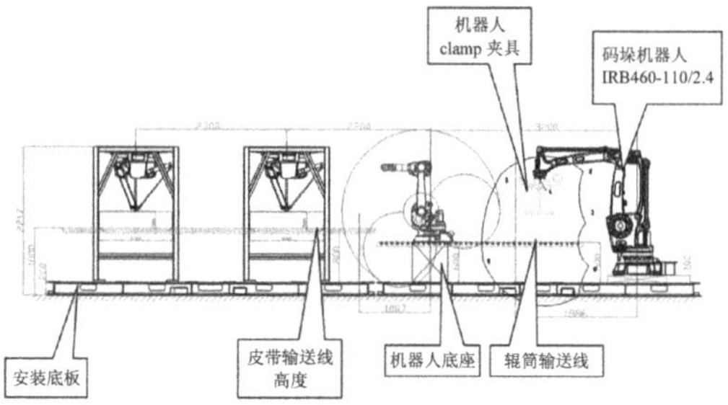

工 作 评 价

	评 价 内 容				
	完成的质量 (60分)	技能提升能力 (20分)	知识掌握能力 (10分)	团队合作 (10分)	备注
自我评价					
小组评价					
教师评价					

1. 自我评价

序号	评 价 项 目	是	否
1	是否明确人员的职责		
2	能否按时完成工作任务的准备部分		
3	工作着装是否规范		
4	是否主动参与工作现场的清洁和整理工作		
5	是否主动帮助同学		
6	是否正确分析自动生产线的工艺流程		
7	是否正确确定了自动生产线的单元设置		
8	是否正确分析了自动生产线主要工作站的控制过程		
9	是否完成了清洁工具和维护工具的摆放		
10	是否执行 6S 规定		
评价人		分数		时间	年　月　日

2. 小组评价

序号	评 价 项 目	评 价 情 况
1	与其他同学的沟通是否顺畅	
2	是否尊重他人	
3	工作态度是否积极主动	
4	是否服从教师的安排	
5	着装是否符合标准	
6	能否正确地理解他人提出的问题	
7	能否按照安全和规范的规程操作	
8	能否保持工作环境的干净整洁	
9	是否遵守工作场所的规章制度	

✍ 笔记

续表

序号	评价项目	评价情况
10	是否有工作岗位的责任心	
11	是否全勤	
12	是否能正确对待肯定和否定的意见	
13	团队工作中的表现如何	
14	是否达到任务目标	
15	存在的问题和建议	

3. 教师评价

课程	工业机器人工作站的集成	工作名称	工业机器人生产线的集成	完成地点	
姓名		小组成员			
序号	项目		分值	得分	
1	简答题		20		
2	正确确定自动生产线的工艺流程		20		
3	正确确定自动生产线各单元设置		40		
4	正确确定自动生产线的节拍		20		

自 学 报 告

自学任务	任选一种离线编程软件搭建虚拟生产线
自学内容	
收获	
存在问题	
改进措施	
总结	

参考文献

[1] 张培艳. 工业机器人操作与应用实践教程. 上海：上海交通大学出版社，2009.

[2] 韩鸿鸾，等. 工业机器人操作与作用一体化教程. 西安：西安电子科技大学出版社，2020.

[3] 韩鸿鸾，等. 工业机器人操作. 北京：化学工业出版社，2020.

[4] 杜志忠，刘伟. 点焊机器人系统及编程应用. 北京：机械工业出版社，2015.

[5] 韩鸿鸾. 工业机器人工作站系统集成与应用. 北京：化学工业出版社，2017.

[6] 汪励，陈小艳. 工业机器人现场编程. 北京：机械工业出版社，2014.

[7] 耿春波. 图解工业机器人控制与 PLC 通信. 北京：机械工业出版社，2020.

[8] 韩鸿鸾，等. KUKA(库卡)工业机器人装调与维修. 北京：化学工业出版社，2020.

[9] 韩鸿鸾，等. KUKA(库卡)工业机器人编程与操作. 北京：化学工业出版社，2020.